CONTRIBUTION A L'ÉTU
DE LA RECONSTITUTION DES \

II

RÉSULTATS DE

Champs d'expériences
de porte-greffes, greffons
et producteurs directs

PAR

Jean BURNAT

VITICULTEUR À NANT-SUR-VEVEY (VAUD) ET À VEYRIER-SOUS-SALÈVE (GENÈVE)

Ouvrage honoré d'une médaille
de vermeil à l'Exposition Suisse
d'Agriculture à Lausanne en 1910

AVEC 17 FIGURES DANS LE TEXTE, 13 GRAPHIQUES
ET NOMBREUX TABLEAUX

GENÈVE
GEORG & Cᵒ, Éditeurs
(Maison à Bâle et Lyon)

PARIS
O. DOIN & Fils, Éditeurs
8 Place de l'Odéon, 8

1912.

CONTRIBUTION A L'ÉTUDE
DE LA RECONSTITUTION DES VIGNOBLES

II

RÉSULTATS DE

Champs d'expériences
de porte-greffes, greffons
et producteurs directs

PAR

JEAN BURNAT

VITICULTEUR À NANT-SUR-VEVEY (VAUD) ET À VEYRIER-SOUS-SALÈVE (GENÈVE)

*Ouvrage honoré d'une médaille
de vermeil à l'Exposition Suisse
d'Agriculture à Lausanne en 1910*

**AVEC 17 FIGURES DANS LE TEXTE, 13 GRAPHIQUES
ET NOMBREUX TABLEAUX**

GENÈVE

GEORG & Cᵒ, Éditeurs

(Maison à Bâle et Lyon)

PARIS

O. DOIN & Fils, Éditeurs

8 Place de l'Odéon, 8

1912.

EXPLICATIONS PRÉLIMINAIRES

AU SUJET DE NOTRE

CONTRIBUTION A L'ÉTUDE

DE LA

RECONSTITUTION DU VIGNOBLE

EN TROIS VOLUMES

Celle-ci concerne surtout les cantons de Vaud, de Genève pour la Suisse, et pour la France la région connue sous le nom de Zône franche, qui est composée des arrondissements de Thonon, Bonneville et Saint-Julien pour la Hte-Savoie, et de Gex pour l'Ain. Nous y relatons, en outre, les résultats d'un champ d'expériences en terrain très calcaire que nous possédons à Clapiers, près Montpellier (Hérault).

Est-ce à dire qu'un viticulteur d'une autre région que les susnommées ne pourra utiliser cette contribution pour reconstituer son vignoble? Nous ne le pensons pas, car d'abord des terres semblables à celles de nos champs d'expériences se retrouvent ailleurs, puis, aux chapitres où nous avons examiné les portes-greffes en eux-mêmes, nous y parlons, sans entrer dans des détails, il est vrai, des résultats qu'ils ont donné ailleurs que dans ces régions.

D'autre part, au point de vue climat, des situations analogues à celles de plusieurs de nos champs d'expériences ne manquent pas.

Nous avons donnés aux trois volumes les titres suivants :

Vol. I. — *Les cépages-greffons* ou *Essai d'Ampélographie vaudoise.*

Vol. II. — *Résultats des champs d'expériences de porte-greffes, greffons et producteurs directs.*

Vol. III. — *Résumé concernant les porte-greffes et les producteurs directs.*

Autant pour la commodité du lecteur que pour la clarté de l'exposé, nous avons été amené à scinder cet ouvrage en trois volumes.

Dans le premier, nous étudions les cépages-greffons, cultivés dans les régions susnommées (Vaud surtout) ou à introduire dans les dites, au point de vue ampélographique et cultural.

Le second volume peut être considéré comme un guide pour la reconstitution proprement dite. Nous y examinons quels sont les facteurs auxquels il faut faire attention lorsqu'on a une vigne à replanter (état physique du sol, calcaire, calcimètres, traitement de la chlorose, système de taille) et quels sont les meilleures vignes à employer suivant tel ou tel type de terre, en exposant les résultats qu'elles ont donné dans nos champs d'expériences. Dans ce volume figurent de nombreuses analyses de terre et rapports qu'ont bien voulu faire pour nous MM. Dusserre, Directeur de l'établissement fédéral de Mont-Calme, et Chavan, son premier assistant, Monnier, professeur de chimie, à Châtelaine près Genève, Lagatu, professeur de chimie agricole à l'Ecole d'Agriculture de Montpellier, et L. Sicard, chimiste chef à la même école.

Nous remercions ici vivement ces messieurs.

Le troisième volume, que nous considérons plutôt

comme un résumé que comme un ouvrage, est
consacré à l'étude particulière des porte-greffes et
et de quelques producteurs directs, en donnant une
succincte description botanique des priucipaux.
Nous condensons dans ce volume les résultats de
nos champs d'expériences. résultats que nous avons
détaillés dans le volume II.

Les quelques répétitions obligées que l'on trouvera, s'excuseront, nous l'espérons, par le désir qui
nous a guidé de rendre ces trois volumes plus ou
moins indépendants les uns des autres.

Du reste, ces volumes ne sont pas destinés à être
lus d'un bout à l'autre comme un roman, mais à
être consultés un jour au vol. II pour savoir ce
qu'on doit planter dans telle situation, un autre jour
au vol. I pour être renseigné sur un greflon, et
encore une autre fois au vol. III pour l'être sur un
porte-greffe en lui-même.

Notre imcompétence botanique nous a obligé à
faire, pour la description des porte-greffes et producteurs directs, de nombreuses citations *in-extenso*
empruntées à MM. Ravaz, Gervais, Couderc, Foëx.
Nous n'aurions pu mieux faire, estimons-nous, que
de nous couvrir de leur haute autorité.

Beaucoup d'autres de ces descriptions sont dues
à M. A. Estoppey, ingénieur-agronome, et à M. I.
Anken, ingénieur-agronome. Nous nous sommes
contenté de donner à ces deux collaborateurs les
quelques caractères pratiques qu'ont remarqués à la
longue M. Baltzinger, directeur de la pépinière de
Veyrier, et nous-même.

En admettant, du reste, que nous ayons pu faire
nous-même la description de ces cépages, de multiples occupations d'un autre ordre d'idées ne nous

auraient pas permis de les déterminer assez vite et ces ouvrages y auraient perdu toute leur actualité.

Nous avons dû introduire au vol. II de nombreuses notes, mais nous ne pensons pas que cette manière de faire présente un inconvénient sérieux, au contraire, puisque le praticien, ou même le petit cultivateur qui n'a pas le loisir d'entrer dans les considérations de détail, pourra n'en pas tenir compte, alors que le spécialiste aura toute latitude de s'y attarder. C'est ainsi que les rapports d'analyses de sols faits par MM. Lagatu et Sicard forment à eux seuls tout l'appendice de ce volume parce que nous estimons qu'il valait la peine de ménager un chapitre à ces rapports d'un si haut intérêt pratique et théorique.

Nous désirons aussi dire au sujet du premier volume (Essai d'ampélographie vaudoise) que nous n'y avions collaboré que par des observations d'ordre général et cultural, tandis que la partie scientifique, la description des cépages ainsi que la rédaction de tout l'ouvrage a été faite par M. Anken ; nous lui adressons ici nos plus vifs remerciements de nous avoir permis de mener à chef cette étude.

Au sujet du volume III, nous n'oublierons pas un témoignage de reconnaissance également à M. A. Estoppey qui, non seulement a procédé à des descriptions botaniques, comme nous l'avons vu plus haut, mais qui a bien voulu rédiger, sur nos indications, plusieurs parties de ce résumé et mettre au net le brouillon que nous lui avions confié, concernant le dit tome.

Nous remercions ici bien sincèrement aussi M. Gagnaire, ingénieur-agricole (E. N. A. M.) actuellement président de la Société d'agriculture de

Thonon (H^{te} Savoie), notre collaborateur il y a quelques années, M. Balzinger, directeur de la pépinière de Veyrier, M. J.-M. Servettaz (autrefois employé à la pépinière du Veyrier) qui, tous trois, avec beaucoup de dévouement, se sont chargés non seulement d'effectuer les pesées et de noter le degré de maturité chaque année, mais qui tous trois ont souvent fait plus d'une observation qui nous a été des plus utiles. Et, certes, vu le nombre de cépages expérimentés, cette partie n'a pas été une des moindres de la dite étude.

Qu'il nous soit permis, en terminant, de solliciter l'indulgence du lecteur si quelques négligences et surtout longueurs se sont glissées dans la rédaction de tomes II et III. La pressante actualité du sujet nous a poussé à imprimer presque tels qu'ils furent primitivement rédigés, les manuscrits que nous avons eu l'avantage de présenter au Jury de la Division scientifique de l'Exposition suisse d'Agriculture à Lausanne en 1910.

Pendant l'impression du vol. II, quelques publications nouvelles ont été faites sur les questions qui y sont traitées.

Nous désirons tenir compte de quelques-unes des dites et aurions voulu pouvoir augmenter ou rectifier certaines notes, mais une partie des feuilles d'impression étant déjà tirées cela ne nous était pas possible.

Nous avons essayé de tourner la difficulté en intercalant dans l'errata quelques remarques et en faisant des additions dans l'appendice.

C'est ainsi que page 264 du dit appendice nous parlons d'une communication faite à la Société Vaudoise des sciences naturelle en 1911, dans

laquelle M. Th. Biéler-Chatelan explique que, comme
Engler, il croit que le châtaignier résisterait à des
doses moins faibles de calcaire que ne le croyaient
MM. Fliche et Grandeau.

Nous aurions préféré ajouter la commentation de
cette communication à notre note 4 de la page 2 et
nous prions nos lecteurs de la considérer comme
faisant suite à la dite note 4. [1]

Jean BURNAT.

[1] Le vol. I a été présenté terminé à cette exposition (a l'état de
manuscrit).

Le vol. II y a été présenté en entier comme ouvrage en préparation,
depuis cette époque il n'y a été fait que quelques additions.

En ce qui concerne le volume III. La partie « producteurs directs »
a seule été envoyée à l'exposition, depuis aussi il y a été ajouté quelques notes.

ERRATA, MODIFICATIONS, ADDITIONS

Page 4. Nous disons note 2 « Il y a du reste dans beaucoup de nos terrains du calcaire d'origine dolomitique ; ..,.. »

Outre M. le professeur Lagatu, une personne compétente dans ces questions, établie dans notre pays nous a affirmé que non seulement nous pouvions dire « Il y a dans beaucoup de nos terrains fort probablement du calcaire d'origine dolomitique» mais que nous pouvions ne pas ajouter les mots *fort probablement* et dire *il y a*.

Si nous avons envoyé à l'impression la phrase *Il y a* et non *il y a fort probablement*, c'est que nous pensions avoir le temps avant la fin du tirage de ce livre de confirmer ce fait fort probable par quelques analyses. Or ces analyses ne sont pas encore terminées. Quoique nous soyons persuadé qu'il y a du calcaire dolomitique nous préférions pour le moment remplacer les mots note 2, p. 4 : *Il y a du reste* par *Il y a fort probablement* jusqu'à ce que quelques analyses nous aient confirmé ce fait.

Page 14, fig. 2. La lettre E grasse qui figure dans la poche calcaire de droite de ce schéma doit être remplacée par la lettre F, de même dans la légende explicative au-dessous du croquis la lettre E (E : Poche calcaire contenant 50 % de ce sol;) doit être remplacée par F.

Page 14, 4me ligne à partir du bas de la page lire « point E une forte proportion » et non « point E une assez forte proportion ».

Pag. 19, suite de la note 1 de la p. 18, le texte depuis « Si d'autre part on lit les très intéressants articles de M. Vidal jusqu'à..... en date du 31 mars 1910» doit précéder le texte «M. J. L. Vidal veut bien nous écrire, en date du 13 mai 1911..... etc. ..... »

Page 25, lire au haut de la page à droite : Le riparia du Colorado ε et non le riparia du Colorado.

Page 53, 1re ligne, au lieu de : no 101 × (un riparia × rupestris lire no 101 (un riparia × rupestris).

Page 55, 1re ligne, lire : lésions au lieu de : tubérosités. 3me ligne lire : lésions au lieu de : tubérosités.

4me ligne lire : surtout s'il s'agit de nodosités ou de tubérosités peu pénétrantes ne prouve rien au lieu de : — surtout s'il s'agit de tubérosités peu pénétrantes, ainsi que nous l'a dit M. Anken, ne prouve rien.....

7me et 8me ligne lire : tels que l'Aramon × rupestris Ganzin no 1 ont même des tubérosités au lieu de : tel que l'Aramon × rupestris Ganzin no 1 en ont. — Ces corrections viennent du fait que nous supposions que dans le rapport d'examen phylloxérique que M. Anken a bien voulu nous adresser ce dernier entendait par lésion une tubérosité. Or depuis que l'impression est terminée il a bien voulu sur une demande plus précise de notre part nous expliquer qu'il avait voulu désigner par lésion aussi bien des nodosités et des renflements que des tubérosités. Tout en recommandant donc la prudence nous pouvons donc encore moins affirmer que ces porte-greffes souffrent du phylloxera mais ils seront encore à suivre au point de vue phylloxérique pour savoir si leurs nodosités sont très nombreuses et si ils ont des tubérosités pénétrantes.

D'autre part il est exact que M. Anken nous a affirmé après son examen qu'il n'avait point constaté sur les racines du $227 \times 13 \times 21$ de *tubérosités pénétrantes* mais un examen ne suffit pas.

Page 59 titre, au lieu de : le riparia × (cordifolia × rupestris de Grasset) 106)^8 lire : Le riparia × (cordifolia × rupestris de Grasset) 106^8.

Page 74, 11me et 10me ligne à partir du bas de la page lire : lésions nettes au lieu de : tubérosités nettes.

Page 78, 11me ligne à partir du bas de la page lire Tisserand et non tisserand.

Page 105, 1re ligne au lieu de Gionaleto noro lire Gionaleto nero.

Page 112, note 3, 3me ligne au lieu de : nouvel-an au plus tard lire : nouvel-an ou plus tard.

Page 145, au lieu de : **Champ d'expériences IV** lire : **Champ d'expériences VI**.

Page 117, note 1, au lieu de : les calcaires magnésiens ne sont pas rares lire : les calcaires magnésiens ne sont peut-être pas rares.

Page 125, sixième ligne : Terras nº 20 au lieu de : Ferras nº 20.

Page 136 suite de la note de la page 135 au lieu de « On est tenté de se le demander aussi si, » lire : « On est même tenté de se le demander si,.....»

Page 176. Au lieu de : Expérience nº III lire : Expérience nº XII.

CHAPITRE I

PRÉCAUTIONS A PRENDRE
LORSQU'ON A UNE VIGNE A REPLANTER

Généralités sur l'adaptation
des vignes américaines, sur la chlorose, etc.

On sait actuellement que tous les sols ne conviennent pas à un même plant américain. Ainsi une espèce conviendra fort bien à un terrain frais et fertile et donnera de très mauvais résultats dans un terrain sec et caillouteux.

La connaissance de l'état physique d'un terrain a donc une grande importance pour savoir si tel porte-greffe ou producteur direct pourra y prospérer.

Un autre facteur joue un rôle très important : c'est le fait que les vignes américaines ne résistent pas également au calcaire. Si certaines peuvent supporter de fortes doses de carbonate de chaux (même sous une forme assimilable) dans le sol, y rester vertes, d'autres : *calcifuges*, jauniront et dépériront dans des terrains calcaires, elles y deviendront chlorotiques.

Heureusement qu'il y a peu de sols contenant de fortes doses de carbonate de chaux dans les cantons de Genève, de Vaud [1], dans l'arrondissement de Thonon (Haute-Savoie), dans une bonne partie de celui de Saint-Julien (Haute-Savoie) [2] et de Gex (Ain) [3], Si on compare ces dernières régions à d'autres telles que le Valais, Neuchâtel, l'arrondissement de Bonneville (Haute-Savoie), la Bourgogne, l'Hérault, les Charentes, pour ne leur comparer que des pays que nous avons visités, nous pouvons dire que les faibles doses de calcaire sont la généralité dans les premières régions citées [4], en

---

[1] A part les districts d'Orbe, d'Aigle, de Grandson et, d'une façon générale, le bord des ruisseaux.

[2] Sauf certains terrains du pied du Mont-Salève, versant nord (commune de Bossey, etc.). Le Salève est en bonne partie composé de terrains jurassiques (surtout infra-crétacé).

[3] Sauf les pentes immédiates du Jura.

[4] Il n'est pas rare d'y voir prospérer des châtaigniers. La présence de cette essence qui est sensible à la chlorose nous a permis de conclure que le calcaire n'y sera pas un obstacle à la végétation de la plupart des vignes américaines.

Au sujet de la présence de châtaigniers dans une partie des régions qui nous intéressent, nous trouvons dans la bibliographie botanique les renseignements suivants :

« Bois çà et là, bassin du Léman ; Estavayer. Rapin : *Guide du botaniste dans le canton de Vaud*, édit. no 2, page 532.

« *Castanea vulgaris* ; Bex, Chamblandes (cette dernière localité entre Lausanne et Saint-Sulpice) au Jura. » Blanchet : *Catalogue des plantes vasculaires du canton de Vaud*. Vevey 1836, Lörtscher.

« Se rencontre par pieds isolés, restes d'anciennes forêts détruites pour faire place aux cultures, surtout dans le vignoble. Autrefois les bois de châtaigniers étaient communs le long du Jura ainsi que le prouvent de nombreux noms de lieux ; il n'y avait presque pas de villages qui n'eussent leur « châtaigneraie ». — Durand et Pittier, page 459, *Catalogue flore vaudoise*, lib. Rouge, Lausanne 1882.

« Se trouve au pied des montagnes, particulièrement sur les bancs de molasse ; commun sur la pente inférieure des Voirons ; au Salève, près de Mornex, etc., au pied du Jura à Thoiry, à Trélex, etc. Tourronde, Evian. Thonon (Haute-Savoie) ». Reuter, 2me édition. Kessmann, lib.-édit. 1861, Genève, page 190.

« ...supra lacum Lemanum circa Crans, Trélex, etc. Castanatum nobile La Vissanche inter Bursins et Tartegnins citum arboribusque in citivis constans optimos fructus sed paulatim extirpatur » Gaudin, *Flora Helvetica*, vol. VI, 1830. Orell Füssli Zurich, page 168.

Et dans *La Flore de la Suisse et de ses origines*, par H. Christ, particulier dans les terrains qui ont été recouverts par le glacier du Rhône [1].

Les terrains de certains vignobles, tels que ceux du pied du Salève, (arrondissement de Saint-Julien, Haute-Savoie) du pied du Jura, (arrondissement de Gex, Ain), des bords du lac d'Annecy, de Seyssel, de Bonneville (côte d'Hyot) de la vallée de l'Arve (Arthaz, Contamines-sur-Arve) peuvent contenir 30, 40, 50, 70 % de carbonate de chaux. A Bossey, au pied du Salève, le calcaire est souvent très chlorosant.

En France, le seul pays où l'on avait rencontré pendant longtemps (il y a 12, 15 ans encore) des

---

p. 232, H. Georg, Genève 1883, édit. française, nous trouvons : « Le châtaignier est encore répandu en deça de Genève dans la direction nord-est. On en trouve de petites forêts à Thoiry, à Crans, à Trélex, sur le versant du Jura et sur les assises tertiaires au pied de la chaîne. Gaudin fait déjà mention du bois de châtaigniers de la Vissanche près de Bursins, à La Côte. De là, il se montre par places à Cossonay, à Estavayer, au Chaumont, à Neuveville (Thurmann); sa station limite est l'île de St-Pierre, sur le lac de Bienne.

Le fait qu'on trouve des châtaigniers sur les pentes du Jura dont les roches sont calcaires et que nous disons que la présence du châtaignier est rassurante au point de vue de la chlorose, peut étonner. A cela, nous ferons remarquer que beaucoup de terrains ont été décalcarisés et qu'ensuite souvent les calcaires sont d'origine dolomitique.

Par contre, Arnold Engler (voir à la table des matières : auteurs consultés) attribue la chlorose du châtaignier à un manque de potasse, le calcaire passerait ainsi au second plan; sans vouloir contredire cela, nous nous permettons de douter jusqu'à de plus nombreuses expériences que le calcaire ne joue au moins pas le principal rôle.

En tout cas, en ce qui concerne la vigne. nous ne pensons pas que la potasse soit en cause : l'introduction de cet élément sous la forme de fortes fumures avec supplément de potasse n'arrête pas la chlorose.

C'est le regretté Foëx qui nous a affirmé que si des châtaigniers prospéraient dans un sol, on avait chance que pour la vigne, la chlorose n'y jouerait pas ou peu de rôle. Nous convenons cependant que si nous pouvons être affirmatifs en disant que c'est le calcaire qui chlorose les vignes, le fait de savoir si il y a connexion de chlorose entre le châtaignier et la vigne mérite d'être approfondi.

[1] Sauf sur les bords des ruisseaux.

difficultés insurmontables à cause du carbonate de chaux, était celui des Charentes où le calcaire s'élève jusqu'à 60 et 70 %, mais hâtons-nous de dire que le calcaire des Charentes se trouve être sous forme de particules beaucoup plus fines qu'ailleurs ; du reste, dans cette dernière dizaine d'années, grâce au 41 B, aux Berlandieri riparia, au 1202, la question de la reconstitution n'y soulève plus les même difficultés.

On conçoit en effet que plus le calcaire est fin, plus il se délite facilement par les eaux de pluie chargées d'acide carbonique [1], et plus il est absorbé par les radicelles. En un mot, le calcaire des Charentes est beaucoup plus *assimilable* que celui d'autres régions.

Alors qu'un riparia se rabougrira par la chlorose dans certaines parties des Charentes (Fine Champagne) lorsque le terrain contient 15 à 20 % de calcaire, il restera *parfois* vert chez nous, ou n'aura qu'une jaunisse passagère malgré 25, 30 ou même 35 % [2].

---

[1] Etant dans le sol à l'état de carbonate de chaux, l'acide carbonique des eaux des pluies le fait passer à l'état de bicarbonate soluble bien plus facilement absorbé que le carbonate par les radicelles.

[2] Il y a du reste dans beaucoup de nos terrains du calcaire d'origine dolomitique ; le calcaire dolomitique est un carbonate double de chaux et de magnésie et non un carbonate de chaux, il est par conséquent beaucoup moins chlorosant que ce dernier. C'est M. le professeur Lagatu, auquel nous avons envoyé fréquemment des échantillons à analyser, qui a bien voulu attirer notre attention sur le fait que fort souvent nos calcaires étaient de nature dolomitique. Or les calcimètres vous annoncent comme résultat final brut aussi bien le calcaire dolomitique que celui à l'état de carbonate de chaux pur. Pour savoir si l'on a affaire à un calcaire dolomitique ou pas, il faut avoir recours à un autre procédé d'analyse. Nous verrons cependant plus loin que lorsqu'on a l'habitude du calcimètre Houdaille, l'allure de la courbe vous indique déjà s'il y a probabilité ou pas d'avoir affaire à du calcaire dolomitique, mais il est plus prudent bien entendu avant d'affirmer, de vérifier cela par un autre procédé.

Mais la teneur en eau, la richesse en acide carbonique, la proportion d'argile peuvent aussi faire varier le pouvoir chlorosant indépendamment de la proportion et de la finesse même du calcaire.

On voit par ce qui précède, et chez nous on tient grand compte de cette question, combien il est important de s'inquiéter de l'adaptation des différents porte-greffes aux différents sols.

Si la résistance au calcaire de la plupart des vignes européennes est forte et si elles ont en général une aire d'adaptation plus étendue que les vignes américaines, ou du moins que la plupart d'entre celles-ci, cette aire n'en existe pas moins, seulement elle est définie depuis des siècles. Par exemple la Mondeuse prospère dans les terrains de pierre à chaux. Il est donc bon quand même on emploie des greffés, chaque fois qu'on le peut, d'observer l'adaptation des plants européens au sol, comme si ils devaient être cultivés francs de pied.

Le climat joue aussi un rôle et pas des moindres dans ces questions ; ainsi ce qui est riparia ou à sang de riparia paraît plus indiqué dans notre région tempérée que le rupestris, ou ce qui est à sang prédominant de rupestris, ceci dit sans généraliser.

En résumé, lorsqu'on a un vignoble à replanter, il y a donc lieu de considérer :

1. Quel est le porte-greffe qui conviendrait au sol, et si possible de se demander dans quel sol prospérerait le greffon, s'il était franc de pied.

2. Quels sont les porte-greffes et les greffons qui conviendraient à l'exposition de la vigne.

3. Quels sont les porte-greffes qui peuvent supporter la dose de calcaire du terrain, et en cas de dose limite, il est bon de connaître aussi quel est le degré d'assimilabilité de ce calcaire.

Instructions pour prélever les échantillons de terre en vue de leur analyse calcimétrique, appareils à utiliser.

Pour connaître l'état calcimétrique d'une vigne, il faut prendre dans la dite vigne le plus d'échantillons de terre possible, surtout lorsque le terrain change de nature d'un endroit à un autre. Il est prudent de supposer qu'on a affaire à plus de calcaire (5 à 10 %de plus) que n'en révèlent les analyses, parce qu'on ne peut cependant pas analyser toute la terre d'un parchet, et que parfois le carbonate de chaux varie comme proportion d'un point à un autre à des distances très faibles.

Ayant prélevé les échantillons, pour connaître leur pour cent brut de calcaire, on peut se servir du calcimètre Bernard par exemple (il y en a d'autres). Si les pour cent ne dépassent pas 15 à 20 en carbonate de chaux[1], il est inutile de se demander si celui-ci est assimilable ou pas, parce que presque tous les porte-greffes resteront verts

---

[1] La détermination du carbonate de chaux par les calcimètres est basée sur la mesure du dégagement en acide carbonique lorsqu'on attaque la terre par de l'acide chlorhydrique.

Répétons en passant que, bien entendu, les calcimètres sauf l'Houdaille, mais celui-ci sans certitude, n'indiquent pas la distinction entre le calcaire à l'état de carbonate de chaux et le calcaire dolomitique. (Voir paragraphe précédent).

dans un terrain de cette nature, à condition qu'on observe en même temps les règles d'adaptation (nature physique du terrain, exposition, climat). Si au contraire les pour cent ou une partie de ceux-ci sont plus forts, il devient très souvent intéressant de savoir si le calcaire est assimilable, c'est-à-dire de mauvaise nature ou pas. En outre, il faut se méfier à ce sujet des terres humides[1], des régions où il pleut beaucoup et où par conséquent le carbonate de chaux devient facilement du bicarbonate qui est assimilable, alors que le carbonate ne l'est pas. Ce que nous avons observé dans nos régions en général et à Bossey (Haute-Savoie) en particulier, nous fait fortement supposer qu'à égale dose de calcaire une plante se chlorosera souvent plus dans ces contrées-là que dans l'Hérault par exemple, où les terres sont comparativement sèches. Ainsi, nous avons à Clapiers, près Montpellier (Hérault) des Aramon $\times$ rupestris Ganzin n° 1 qui restent verts et vigoureux dans des terrains contenant fréquemment 50-60 % de calcaire, alors que chez nous en général et à Bossey (Haute-Savoie) en particulier, nous ramènerions par prudence la limite de résistance à la chlorose de ce plant à 40 %.

On peut se rendre compte de l'assimilabilité du calcaire en employant le calcimètre Bernard, en comparant le volume gazeux dégagé au temps qu'a duré la réaction, en calculant quel volume d'acide

[1] Au moment où nous écrivons ces lignes (30 juin 1910), nous avons constaté à Nant, après les pluies tout à fait anormales de ces derniers temps, de la chlorose dans des endroits où il n'y en a d'habitude que peu ou pas. M. A. Paschoud, pépiniériste à Corsy-sur-Lutry (Vaud), nous dit avoir constaté le même fait dans beaucoup de plantations.

carbonique il se dégage par seconde[1], mais mieux vaut encore employer l'ingénieux appareil inventé par le regretté Houdaille, autrefois professeur à l'Ecole d'agriculture de Montpellier.

Cet appareil permet de déterminer non seulement la teneur totale en calcaire d'une terre donnée, mais aussi la vitesse d'attaque et par là le degré d'assimibilité de ce calcaire[2].

---

[1] Voir à ce sujet les articles d'Houdaille, écrits en 1894 et 1895, dans la Revue de viticulture. 35, Boulevard St-Michel, Paris. Voir aussi les instructions de Bernard.

[2] Sans vouloir décrire l'appareil ni exposer le mode d'opérer, indiquons que : Cet appareil possède une fiole à réaction. On introduit la terre à analyser et l'acide chlorhydrique dans la dite fiole, celle-ci est agitée mécaniquement lorsqu'on met en marche l'appareil, l'acide carbonique dégagé par la réaction passe dans un serpentin traversant un réservoir à eau froide puis agit plus ou moins rapidement sur une aiguille indicatrice, laquelle trace une courbe sur une feuille de papier enroulée comme pour les baromètres enregistreurs sur un tambour tournant mécaniquement et par secousses régulières réglées par un balancier.

Si la courbe monte rapidement, le calcaire est assimilable, si elle monte lentement il ne l'est pas.

Si surtout les volumes d'acide carbonique dégagés pendant une oscillation du pendule sont forts, l'on sait qu'il y a danger de chlorose, si, bien entendu, il s'agit de quantités plus fortes que 15 à 20 % de carbonate de chaux.

Cet appareil est en vente chez Richard, constructeur, 30, rue Lafayette, Paris.

Pour ceux qui s'intéresseraient de plus près soit à cet appareil, soit à la question de la chlorose de la vigne en général, citons que le regretté Houdaille a écrit dans la *Revue de viticulture*, en 1894 et 1895, de nombreux articles (1894 surtout) sur cette question, en collaboration avec M. L. Semichon, actuellement directeur de la station œnologique de Narbonne (Aude).

F. Houdaille et L. Sémichon : « Le calcaire et la chlorose ; étude de l'état physique du calcaire considéré comme cause déterminante de la chlorose », *Revue de viticulture*, Paris, 35, boul. St-Michel, 1er semestre 1894, pages 405, 455, 509.

F. Houdaille et L. Sémichon, *Revue de viticulture*, 2me semestre 1894 : « Mesure de la vitesse d'attaque spécifique des diverses variétés de calcaire », p. 57, 174, 200, 303, 323.

Citons encore F. Houdaille et M. Mazade : « Le rupestris du Lot en terrains calcaires », pages 129, 161 de la *Revue de viticulture*, 1er semestre 1895.

Prise proprement dite des échantillons
de terre

Pour prélever un échantillon de terre du *sol* et du *sous-sol*, on ouvre à la pelle une tranchée assez longue d'un à deux mètres de longueur. On met toute la terre de côté depuis la surface du sol jus-

F. Houdaille : « Examen du pouvoir chlorosant des champs d'expériences pour l'application du procédé Rassiguier », page 440, 2me semestre, *Revue de viticulture*, 1895.

D'après Houdaille et Sémichon, les trois éléments principaux à rechercher pour servir de caractéristique au pouvoir chlorosant des sols calcaires sont les suivants :

1. Déterminatiion de la perméabilité du sol et de son etat de division ;

2. Mesure de la vitesse d'attaque pendant le premier tiers de la réaction :

3. Détermination du rapport $\frac{p}{P}$ du poids de calcaire attaqué à l'acice tartrique au poids de calcaire attaqué par l'acide chlorhydrique dilué au $1/4$ à froid et au bout d'un quart d'heure.

La mesure de la vitesse d'attaque aurait une grande importance, il en est spécialement parlé page 323 de la *Revue de viticulture*, 1894, 2me semestre.

Le principe de l'appareil est spécialement décrit page 61 du même semestre.

Nous donnons ici quelques graphiques. Trois d'entre eux sont relatifs à des échantillons de terre de l'Hérault et nous ont été obligeamment adressés par MM. Lagatu, professeur de chimie agricole de Montpellier et Sicard, chimiste-chef à la même école qui les ont accompagnés des explications suivantes :

Montpellier, 17 janvier 1911.

Conformément à la demande que vous avez faite à M. Lagatu, nous vous adressons trois types différents de graphiques calcimétriques. Le premier, n° 3104, concernant une terre du domaine de MM. Bret et Leenhardt, près Lattes, Hérault (domaine de « Pradelaine », ou aussi « Mas Bedos »), à calcaire très rapidement attaquable par l'acide chlorhydrique étendu de son volume d'eau ; donc très actif, très chlorosant.

Le deuxième, n• 3283, relatif à une terre du domaine de la Piscine,

qu'à une profondeur de 30 cm., *pour y prélever l'échantillon sol.*

Pour prélever l'échantillon sous-sol, on continue à creuser au même endroit jusqu'à 60 cm. en mettant cette terre du sous-sol à part de celle du sol et si la terre change de nature à cette profondeur, on creu-

près Celleneuve (Hérault), appartenant à M. Chaber, à calcaire assez lentement attaquable, par l'acide chlorhydrique également étendu de son volume d'eau, dur, assez peu actif, assez peu chlorosant.

Enfin le troisième, no 3404, se rapportant à une terre de M. Mollaret, à St-Pons, (Hérault), à calcaire lentement attaquable, de nature dolomitique, donc peu actif, non chlorosant.

Vous remarquerez, sur le graphique no 1, le point d'inflexion caractéristique des calcaires s'attaquant très rapidement. Il tient à ce que l'acide carbonique dégagé en les premières secondes de l'attaque et qui, au moment du dégagement, est à une température supérieure à celle de l'eau du réfrigérant (17o, dans le cas présent) n'a pas eu le temps de se refroidir jusqu'à la température de cette eau. Cette égalité de température n'est en effet établie qu'après une vingtaine de secondes.

Recevez, etc.

Les deux graphiques qui suivent proviennent, l'un des environs de Bonneville, vallée de l'Arve (ancien courant du glacier de l'Arve venant du Mont-Blanc, le dit glacier a, à un moment donné, charrié, d'après un renseignement qu'a bien voulu nous donner M. Lugeon, professeur de géologie à Lausanne, charrié, disons-nous, une masse considérable de matériaux calcaires. Ce qui cadre bien avec le fait que fréquemment nous trouvons de fortes doses de calcaires, bien plus fortes que sur les bords du Léman, dans la dite vallée).

L'autre provient d'une terre de Nant-sur-Vevey. Un simple coup d'œil comparatif nous renseigne sur la nature de ces deux calcaires, celui de Bonneville est dangereux et celui de Nant ne peut être dangereux que s'il y a des pluies continues ou d'autres facteurs aggravants; il est fort probable que le calcaire de ce dernier graphique est, en partie du moins, d'origine dolomitique, vu que les traits représentant l'attaque d'une seconde, surtout ceux de la moitié supérieure, sont petits. Ceux de la première moitié sont un peu plus grands. Nous avons donc dans ce dernier cas, somme toute, à faire à 10-12 % de calcaire moyennement, disons même assez assimilables et à 10-12% (seconde moitié de la réaction) des moins assimilables.

Quant au sixième et dernier graphique, il provient d'une terre appartenant à MM. Bouvier frères, propriétaires d'une fabrique de champagne à Neuchâtel (Suisse), terre située à Auvernier (Neuchâtel); dans cette terre, malgré les pourcentages de calcaire de 40-50 %, des

Nº 3101   Graphique de l'attaque au Calcimètre Houdaille — Température 17 degrés

Terre de : *MM. Bret et Leenhardt, près Lattes, Hérault.*
Nature du calcaire : *très chlorosant.*

Le Directeur du Laboratoire :   Le Chimiste-chef :
(Sig.) H. Lagatu.   (Sig.) L. Sicard.

Acide carbonique CO_2 pour cent de terre fine *22,25.*
Carbonate de chaux correspondant
(en admettant l'existence de ce seul carbonate)
       Dans 1000 de terre fine sèche
Cailloux et gravier : *0.*
Calcaire : *505,10.*

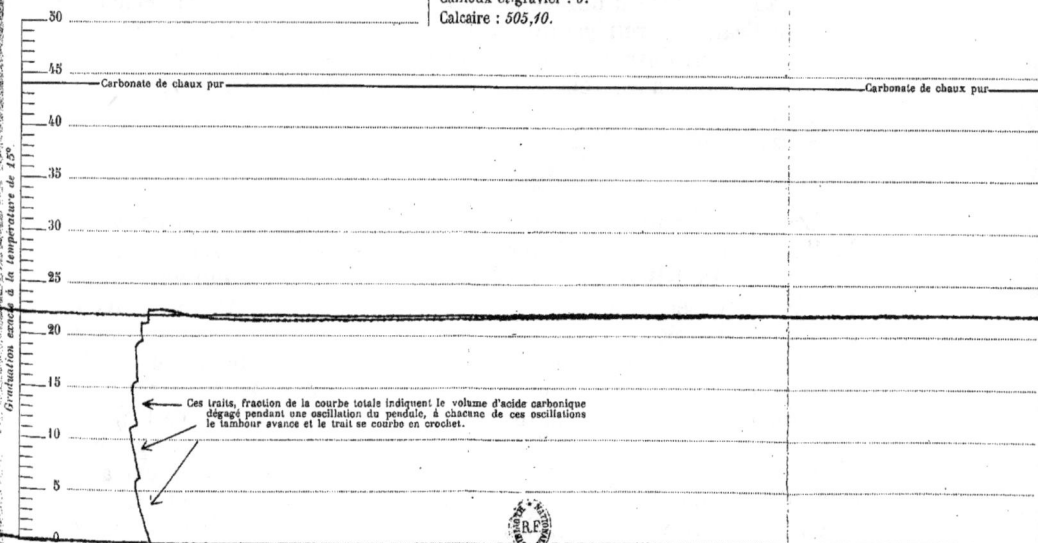

$22,25 \times 2,27 = 50,51.$
Dans 1000 de terre complète sèche.

Graduation exacte à la température de 15°

50
45 — Carbonate de chaux pur —   Carbonate de chaux pur —
40
35
30
25
20
15
10
5
0

← Ces traits, fraction de la courbe totale indiquent le volume d'acide carbonique
dégagé pendant une oscillation du pendule, à chacune de ces oscillations
le tambour avance et le trait se courbe en crochet.

R.F.

ÉCOLE NATIONALE D'AGRICULTURE DE MONTPELLIER

STATION DE RECHERCHES CHIMIQUES ET D'ANALYSES AGRICOLES

Nº 3283   Graphique de l'attaque au Calcimètre Houdaille — Température 17 degrés

e de : *M. Chabert, près Celleneuve, Hérault.*
ire du calcaire : *non chlorosant.*

Le Directeur du Laboratoire :   Le Chimiste-chef :
(Sig.) H. Lagatu.   (Sig.) L. Sicard.

Acide carbonique CO² pour cent de terre fine *12.*
Carbonate de chaux correspondant
(en admettant l'existence de ce seul carbonate) } *12 × 2,27 = 27,24.*
        Dans 1000 de terre fine sèche   Dans 1000 de terre complète sèche.
Cailloux et gravier : *0.*
Calcaire : *272,40.*

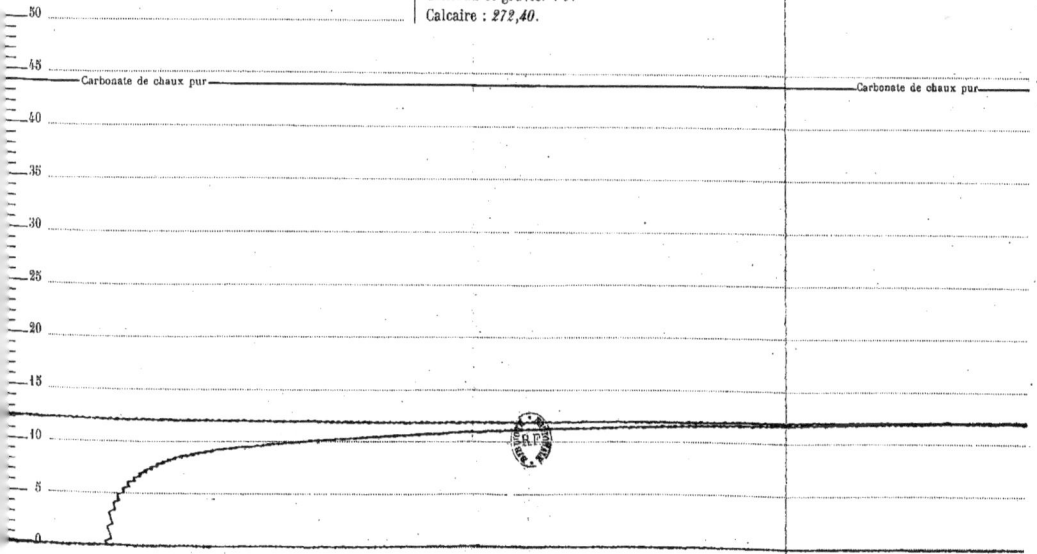

Carbonate de chaux pur
Carbonate de chaux pur

Graphique de l'attaque au Calcimètre Houdaille. — Température_____degrés

Terre : *Nant sur Vevey*.
Nature du calcaire : *Peu dangereux, sauf par des pluies continues.*
Teneur en calcaire 22%.

Acide carbonique Co² pour cent de terre fine _____
Carbonate de chaux correspondant
(en admettant l'existence de ce seul carbonate) × 2.27 = _____

Dans 100 de terre fine sèche   Dans 100 de terre complète sèche
Cailloux et gravier_____
Calcaire _____

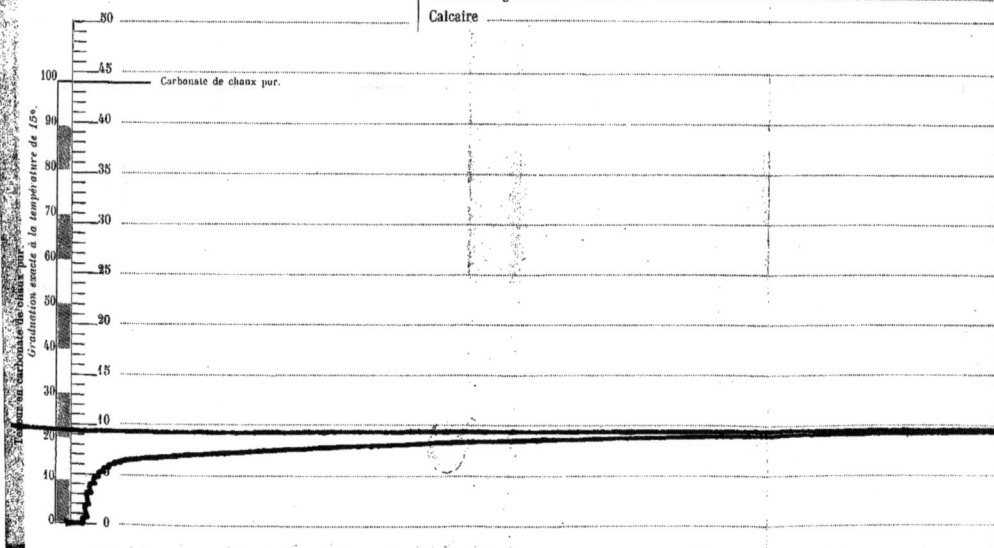

Carbonate de chaux pur.

de *M. Bouvier, Auvernier (Neuchâtel).*
re du calcaire : *Assez peu dangereux.*
ur en calcaire 57 °/o.

Acide carbonique Co² pour cent de terre fine ....

Carbonate de chaux correspondant
(en admettant l'existence de ce seul carbonate) $\Big\{$ .... $\times$ 2.27 =

Dans 100 de terre fine sèche   Dans 100 de terre complète sèche

Cailloux et gravier ....

Calcaire ....

Carbonate de chaux pur.

Nº 3404   Graphique de l'attaque au Calcimètre Houdaille — Température 16 degrés

Terre de : *M. Mollaret à Sᵗ-Pons, Hérault.*

Nature du calcaire : *calcaire dolomitique, non chlorosant.*

Le Directeur du Laboratoire :   Le Chimiste-chef :
(*Sig.*) H. Lagatu.   (*Sig.*) L. Sicard.

Acide carbonique CO^2 pour cent de terre fine *40.*

Carbonate de chaux correspondant
(en admettant l'existence de ce seul carbonate) } $40 \times 2,27 = 90,80.$
        Dans 1000 de terre fine sèche   Dans 1000 de terre complète sèche.

Caïlloux et gravier : *0.*

Calcaire : *908,00.*

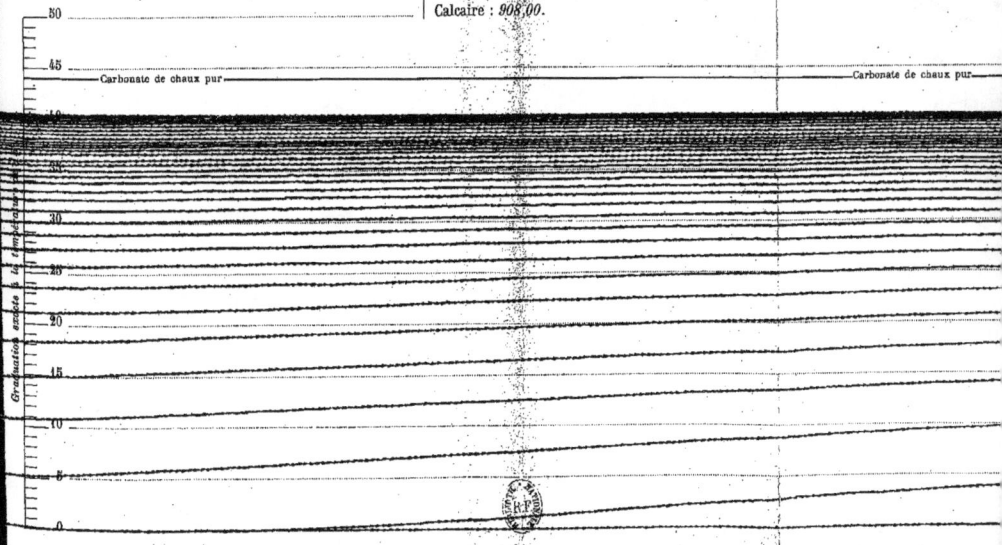

Carbonate de chaux pur

Carbonate de chaux pur

Graduation xxxxx de la température

CALCIMÈTRE ENREGISTREUR HOUDAILLE

Terre de : *M. Barde, Bonneville.*
Nature du calcaire : *dangereux.*
Teneur en calcaire 61 %.

N° 304

Température 15°

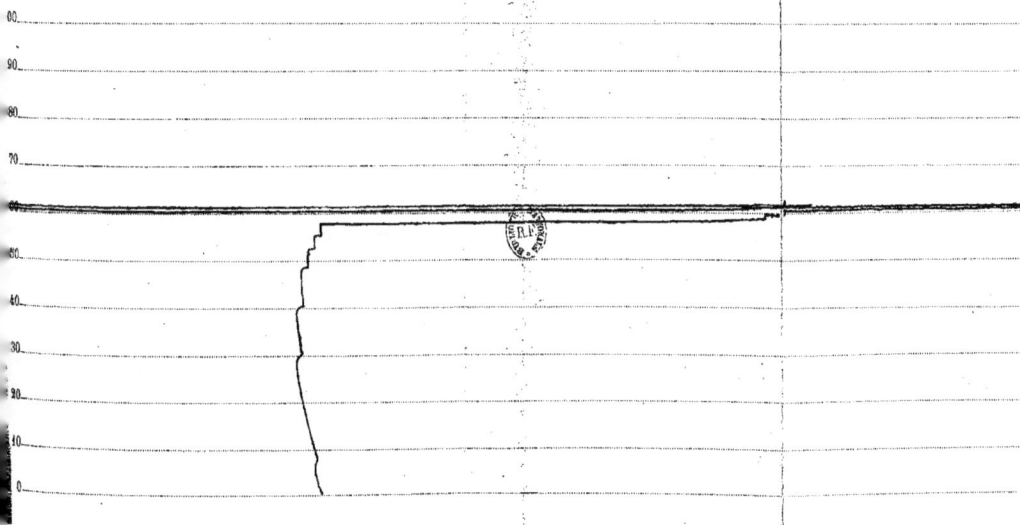

sera la tranchée sous-sol encore plus profondément jusqu'à 80 cm. et même un mètre, au lieu de soixante.

Dans ce dernier cas, on pourrait aussi creuser la tranchée sous-sol seulement jusqu'à 60 cm., mettre la terre sous-sol de 30 à 60 cm. de côté, puis creuser ensuite de 60 à 80 cm. ou 1 mètre et faire un troisième tas de terre à part qu'on brasserait comme les autres, on aurait ainsi trois prises de terre à différentes profondeurs.

A ce sujet, disons que les tranchées de terre prélevées en de nombreux points du canton de Vaud et exposées par la station viticole du Champ-de-l'Air à Lausanne, en 1910, dans toute leur profondeur, représentant le terrain tel qu'il est, présentaient un vif intérêt. Elles démontraient que souvent alors qu'il y a peu de calcaire dans le sol et sous-sol jusqu'à 60 cm., il y en a à cause de la décalcarisation

riparia gloire ne se sont pas chlorosés. En examinant la courbe et surtout en la comparant à celle de Bonneville et à celle de la Pradelaine-Mas Bedos (MM. Bret et Leenhardt), on sera moins étonné de la résistance du riparia, malgré un pareil pourcentage.

Quoiqu'il y ait des calcaires encore moins actifs, ce calcaire (échantillon d'Auvernier), est assez peu assimilable, la quantité de CO_2 dégagé depuis le commencement de la réaction par seconde n'est pas forte ; donc très probablement de nouveau là, l'on a un calcaire dolomitique en partie du moins.

Lorsque les fractions de la courbe totale (indiquant le volume de CO_2 dégagé pendant une oscillation du pendule) forment des petits traits (crochets) fins, il est fort probable que l'on a affaire à un calcaire dolomitique.

De pareils traits se trouvent après le premier tiers de la réaction sur le graphique 3283 n° 2 et sur tout le parcours du graphique n° 3, 3404.

Beaucoup, la plupart même, des échantillons des terres en provenance de Vevey à Genève (Mandement inclus), de l'arrondissement de Thonon et d'une partie de celui de St-Julien nous ont donné des graphiques semblables à celui du graphique 2 Lagatu et Sicard et nous pouvons dire que nous en avons examiné un grand nombre. Il va sans dire toutefois qu'avant d'affirmer qu'il s'agit d'un calcaire dolomitique il faudrait procéder à l'analyse chimique.

des couches supérieures, de très fortes proportions plus bas. Nous avons constaté nous-même, il y a quelques années, ce fait sur les pentes du Salève. Or, si dans les terres fortes, il y a moins d'importance à connaître le calcaire au-dessous de 60 cm., cela ne serait pas toujours le cas dans les terres graveleuses ou légères, car dans ces dernières terres les racines auraient une tendance à descendre bien plus bas, ces terres étant moins humides que les terres fortes, argileuses, compactes.

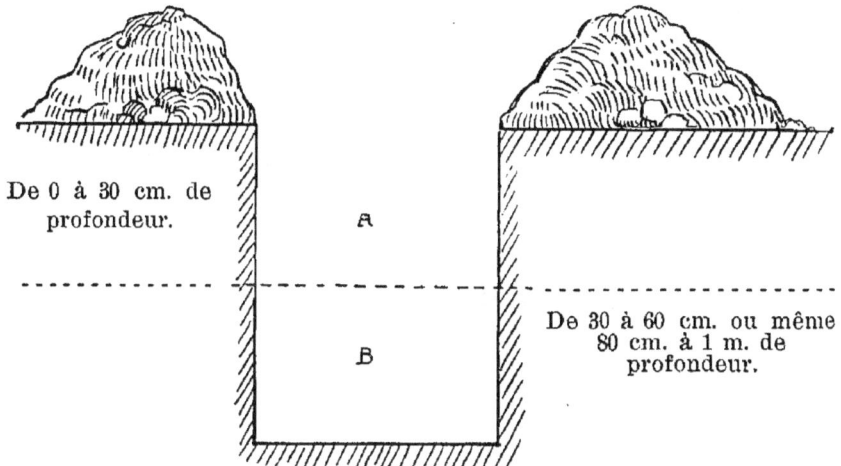

De 0 à 30 cm. de profondeur.

A

B

De 30 à 60 cm. ou même 80 cm. à 1 m. de profondeur.

Fig. 1. — *Schéma indiquant la manière de prélever un échantillon de terre.* — Tas de gauche composé de toute la terre prélevée dans la tranchée de 0 à 30 cm. c'est dans ce tas *qu'une fois toute la terre brassée*, on prélèvera *l'échantillon sol*, composé d'environ 1 kilog. Tas de droite composé de toute la terre prélevée de 30 à 60 cm. ou plus dans lequel on prélèvera de la même façon l'échantillon sous-sol.

Nous ne pouvons qu'insister sur la nécessité de prélever les échantillons de terre plus rationnellement qu'on ne le fait souvent.

L'échantillon à analyser doit absolument n'être prélevé que lorsque l'on aura brassé à la pelle toute la terre du sol et toute celle du sous-sol, en se gar-

dant bien de mélanger les deux tas, sol et sous-sol
(voir schéma page 12). Si on ne prélève qu'un mor-
ceau de terre par tas sans mélanger, on s'expose à
ce que l'échantillon prélevé contienne plus de calcaire que le reste ou bien à ce qu'il en contienne
beaucoup moins, alors qu'il s'agit, au contraire
d'avoir pour l'échantillon sol comme pour l'échantillon sous-sol, une moyenne du calcaire contenu
dans chacune de ces deux couches de terre.

En aucun cas il ne faut mélanger les échantillons sol et sous-sol, car souvent il y a dans le sol
des traces de calcaire, alors que dans le sous-sol il
peut y en avoir beaucoup.

Pour démontrer ce dernier inconvénient citons
un exemple : Si dans un terrain on trouve depuis
la surface jusqu'à 30 cm. (sol) 3 % de calcaire, et
depuis 30 jusqu'à 60 cm. (sous-sol) 37 %, on sait
qu'il serait imprudent de planter du riparia dans ce
terrain, car lorsque les racines pénétreront dans
le sous-sol, elles seront dans 37 % de calcaire,
alors qu'elles n'en supportent en général pas plus
de 20 %.

Si pour ce terrain-là, on avait mélangé les
échantillons avant l'analyse, le résultat de celle-ci

aurait donné $\dfrac{3 + 37}{2} = 20$ % c'est-à-dire la

moyenne du calcaire contenu dans la terre depuis
la surface jusqu'à 60 cm. de profondeur. On aurait
conclu à tort qu'on pouvait planter encore des
riparias puisqu'ils supportent 20 % de carbonate
de chaux alors qu'il faut là un cépage pouvant vivre
malgré 37 % de ce sel.

Une erreur, souvent commise en prélevant les

échantillons est celle qui consiste, après avoir choisi de la terre en plusieurs points d'une vigne, de mélanger ces différentes prises de terre et de prendre l'échantillon d'analyse sur ce mélange, *se contentant ainsi d'une seule analyse pour toute une vigne!*

L'erreur est encore plus grande que celle qu'on commet en mélangeant sol et sous-sol.

Souvent, il peut y avoir en un point donné de plus fortes doses de calcaire, et à quelques mètres seulement des traces de ce sel.

Prenons l'exemple de la figure ci-dessous.

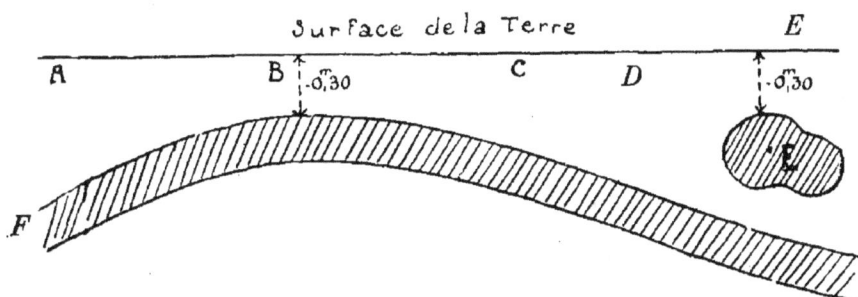

Fig. 2 — *A-B* : Terrain contenant seulement des traces de calcaire; *C-D* : Terrain contenant seulement des traces de calcaire; *E* : Poche calcaire contenant 50% de ce sel; *F* : Couche contenant 40 % de calcaire affleurant à 30 cm. du sol au point *B*.

Quoique cet exemple soit schématique, il se rapproche souvent de la réalité en pratique.

Si on analyse la terre provenant des points A C D séparément, on n'y trouvera jusqu'à des profondeurs relativement fortes que des traces de calcaire, tandis qu'en B et E on trouvera dans l'échantillon B sous-sol 40 % de calcaire et dans l'échantillon sous-sol du point E une assez forte proportion de ce sel. On en concluera rationnellement (question physique du terrain mise à part) que le riparia gloire peut être planté en A C D,

mais non en B et en E. Si par contre on prélevait
de la terre en A B E, qu'on mélange ces trois prises
et qu'on prélève l'échantillon sur ce mélange, on
concluerait (si le point A sol contient 2 % de calcaire, le point A sous-sol 2 %, le point B sol 2 %,
le point B sous-sol 40 %, le point E sol, 2 %, le
point E sous-sol 50 %), on concluerait, disons-nous,
à une moyenne d'environ

$$\frac{2 + 2 + 2 + 40 + 2 + 50}{6} = \frac{98}{6} = 16,34 \%$$

On indiquerait un riparia qui serait insuffisant en
B et E, alors que par contre il pourrait convenir
en A C D.

Echelle de résistance au calcaire des différents porte-greffes

Elle serait la suivante pour nos régions [Vaud,
Genève, arrondissements de Thonon, de Bonne-
ville, une partie de celui de Saint-Julien, (Haute-
Savoie) arrondissement de Gex (Ain).]

Jusqu'à 15-20 % de carbonate de chaux :

Le *cordifolia* $\times$ *riparia 125*[1]
Le *rupestris* $\times$ *cordifolia 107*[11]
C'est par prudence que nous indiquons seulement 15-20 % pour ces deux porte-greffes, car ils
n'ont pas été expérimentés chez nous, au point de
vue calcaire.

Jusqu'à 20 % :

Les *riparia*.

Les *rupestris purs* (encore serions-nous tentés de fixer pour plusieurs d'entre ces derniers un pourcentage supérieur, entre autres pour le rupestris Martin).

Le *rupestris* $\times$ *hybride Azémar 215*[2] (supposée)[1].

L'*œstivalis* $\times$ *riparia 119*[16] (supposée).

Jusqu'à 25 % :

Le *riparia* $\times$ *rupestris 11 F* (résiste peut-être à un pour cent supérieur, resterait à fixer).

Le *riparia* $\times$ *(cordifolia* $\times$ *rupestris de Grasset) 106*[8].

Jusqu'à 25 à 30 % :

Le *riparia* $\times$ *rupestris 101* $\times$ *14* (plutôt vers 25 que vers 30).

Le *riparia* $\times$ *rupestris 101* $\times$ *16* (frère du 101 $\times$ 14 ; supposée).

Le *rupestris* $\times$ *riparia 75*[1] (supposée ; reste à expérimenter chez nous et à l'étranger).

Le *rupestris* $\times$ *riparia 101*[103] (même observation que pour 75[1]).

Le *(cinerea* $\times$ *rupestris de Grasset)* $\times$ *riparia 239* $\times$ *6* $\times$ *20* (supposée, pas expérimenté chez nous au point de vue chlorose, Millardet le dit résistant à au moins 30 %).

---

[1] Le terme supposé veut dire que nous n'avons pas fait d'essais avec ce cépage au point de vue résistance à la chlorose chez nous et que nous nous dirigeons à son sujet d'après ce qui a été publié soit sur ce porte-greffe, soit sur ses ascendants.

Jusqu'à 25 à 35 %:

Les *riparia* × *rupestris 3306*.
Le *riparia* × *rupestris 3309*.
Le *cinerea* × *rupestris* (supposée. A Beaufort
(Jura) cet hybride s'est comporté convenablement
dans les marnes du Lias de reconstitution difficile
(d'après Millardet).

Jusqu'à 30 à 40 %:

Le *rupestris du Lot.*
L'*aramon* × *rupestris n° 2* (supposée pour notre
région.
Le *riparia du Colorado* (supposée pour notre
région) (probablement plus élevée).

Jusqu'à 40 à 45 %:

L'*aramon* × *rupestris Ganzin n° 9* (supposée).
L'*aramon* × *rupestris Ganzin n° 1*.

Jusqu'à 45 à 50 % et parfois plus:

suivant la nature du calcaire, les porte-greffes suivants indiqués par ordre probablement croissant de
résistance.
Le *Mourvèdre* × *rupestris 1202*.
Le *Berlandieri* × *riparia 157* × *11*.
»　　×　»　*420 C* (supposée).
»　　×　»　*420 A*.
»　　×　»　*420 B*.
»　　×　»　*34 E M*.

Au-dessus de 55 %:

Le *chasselas* × *Berlandieri 41 B*.

QUELQUES NOTES SUR LE TRAITEMENT
CONTRE LA CHLOROSE

En ce qui concerne le traitement de la chlorose, nous ne pourrions assez, en cas d'erreur d'adaptation, recommander le traitement du Dr Rassiguier, consistant à badigeonner en automne toute la souche et surtout les *plaies de taille,* avec la solution suivante :

Eau : 100 litres.

Sulfate de fer : 25 à 40 kg., suivant l'intensité de la chlorose et l'âge de la vigne.

Il y a quelques années, on employait 50 kg., mais à cette forte dose on a constaté parfois surtout sur des bois insuffisamment mûrs, des accidents de végétation,

Cette opération, pratiquée depuis longtemps en France, nécessite la taille de la vigne en automne; faite au printemps, nous croyons, jusqu'à preuve du contraire, que ce traitement n'agira pas bien car alors la sève est montante et le sulfate de fer déposé sur les plaies de taille serait rejeté au lieu d'être absorbé[1].

[1] Des praticiens de St-Jeannet (Alpes-Maritimes, France) nous ont affirmé, cependant, que ce traitement fait au mois de janvier, à la taille de printemps, agit quand même, il y aurait là un point à éclaircir. Nous n'indiquons cette opinion que sous toutes réserves.

M. J.-M. Guillon, directeur de la station viticole de Cognac, actuellement inspecteur attaché au Ministère de l'Agriculture, qui s'est beaucoup occupé de la question du traitement Rassiguier a bien voulu nous confirmer que l'époque favorable pour ce traitement était en automne et non au printemps, ceci pour les motifs que nous énonçons ci-haut.

C'est, suivant les régions et les années, courant novembre ou commencement de décembre qu'il faut procéder à ce traitement, avant que toute la sève soit descendue, mais il faut cependant attendre que les feuilles soient tombées et que les bois soient mûrs.

Chez nous, il n'est pas de coutume de tailler avant que les grands froids soient passés ; mais cela n'est pas un obstacle au traitement Rassiguier ; on peut procéder en automne en vue de cette opération, à une taille préparatoire, en sectionnant tous les sarments à quatre ou cinq yeux, de façon à créer des sections fraîches de taille.

M. J.-L. Vidal veut bien nous écrire, en date du 13 mai 1911, qu'il croit aussi que c'est une erreur d'appliquer le traitement Rassiguier au printemps. Il veut bien nous communiquer, en outre, qu'aux environs de Cognac les vignerons font quelquefois les plaies de taille sur le corps du cep au printemps en badigeonnant ces plaies avec une solution de sulfate de fer, qu'il se pourrait que, quand ce traitement est appliqué assez tard que la sève montante entraîne au passage des traces de sulfate de fer, mais que l'effet ne lui paraît pas devoir approcher de celui obtenu par des badigeonnages d'automne.

Pour ce qui est de l'absorption, M. Vidal a fait l'année dernière de nombreuses expériences ; il a pu faire absorber par un seul cep en cordon 775 cm³ de liquide en 8 jours, mais dans aucun de ces essais l'absorption n'a persisté après les premiers jours de décembre.

A partir de ce mois, elle a été nulle ou très insignifiante. Nous remercions ici vivement M. Vidal de nous avoir communiqué ces renseignements.

Si d'autre part, on lit les très intéressants articles de M. Vidal, préparateur à la Station Viticole de Cognac parus dans la Revue de Viticulture en 1911 (Voir nos 895, 896, 897, 900 ; pages 157, 189, 219 et 307). Article intitulé : « Les réserves de la vigne », on a la même impression. M. Vidal ne parle pas du traitement Rassiguier, mais il a étudié de très près les époques de migration des matériaux de réserve dans un sens et dans un autre. Ceux-ci descendent des sarments à partir de fin octobre au commencement de novembre pour y remonter peu à peu depuis les premiers jours de décembre jusqu'à fin avril.

M. J.-M. Guillon a également écrit un article sur les pleurs de la vigne dans les notes mensuelles de la Station viticole de Cognac, en date du 31 mars 1910.

Des expériences faites à Montpellier, en 1895, par M. J. M. Guillon, directeur de la station viticole de Cognac, alors répétiteur de viticulture à l'Ecole d'agriculture de Montpellier, ont prouvé que le sulfate de fer agissait également si le sarment était taillé à 4 ou 5 yeux au lieu de ne conserver que le nombre d'yeux destiné à établir la taille définitive.

Toutefois nous ne verrions pas grand inconvénient à ce qu'on taille complètement des vignes *situées dans de bonnes expositions,* en automne au lieu de le faire au mois de février comme cela se fait habituellement dans le canton de Vaud, d'autant plus que pendant ce mois de février les froids ne sont souvent pas finis.

On pourrait aussi essayer de faire ce que l'on appelle dans le canton de Vaud *la taille à porteur.* L'on sait que dans ce canton on pratique la taille en gobelet à trois astes ou *cornes* (souvent plus depuis la reconstitution), chaque aste ayant un courson à un bourgeon plus le faux-bourgeon (*borgne*). La *taille à porteur* consiste à sectionner à ras du vieux bois tous les sarments, sauf ceux qu'on veut

M. Guillon parle de la force de l'ascension des dits pleurs, de leur quantité et des matériaux qu'ils contiennent (leur richesse en éléments fertilisants serait peu élevée) il y parle également des causes d'augmentation de pression. Il estime que l'évolution du phénomène doit certainement se lier à une modification rapide, simultanée de l'activité du système radiculaire.

M. Guillon y dit aussi que le physiologiste anglais Hales signale l'inversion des pressions vers la fin des périodes des pleurs et, selon son expression, le manomètre commence à pomper. Cette diminution de pression que M. Guillon a étudiée avec les mêmes soins, permettrait, dit-il, en viticulture, de faire absorber par les sarments certaines substances en dissolution.

Certainement le fait de cette inversion de pression serait intéressant à ce point de vue, mais en ce qui concerne une dissolution de sulfate de fer, on ne pourrait l'employer à cette époque car la vigne est en végétation et l'on brûlerait les feuilles avec cette substance.

garder comme porteurs (*coursons*), ceux-ci sont laissés en automne à plusieurs yeux et, au printemps, sont taillés à un œil, plus le faux-bourgeon. Cette taille préparatoire, dite *à porteur*, est pratiquée en automne (Vaud) sur les rangées du bas d'une vigne, lorsque celle-ci est en coteau, pour qu'on puisse y prendre la terre que les pluies ont fait descendre pendant l'année pour la reporter au sommet du parchet. Tailler de cette façon des vignes entières serait-il un inconvénient? Nous ne le pensons pas, à moins d'hiver très rigoureux, mais cela resterait à établir.

Autrefois, cette solution était appliquée avec des bâtons dont l'extrêmité était entourée de chiffons formant tampons. Cette façon de procéder est très lente, mieux vaut employer des pulvérisateurs, mais il faut se garder d'employer des pulvérisateurs en cuivre, non revêtus à l'intérieur d'un enduit, l'acide sulfurique attaquant le dit cuivre, ils seraient vite percés.

Certains fabricants[1] vendent pour les traitements au sulfate de fer, des pulvérisateurs recouverts, à l'intérieur, d'un enduit que n'attaque pas l'acide sulfurique. Ces appareils sont construits sur le même modèle que les pulvérisateurs ordinaires et peuvent aussi servir aux sulfatages contre le mildiou.

Le sulfate de fer, incorporé à la souche par la sève descendante, agira contre la chlorose alors que le badigeonnage de toute la souche avec cette solution détruira, grâce à l'acide sulfurique de celle-ci,

---

[1] La maison Vermorel entre autres.

des germes de maladies cryptogamiques et de nombreux parasites animaux[1].

Lorsque la chlorose est intense, il faut opérer ce traitement plusieurs années de suite. On a également employé contre cette maladie le sulfate de fer en cristaux déposé au pied de la souche ; mais ce procédé est *beaucoup* moins efficace que celui du Dr Rassiguier, *pour ne pas dire d'un effet nul.*

D'autres remèdes, qui peuvent être un adjuvant de ce traitement en été, ont été proposés contre la même maladie : celui entre autres qui consiste à pratiquer des plaies sur le corps de la souche, superficielles ou pas, pendant la végétation (fin juin–juillet ou même avant), et de les badigeonner avec une solution contenant 20-30 % de sulfate de fer dans 100 litres d'eau.

Il a été proposé aussi d'asperger les feuilles, avec une solution de sulfate de fer, contenant 800 à 1000 gr. par 100 litres d'eau, lorsque les dites feuilles ne sont plus tendres, ceci afin d'éviter de les brûler. Nous avons essayé une fois ce dernier moyen à Clapiers près Montpellier sans arriver à un résultat appréciable [2].

Le badigeonnage des souches avec une dissolution de 30 à 40 kg. de sulfate de fer dans 100 l. d'eau, dissolution à laquelle on peut ajouter 1 litre d'acide sulfurique versé dans 100 litres d'eau, *verser lentement l'acide dans l'eau et non l'eau sur l'acide* (ceci afin d'éviter les projections qui risqueraient de brûler la peau de l'opérateur, s'il versait l'eau sur

[1] C'est à dessein que nous ne disons pas les germes ou les parasites animaux quels qu'ils soient, ce traitement étant, si ce n'est efficace, du moins d'une valeur très douteuse contre l'acariose et la cochylis par exemple.

[2] Ceci soit dit sans vouloir conclure d'un seul essai.

l'acide) est également recommandé contre l'anthracnose ; mais pour cette dernière maladie il faut opérer une vingtaine de jours avant le débourrement des bourgeons.

M. Jean Dufour a également recommandé ces badigeonnages faits en hiver, afin de détruire les germes d'oïdium dans les vignes très attaquées par cette maladie (cela a une action mais ne dispense toutefois pas des soufrages d'été).

Les poudrages à la chaux ont également été indiqués contre l'anthracnose et contre la chlorose, il y aurait lieu de voir si cette dernière substance employée seule ne brûle pas les feuilles[1], mais on peut en tous cas sans brûler les feuilles employer le mélange de chaux et de soufre, $\frac{1}{2}$ chaux et $\frac{1}{2}$ soufre, on combattrait ainsi en même temps l'oïdium. Nous n'avons pas grande confiance dans la chaux en ce qui concerne la lutte contre la chlorose, alors que contre l'anthracnose elle serait plus efficace sans toutefois agir aussi bien que le traitement au sulfate de fer et à l'acide sulfurique.

[1] Pour éviter cela, il faudrait pulvériser très finement en utilisant un appareil à dos d'homme « la Torpille » de préférence au soufflet.

Tableau résumant les facultés d'adaptation
des différents porte-greffes[1] aux différents terrains

NATURE DU SOL	PLANTS Y CONVENANT
Terres non calcaires, à condition qu'elles ne soient pas trop sèches ou superficielles, ni trop humides, limite de calcaire 20 % plutôt meubles ou mi-fortes.	Les riparia gloire.
Mêmes terres, mais sèches, sans excès, limite de calcaire 15 à 20 %.	Le rupestris $\times$ cordifolia 107^{11}. Le cordifolia $\times$ riparia 125^{1}.
Mêmes terres, mais sèches sans excès, limite de calcaire 20 %.	Le riparia grand glabre. Le rupestris $\times$ hybride Azémar 215^{2}. L'æstivalis $\times$ riparia 199^{16}.
Mêmes terres, mais sèches, sans excès, limite de calcaire jusqu'à 25 %.	Le riparia $\times$ rupestris 11 F. Le riparia $\times$ (cordifolia $\times$ rupestris) 106^{8}.
Mêmes terres, mais sèches, sans excès, limite de calcaire 25 à 30 %.	Le riparia $\times$ rupestris 101-14. Le rupestris $\times$ riparia 75^{1}. Le rupestris $\times$ riparia 108-103. Le (cinerea $\times$ rupestris de Grasset) $\times$ riparia 239 — 6 — 20. Le riparia $\times$ rupestris 101 $\times$ 16 (frère du 101 — 14).

[1] Nous avons vu quelques pages plus haut. (Echelle de résistance à la chlorose) que pour certain porte-greffes non encore essayés chez nous au point de vue chlorose, tel que le riparia $\times$ (cordifolia $\times$ rupestris) 106^{8}, etc. nous avions fixé une limite de résistance au calcaire en nous dirigeant d'après la littérature viticole d'autres régions.

NATURE DU SOL	PLANTS Y CONVENANT

Mêmes terres, mais sèches, sans excès, limite de calcaire 30 à 40 %. } Le riparia du Colorado.

Terrains caillouteux mélangés de terre, à condition qu'ils répondent aux conditions suivantes :

Terres en apparence sèches mais profondes, n'étant ni sèches ni humides, surtout pas sèches dans le sous-sol, situées dans des bonnes expositions chaudes, coteaux.

> *Si elles n'ont pas plus de 20 à 25 %.*
>
> Le rupestris Martin.
> Ou le rupestris du Lot.
>
> *Si elles ont 30 à 40 %.*
>
> Les rupestris du Lot.
> Les Berlandieri $\times$ riparia 420 A.
> Les Berlandieri $\times$ riparia 420 B.
> Le chasselas $\times$ Berlandieri 41B.

Terres, fortes qui se tassent, argileuses, contenant à l'analyse une forte proportion de sable fin (cas de beaucoup de terres à argile glaciaire). Calcaire 20 %.

> Les riparia.
> Le riparia $\times$ (cordifolia $\times$ rupestris de Grasset) 106^8.
> (Ce dernier pourrait être essayé jusqu'à 25 %).

Calcaire 25 %.

> Le riparia$\times$rupestris 101×14
> Le riparia$\times$rupestris 101×16

Calcaire 25-35 %.

> Les riparia $\times$ rupestris 3309-3306.

Calcaire 40 %.

> L'aramon $\times$ rupestris, Ganzin n° 1.

NATURE DU SOL	PLANTS Y CONVENANT
Calcaire 45-55 %.	Le mourvèdre $\times$ rupestris 1202. Les Berlandieri $\times$ riparia 157-11. Les Berlandieri $\times$ riparia 420 A. Les Berlandieri $\times$ riparia 420 B.
Terres contenant plus de 55 % de calcaire à condition qu'elles ne soient pas à humidité stagnante dans le sous-sol.	Le Chasselas $\times$ Berlandieri 41 B.
Terres compactes ou pas, contenant de 25 à 30 % de calcaire, très humides.	Le solonis $\times$ riparia 1616.
Terres très sèches jusqu'à de grandes profondeurs, non calcaires.	Les riparia $\times$ (cordifolia $\times$ rupestris) 106^8.[1] Les cordifolia $\times$ rupestris 107^{11}. Les cordifolia $\times$ riparia 125^1.
Terres très sèches jusqu'à de grandes profondeurs, calcaires.	La bourisquou $\times$ rupestris 603. Le cabernet $\times$ rupestris 33 A'. Le monticola $\times$ riparia 554—5

Dans les terres superficielles, les plants suivants peuvent être essayés (nous disons *essayés,* car il s'agit là d'un problème qui, à notre avis, sera embarrassant en matière d'adaptation jusqu'à ce qu'on ait fait de multiples expériences dans des terrains de cette nature) :

[1] Au moment de mettre sous presse nous lisons dans un des derniers numéros de la *Revue de viticulture* de 1910 un article de M. E. Fenouil lequel relate une tournée qu'il a faite en Algérie. Il y expose qu'il a

NATURE DU SOL	PLANTS Y CONVENANT
Si elles ne sont pas calcaires.	Les riparia $\times$ (cordifolia $\times$ rupestris de Grasset) 106^8. Le rupestris Martin (jusqu'à 25 %.) Le cordifolia $\times$ riparia 125^1. Le cordifolia $\times$ rupestris 107-11.
Si elles sont calcaires.	L'aramon $\times$ rupestris Ganzin N° 1. Le cabernet $\times$ rupestris 33 A' (jusqu'à 30-40 %.) Les bourisquou $\times$ rupestris 603 (jusqu'à 30-40 %.)

Terres très fortes, profondes et humides dans le sous-sol, même s'il y a un léger excès d'humidité :

Jusqu'à 40 % de calcaire.	L'aramon $\times$ rupestris Ganzin N° 1.
Jusqu'à 55 % de calcaire ou même plus.	Le mourvèdre $\times$ rupestris 1202.

vu des riparia $\times$ (cordifolia $\times$ rupestris de Grasset) 106^8 ne pas réussir dans des terrains secs en Algérie et il met en doute la résistance à une forte sécheresse de ce porte-greffe.

Nous ne faisons que citer l'article, nous ne concluons pas, n'ayant pas fait d'expériences en terrains très secs avec ce porte-greffe. Il a été donné par des observateurs des plus sérieux comme pouvant résister à la sécheresse, ce n'est donc qu'en face de multiples expériences que nous renoncerons à le croire adapté à des terrains de cette nature, mais la constatation de M. Fenouil suffit à notre avis pour que l'on se montre prudent jusqu'à constatation de nombreux cas contraires. La résistance à la sécheresse du v. cordifolia repose cependant sur des faits (voir Ravaz, ouv. précité, page 144) et ce n'est pas une observation contraire qui peut encore les infirmer.

Ajoutons, d'une façon générale, qu'un porte-greffe résistant à de fortes doses de calcaire peut très bien donner des résultats dans un terrain sans fort pourcentage de ce sel.

D'autre part, par exemple, un plant résistant à la compacité peut fort bien réussir dans une terre meuble.

Nous voulons dire par là que, somme toute, dans une terre franche type ne contenant rien en excès, tous les bons porte-greffes peuvent réussir.

CHAPITRE II

RÉSULTATS DE QUELQUES CHAMPS D'EXPÉRIENCES

Explications indiquant comment les résultats sont interprétés, comment les essais ont été conduits.

Le volume II de la *Contribution à l'étude de la reconstitution* fait suite aux brochures publiées en 1899, 1901 et 1904 par la pépinière de Veyrier sous Salève. Celle de 1904 contenait les poids de vendange de cépages européens greffés sur différents porte-greffes ainsi que les notes de maturité obtenues par ces cépages pendant un et deux ans.

Depuis ce temps, les renseignements récoltés dans nos champs d'expériences et les vignes que nous avons replantées chez nos clients (à raison de 2 à 500,000 pieds suivant les années) depuis 1900 ont heureusement confirmé, à part quelques petites modifications à apporter, ce que nous avançions dans nos brochures.

Hâtons-nous de dire que des expériences dans ce sens ont été faites, en même temps que les nôtres, soit en France par des gens plus compétents que nous, soit par nos stations viticoles, soit enfin dans d'autres pays. Si donc, dans nos précédentes brochures, nous avions l'intention de vulgariser plutôt que de présenter des données nouvelles, c'est encore notre but maintenant.

Nous avons été heureux de pouvoir constater, ces dernières années, que l'affinité de nos fendants était bonne, en tout cas suffisante avec des cépages tels que Berlandieri $\times$ riparia, chasselas $\times$ Berlandieri 41 B, riparia $\times$ (cordifolia $\times$ rupestris de Grasset 106[8].

Lorsque nous écrivions nos premières brochures, nous n'osions pas conseiller d'employer en pratique ces porte-greffes malgré les bons résultats qu'ils avaient donnés en France avec d'autres greffons, parce que nous ignorions quel serait leur affinité avec les chasselas et aussi comment ils se comporteraient par rapport à notre région.

Actuellement, nous possédons au sujet de ceux-ci et d'autres porte-greffes fort peu répandus encore, des données plus récentes. Nous avons continué d'autre part à peser chaque année les récoltes des différentes associations de nos champs d'expériences, ce qui nous a appris bien des choses, même au sujet de porte-greffes tels que le riparia et le 101 $\times$ 14, sur lesquels il semblait qu'il n'y avait plus rien à dire.

Vu ces divers motifs, nous avons estimé que c'était le moment de publier les résultats des dits champs d'expériences et de les commenter en tenant, du reste, largement compte des publications faites par ceux qui ont, avant et en même temps que nous, fait des recherches dans le même domaine.

Nous avons, somme toute, l'impression que ces

dernières années, la connaissance, par rapport à notre région, des porte-greffes, a fait des progrès.

En publiant ces quelques essais, nous n'avons pas cependant la prétention d'indiquer des résultats définitifs, parce que certaines espèces ou variétés peuvent au début pousser beaucoup à la fructification et se calmer dans la suite, tandis que le contraire peut se produire avec d'autres.

Nous avons pensé qu'il y avait lieu de commenter la diversité des terrains et situations, les résultats de chaque champ d'expériences, isolément dans l'ouvrage présent, tome II, et de résumer dans un autre, faisant suite à celui-ci [1], les observations d'ensemble par cépage.

Comme nous l'avons expliqué plus haut (préface), cette façon de procéder a rendu inévitables, à notre regret, des répétitions qui ont moins d'inconvénient qu'il ne paraît à première vue.

Dans le texte qui va suivre, pour chacun de nos champs d'expériences, figurent, sauf pour l'essai N° 1 (Souvairan, à Creuse près Annemasse) et l'essai N° 14 (Clapiers près Montpellier [Hérault]), **deux tableaux.** L'un indique le résultat de nos pesées annuelles ; les porte-greffes y figurent par ordre décroissant du poids de la récolte de leurs greffons.

Par suite du manque de temps, nous n'avons pas effectué les pesées en 1909. D'autres motifs, du reste, nous ont engagé à procéder ainsi, le gel et la coulure ont causé de tels dégâts cette année que la récolte était des plus réduites.

Nous avons alors indiqué un poids fictif, pour cette

---

[1] Le tome III : *Résumé concernant les porte-greffes et les producteurs directs.*

année-là, de 0 kg. 150 par pied, estimant être plutôt au-dessus de la moyenne.

L'autre tableau concerne, pour l'association des mêmes greffons avec les mêmes porte-greffes, les observations annuelles de maturité. Nous aurions voulu faire chaque année des essais mustimétriques, ou tout au moins sonder le moût produit par chaque association ; malheureusement, le temps nous a manqué ; ces essais-là exigeant en outre un outillage qu'un particulier faisant de la pratique, peut difficilement se permettre.

Mais les analyses de moût, les essais de vinification par variétés offriraient le plus grand intérêt, c'est pourquoi nous espérons voir entreprendre à ce sujet des expériences de longue haleine par nos laboratoires officiels, qui pourraient opérer chez des particuliers ayant replanté de grandes surfaces avec les mêmes porte-greffes. Tout ce que nous avons pu faire jusqu'à présent a été de noter en plein champ, avec la maturité,[1] quelques indications sur la végétation, la résistance à la chlorose, au phylloxéra, etc.

Nous avons adopté les notes de maturité suivantes :

Maturité très bonne........ 5
  »   bonne............ 4
  »   assez bonne 3
  »   passable ou moyenne 2
  »   médiocre.......... 1
  »   mauvaise 0

Pour 1909, vu les causes indiquées plus haut

---

[1] Pour déterminer l'état de maturité nous nous sommes contenté d'observer à l'œil et de goûter les grains.

nous avons adopté, pour toutes les associations, la note fictive 2 [1].

EXPÉRIENCE N° 1

Résultats de porte-greffes dans un sol d'alluvions variable comme état physique.

Vignes de M. Souvairan, à Creuse près Annemasse (Hte-Savoie), situées en coteau dominant la rivière Arve.

Nature du terrain

Nous citons in-extenso un rapport qu'a bien voulu nous adresser M. Anken, ingénieur-agronome à Anières (canton de Genève).

« Situé au bord de l'Arve, sur la rive droite, ce clos comprend environ 4 Ha. En pente assez rapide, il forme un arc dont l'Arve serait la corde, et dont le bord supérieur est au niveau de la plaine Annemasse-Collonges ».

« Les vignes de M. Souvairan sont sur les alluvions modernes de l'Arve ».

« Ce terrain est extrêmement variable d'un point à un autre (caractère des alluvions) et repose sur l'argile glaciaire, d'où des glissements facilités par le travail d'érosion de l'Arve. Les replis qu'on remar-

---

[1] Nous estimons cependant que cette note 2 est plus basse que la réalité.

que sur la pente de ce clos sont dus à ce phénomène ».

« Par places, on a un sol léger (sables-graviers-
limons), ailleurs une argile rouge (colorée par le
peroxyde de fer) souvent en couche d'un mètre
d'épaisseur et bien au-delà, peu caillouteuse, très
fine. Dans le bas du vignoble, on trouve quelque peu
d'argile bleue (colorée par le protoxyde de fer) ».

« Ces sables, graviers et limons forment des sols
naturellement peu fertiles et remarquablement
dépourvus de terre végétale. M. Souvairan leur a
apporté des composts en grande quantité et la vigne
y végète bien ».

« L'argile rouge constitue un mauvais sol et
M. Souvairan a cru remarquer qu'elle corrode les
pierres qu'elle renferme. C'est prendre la cause pour
l'effet. Cette terre est précisément formée par la
désagrégation des éléments de l'alluvion, d'où sa pauvreté relative en cailloux et d'où l'apparence spon-
gieuse de ces cailloux. Cette argile rouge est très
fine et très adhérente ».

« L'argile bleue, que l'on peut voir à certains
endroits dans le bas du vignoble, est l'affleurement
de la couche d'argile glaciaire sous-jacente.

Au point de vue cultural, elle paraît meilleure que
l'argile rouge ».

Tout ce clos peut être considéré comme humide,
reposant sur une couche imperméable et la dépression qu'il forme faisant un peu fonction de cuvette
réceptrice des eaux pour les terrains supérieurs.

« Effectivement, il y a là plusieurs sources et les
quelques drains qui ont été posés fonctionnent abondamment ».

« L'argile rouge elle-même n'est pas particulièrement humide, vu sa situation à mi-côte. En effet, le haut du vignoble est tout naturellement sec de par la facilité d'écoulement de ses eaux ».

« M. Baltzinger, directeur de la pépinière de Veyrier, a renseigné M. Souvairan sur les meilleurs porte-greffes à employer ».

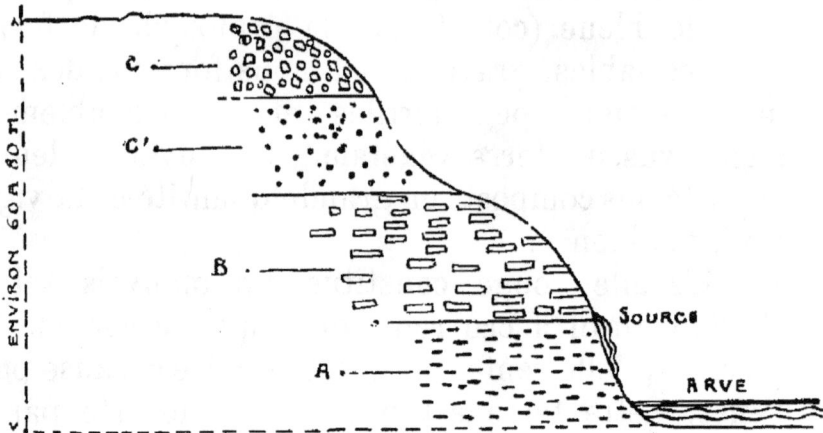

Fig. 3. — *A* : Argile glaciaire; *C'* : Argile rouge; *B-C* : Limons, sables, graviers.

« Quant aux conclusions pratiques à tirer du seul examen du terrain, c'est de drainer.

L'humidité n'est pas seule peut-être à avoir une influence et, en ce qui concerne l'argile rouge, elle pourrait bien être quelque peu asphyxiante de par sa seule constitution physique ».

**Observations générales de M. Baltzinger direc-
teur de la pépinière de Veyrier sur la marche
des porte-greffes dans la vigne Souvairan,
en janvier 1910.**

A cette époque de l'année, évidemment, M. Baltzinger n'a pas pu faire lui-même des observations
autres que sur la vigueur et la santé des pieds.

M. Souvairan fils nous a donné quelques indications concernant la fructification.

Il n'a pas été planté dans ces terrains d'autres
porte-greffes que ceux dont il est question dans les
lignes qui suivent. Ils ont tous été greffés avec des
fendants et plantés en greffes-boutures racinées.

Le 3309 a été planté dans différents endroits. Nous
relevons sur un croquis à nous communiqué par
M. Baltzinger les notes de détail suivantes :

Haut du coteau, angle nord-est, plantation faite
en 1906, 25 à 30 °/o de calcaire, terre très graveleuse, la végétation laisse à désirer.

Haut du coteau, planté en 1908, 20 à 32 °/o de
calcaire, terre graveleuse, légère, la végétation est
normale.

Il est en outre planté dans une partie du haut du
coteau où la terre est graveleuse et nourrissante.

Terre rouge (argile rouge du rapport de M. Anken)
planté en 1903, 5 à 37 °/o de calcaire, végétation
faible.

Autre parcelle terre rouge (idem), plantée en
1906, 24 à 31 °/o de calcaire, la végétation laisse à
désirer.

Terre blanche, un peu forte, planté en 1903, 5 à 35 % de calcaire, belle végétation.

Planté en 1903, 5 à 35 % de calcaire, terre un peu graveleuse assez fertile, végétation belle.

Autre parcelle, plantée en 1906, terre rouge (argile rouge rapport Anken) végétation faible.

Planté en 1905, terre moyenne, la végétation est normale.

Planté en 1908, terre graveleuse.

Planté encore ailleurs en 1908, terre graveleuse, 24 à 32 % de calcaire, belle végétation, presqu'au bas du coteau.

Planté en 1905, 25 % de calcaire, terre moyenne graveleuse, belle végétation.

M. Baltzinger ajoute : le 3309 se comporte normalement dans les terres graveleuses mais qui sont mélangées de terre nourrissante.

Là où la terre est un peu grossière, compacte, et aussi là où elle est graveleuse mélangée de terre fertile, il va très bien, par contre dans la terre rouge asphyxiante (argile rouge du rapport Anken) il laisse à désirer.

Nous ajouterons que la chlorose n'a jusqu'à présent pas été en cause. Il ressort aussi de ce rapport, pour le moment, que 3309 ayant souffert au haut du coteau, dans les graviers, sables, il ne paraît pas résister autant qu'on aurait pu le croire dans des terres pauvres, car peu à peu la bonne terre végétale est descendue. Il n'a bien marché que là où, dans les graviers et sables, M. Souvairan a ajouté des composts.

S'il a bien marché dans une partie des terres compactes mélangées de cailloux il a laissé à désirer dans l'argile rouge asphyxiante.

Le 3306.

Observations de détail :

Milieu du coteau, planté en 1905, terre sablonneuse, belle végétation.

Ailleurs, planté en 1905, limon frais, belle végétation. Presque au bas du coteau, planté en 1908, 24 et 24 % de calcaire, terre fraîche, sablonneuse, belle végétation.

Au bas du coteau, planté en 1905, 30 % de calcaire, terre fraîche, belle végétation.

Planté en 1909, terre forte, bas de coteau, glaciaire. Ailleurs, aussi, bas du coteau, planté en 1905 et 1906, 24 à 36 % de calcaire, terre grossière, compacte et fertile (argile glaciaire) belle végétation.

M. Baltzinger remarque que le 3306 va très bien dans la terre fraîche sablonneuse. Nous voyons par les observations de détail qu'il va bien aussi dans l'argile glaciaire fraîche du bas du coteau.

Le *rupestris du Lot,* dit M. Baltzinger, donne satisfaction dans la terre graveleuse mélangée de sable.

Le Berlandieri × riparia *420 A,* planté en 1905, est très faible en végétation malgré son âge de 6 ans, dans une terre légère (milieu du coteau), superficielle ; il va par contre beaucoup mieux à côté où la terre est un peu fertile et plus profonde[1].

---

[1] Il y a quelques semaines nous nous trouvions à Montpellier et avons eu l'occasion d'entendre quelques plaintes au sujet du 420 A — plaintes pas graves, hâtons-nous de le dire — il nous a été dit par quelques-uns, et entre autres par des personnes fort compétentes, que 420 A. ne tenait pas les promesses qu'il avait données et que somme toute il avait une végétation un peu languissante. D'autres, fort compétents aussi, nous ont dit qu'ils continuaient à en être contents.

Nous l'avons expérimenté à Corsier (Vaud) et à Veyrier (Genève), où il a donné de bons résultats jusqu'à présent ; il en a été de même à Chantemerle (Corsier), en terre mi-forte entre autres, mais nous ne l'avons pas essayé assez longtemps et surtout pas assez en grand pour juger le cas et déclarer sans autre le 420 A comme devant con-

Le *41 B*

Détails : terre superficielle et argile rouge milieu du coteau (argile rouge asphyxiante, rapport Anken), végétation belle.

Planté en 1910, haut du coteau.

Au milieu du coteau, planté en 1905, terre maigre, légère, très belle végétation.

M. Baltzinger ajoute, le 41 B va très bien dans l'argile rouge, ni sèche, ni humide.

Le 1202 :

Au milieu du coteau planté en 1909.

Planté en 1910 (milieu du coteau) terre blanche, graveleuse.

Planté en 1906, 1908 et 1909 dans une grosse terre compacte, humide dessous, bas du coteau (argile glaciaire), 31 à 51 % de calcaire, il va très bien.

tinuer à être employé en toute confiance, comme nous pouvons le faire pour le 420 B, le 41 B et le 157 × 11. Nous avons pu essayer d'une façon plus régulière, ayant eu moins de manquants dans les endroits où nous avons planté ces trois derniers hybrides.

Toutefois, sans vouloir généraliser, à Annemasse, chez M. Souvairan à Creuse, les souches de 420 A ont été longues à se former.

Notre impression est qu'il *ne faut pas rejeter ce porte-greffe* mais qu'il est prudent de l'observer et d'employer, jusqu'à preuve du contraire, de préférence du 420 B ou du 157 × 11 dans nos fortes terres surtout.

Somme toute nous réservons absolument notre opinion au sujet de ce porte-greffe 420 A qui peut-être donnera toute satisfaction; chez M. Souvairan il est d'une part planté dans un terrain superficiel et, d'autre part, dans un terrain où il y a parfois de l'humidité en sous-sol, ces facteurs peuvent avoir gêné son développement, nous ne citons du reste ce que nous avons entendu dire à Montpellier que sous réserve.

M. Baltzinger a noté en 1909 la végétation du 420 A comme belle dans une terre fertile de M. Souvairan, il se peut donc qu'il y marche bien à l'avenir quand même les souches ont été longues à se former.

D'autre part, 420 A a donné dans les Charentes, entre autres, de bons résultats et pendant la campagne de vente des bois 1910-1911, d'une façon générale, les demandes en 420 A ont été très fortes.

Généralités sur les champs d'expériences situés à la Pépinière de Veyrier-sous-Salève. Communes de Veyrier (Suisse), et d'Etrembières (Haute-Savoie).

Généralités sur les expériences II à VI

Les champs d'expériences de Veyrier sont tous situés dans les terrains de notre pépinière qui sont d'un seul tenant et occupent une surface de 6 hectares.

L'extrémité nord-ouest des terrains de la dite pépinière situés en Suisse est composée de glaciaire pur, il y a là une terre compacte, forte. Lorsqu'on quitte, en restant dans les limites de la pépinière, ce glaciaire pour se diriger en droite ligne vers la route nationale Annemasse-Bellegarde, on traverse une bande de 50 à 100 mètres où le glaciaire et les alluvions de l'Arve sont mélangés, il y a là une terre mi-forte. En arrivant à 50 mètres de la même route on se trouve dans les alluvions d'Arve proprement dites, la terre y est meuble, assez caillouteuse par places seulement.

La partie de la pépinière située sur territoire français est en entier dans ces alluvions. Cette dernière partie est celle qui est située le plus près du pied du Mont-Salève.

M. Dusserre, directeur de l'Etablissement fédéral de chimie agricole de Mont-Calme, à Lausanne, et

son premier assistant, M. Chavan, ont bien voulu
nous analyser les échantillons ci-après prélevés dans
les terrains de notre pépinière[1].

Exposition :

La pépinière de Veyrier est située au nord-ouest
du Mont-Salève à 200 mètres environ de sa base.

Le sol de cette exploitation est ou en plaine ou très
légèrement incliné (exposition nord-ouest). Il fait partie de ces endroits où l'on aurait autrefois planté de
la vigne et où l'on n'en planterait plus aujourd'hui.

En hiver et au printemps inclus, les rayons du
soleil y arrivent tard, à cause du Salève qui forme
écran. C'est un avantage et un inconvénient, avantage
parce que le dégel arrive moins brusquement, de

---

[1] M. Dusserre a bien voulu commenter ces résultats de la façon
suivante : « Composition mécanique. — Vos terres sont graveleuses
« comme la plupart des terres de nos vignobles; le sous-sol l'est pour
« la plupart davantage. Leur nature géologique est la même : apports
« glaciaires remaniés par des cours d'eau.

« Constitution physique. — On peut admettre comme constituants
« de la partie fine d'une terre moyenne :

« Eau retenue par la terre séchée à l'air..	20 à 40 %
« Matière organiques	40 à 60 %
« Calcaire total......................	50 à %
« Sable siliceux et silicates < 1 mm....	650 à 800 %
« Argile colloïdale Schlœsing..........	100 à 200 %

« Ces chiffres vous permettront, en les comparant à ceux du tableau
« de vos analyses, de vous rendre compte de la nature de vos terres.

« Composition chimique. — On peut admettre qu'une terre de fer-
« tilité moyenne renferme dans la partie fine < 1 mm, 1 %
« d'azote; 1 à 1,5 % d'acide phosphorique. Dans les terres arables
« de notre pays*, nous trouvons une proportion de 10 à 15 % de
« potasse totale dans la terre fine, qui constitue une réserve et dont
« un dixième environ est soluble dans les acides minéraux concen-

---

*M. Dusserre entend les terres du Canton de Vaud. La majeure partie des
terres du vignoble de ce pays sont des terrains glaciaires (glaciers du Rhône
et glaciers latéraux) (note de l'auteur).

PROVENANCE	ANALYSE MÉCANIQUE de la terre entière		ANALYSE PHYSICO-CHIMIQUE de la terre fine < 1 m/m					ANALYSE CHIMIQUE de la terre fine < 1 m/m sèche			
	Gravier Sable > 1 m/m	Terre fine < 1 m/m	Eau retenue	Matières organiques	Calcaire	Sable silicieux	Argile	Azote total (N)	Acide phosphorique total P^2O^5	Potasse totale K^2O	Oxyde de manganèse Mn^3O^4
92 Terre N. 1 sol «Champ d'expériences»	263	737	25.4	40.4	43.8	781.0	109.4	1.68	1.45	8.66	5.48
3 » 1 s-sol »	258	742	26.3	34.7	58.4	760.0	120.6	1.54	0.62	5.72	2.60
4 » 2 sol »	251	746	29.1	38.4	17.5	783.0	132.0	1.47	1.31	7.08	3.36
5 » 2 s-sol »	325	675	33.4	28.9	10.9	670.0	256.8	0.98	1.13	7.51	4.24
6 » 3 sol «Treille Guyot»	212	788	26.6	34.5	9.7	789.0	140.4	1.33	1.46	8.17	4.10
7 » 3 s-sol »	274	726	32.6	30.3	2.9	826.0	108.2	0.98	1.22	5.75	1.12
8 » 4 sol »	267	733	24.1	37.0	26.9	814.0	98.0	1.82	1.56	9.60	2.88
9 » 4 s-sol »	337	663	27.9	11.7	7.8	835.0	117.6	1.61	1.31	8.94	3.08
00 » 5 sol «Côté Baudet treille»..........	456	545	22.2	42.6	167.5	670.0	97.7	1.82	1.54	12.97	8.36
1 » 5 s-sol »	635	365	27.8	30.5	233.8	639.0	68.9	1.40	1.32	9.62	4.84
2 » 6 sol «Chemin des Carrières treille» ...	306	694	33.4	63.0	142.2	657.0	104.4	2.31	1.92	13.36	7.12
3 » 6 s-sol » ...	335	665	34.1	37.0	53.6	720.0	155.3	1.47	1.47	11.90	7.64
4 » 7 sol «Côté pièce Courtinel treille» ...	239	761	20.9	37.8	34.7	795.0	111.6	1.19	1.05	10.40	5.16
5 » 7 s-sol »	213	787	26.4	27.6	7.7	785.0	153.3	1.05	1.41	9.03	5.92
6 » 8 sol «Côté Comte»..............	134	866	28.8	46.2	44.4	748.0	162.6	0.91	1.40	12.26	6.88
7 » 8 s-sol »	79	921	37.7	30.6	10.6	725.0	196.1	1.26	0.72	9.68	7.20

(Les chiffres sont exprimés en grammes par kilog de terre)

Lausanne, 9 Décembre 1909
Etablissement Fédéral de Chimie Agricole, Lausanne
Le Chef :
Signé : C. DUSSERRE.

cette façon les tissus de la plante sont moins désorganisés que s'ils subissaient un rapide changement de température[1]; inconvénient, parce que le nombre d'heures d'insolation est restreint, même en été ou en automne.

Dans les terrains de la pépinière de Veyrier sont situés les champs d'expériences II à VI.

CHAMP D'EXPÉRIENCES N° II

Résultats obtenus avec des porte-greffes dans un sol d'alluvions meuble assez sec à certains moments et assez frais à d'autres.

Dans notre réunion de brochures[2] de 1904, page 33, nous donnions déjà le résultat des observations

---

« trés. Vos terres présentent donc un dosage moyen en acide phospho-
« rique et azote, plutôt au-dessous de la moyenne pour la potasse
« totale. Il est probable que la solubilité de cette potasse rentre dans
« la moyenne mais on ne peut en être certain par l'analyse chimique.
  « Nous n'avons pas de points de comparaison pour l'oxyde de
« manganèse, mais nous sommes frappés par la proportion relative-
« ment forte de cette substance.
  « Le sol est en général plus riche que le sous-sol, ce qui provient
« des réserves laissées par la végétation et les fumures.
  « A remarquer encore que beaucoup des sols de nos anciens vigno-
« bles renferment 2 °/oo et plus d'acide phosphorique par suite des
« réserves des fumures. »
  [1] C'était l'opinion du regretté G. Fœx, voir son Manuel pratique de viticulture. C. Coulet et fils, éditeurs, Montpellier, Grand-Rue.
  La dite opinion n'est pas acceptée par tous les viticulteurs, mais elle nous semble logique a priori. Depuis que nous avons établi notre pépinière, c'est-à-dire depuis 1899, les plantes n'ont guère souffert du gel. Cependant cet accident s'est produit deux fois dont une fois seulement d'une façon forte.
  [2] Publiée par la Pépinière de Veyrier.

Salève à 200 m

Courtinel   Petit   France

Echant. n° 7

Chemin des Carrières de Veyrier

Echant. n° 6

Pieds mères   Pieds mères

Chavat

Alluvions de l'Arve

Echant. n° 4

Nord

Echant. n° 5

Echant.   Echant.
n° 2   n° 1

Crochet   E. n° 3

Silos   Alluvions
d'Arve

Route   d'   Annemasse   à   Bellegarde   Collonge sous Salève

Alluvions d'Arve   Ateliers   Bureaux   Bellegarde

Echant. n° 12

Echant. n° 15   Echant. n° 14   Echant. n° 13   Echant. n° 10   Echant. n° 11

Alluvions d'Arve
et
Glaciaire mélangés

Echant. n° 9

Comla.

Suisse

Alluvions d'Arve
et
Glaciaire mélangés

Echant. n° 8

Glaciaire

Route de Veyrier à Sierne

Echelle : 1 mm. par mètre.

Martin

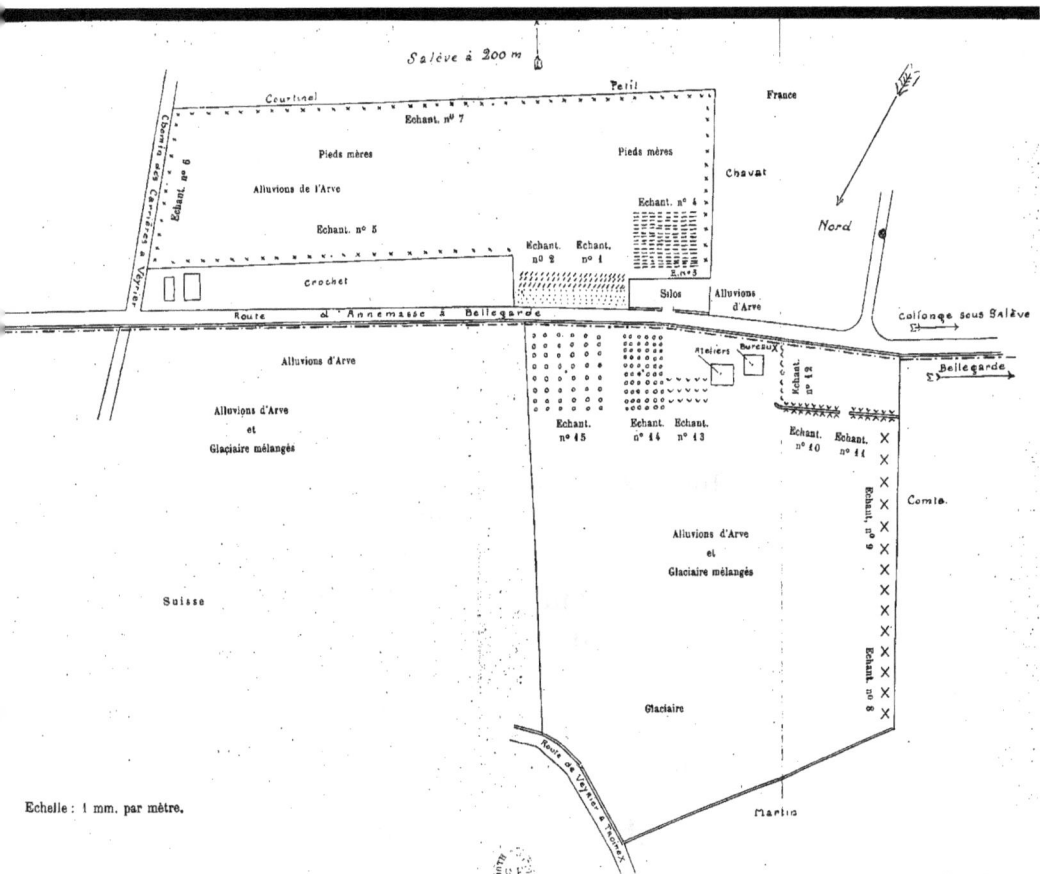

— Champs d'expériences de Veyrier. — Contenance de la partie française : 2 hectares, 52 ares, 02 centiares. Contenance de la partie suisse : 3 hectares, 41 ares, 70 centiares. / pieds concernant l'expérience n° II ; × × × × pieds concernant l'expérience n° III ; — — — pieds concernant l'expérience n° IV ; v v v v pieds concernant l'expérience V ; ∘ ∘ ∘ ∘ pieds concernant l'expérience n° VI ; Les échantillons sols ont été prélevés jusqu'à 30 cm. de profondeur ; les échantillons sous-sol ont été prélevés de 30 à 60 cm. profondeur ; quelques-uns à 65 cm., à 75 cm., à 80 cm.

effectuées dans ce même champ d'essais en 1902 et 1903.

Situation Géographique

Exposition :

Pépinière de Veyrier, commune d'Etrembières (Haute-Savoie) à 200 mètres du pied du Salève, côté nord-ouest de cette montagne, terrain en plaine.

Etage Géologique

Quaternaire, Alluvions de l'Arve. En sondant profondément on trouverait peut-être l'argile glaciaire, puisque plus au nord-ouest de ce point, à 100 mètres, on la trouve sans qu'elle ait été remaniée. Mais elle ne pourrait avoir d'influence que par de très anciens remaniements sur la composition du sol de ce champ N° II.

Nature agricole du sol
état physique et chimique

Le sol et le sous-sol qui, jusqu'à 50-70 cm., sont très meubles, avec une bonne proportion de terre, peuvent être qualifiés de terre à jardin. Si, au-dessous de ces 50-70 cm. le sous-sol, devenant très caillouteux, ne laissait pas écouler les eaux de pluie trop rapidement, rendant cette terre relativement sèche par moments, nous la classerions dans la catégorie de terre qu'on désignait autrefois sous le nom de « terre type pour riparia gloire ».

En dessous de ces 50-70 cm. on ne trouve plus que des cailloux ronds, assez gros, mélangés à du sable et contenant une très faible proportion de terre agricole.

Cette terre obéit très facilement aux variations de l'état atmosphérique ; c'est à dire que lorsqu'il pleut, même sans excès, elle devient fraîche, tandis qu'elle est plutôt sèche lorsqu'il ne pleut pas pendant quelque temps.

Ceci est une conséquence du manque de conspacité du sol et de la grande perméabilité du sous-sol [1].

Dans ce champ d'expérience d'une surface totale de dix ares *(soit deux fossoriers et 11 perches)* nous

---

[1] En 1903 M. Lagatu, professeur de chimie agricole à l'Ecole de Montpellier, a bien voulu nous adresser un rapport complet sur l'examen d'un échantillon de terre provenant d'une parcelle voisine. La terre y est plus caillouteuse et encore moins profonde, mais étant donné que le point où a été prélevé l'échantillon envoyé à M. Lagatu n'est distant de ce champ d'essais N° II. que de 50 mètres et situé dans les mêmes alluvions nous avons pensé de bien faire de publier à la fin de ce livre, in-extenso, ce rapport qui, à notre avis, est du plus vif intérêt, on pourra le consulter aussi au sujet de l'expérience N° III dont il sera question plus loin, attendu que les cordons (taille Guyot) qui en sont l'objet, sont en bonne partie situés également sur ces mêmes terres d'alluvions.

Ajoutons que ce rapport a été fait en 1903, tandis que les interprétations de M. Dusserre nous sont parvenues en 1910.

Jusqu'à il y a 4 ans, nous avons fait notre possible pour tenir compte, dans nos formules d'engrais, des conseils de fumure de M. Lagatu ; mais ces dernières années et pour des raisons qu'il serait superflu d'exposer ici, nous avons fumé beaucoup moins et le supplément en potasse qu'il aurait constamment fallu mettre a manqué dans nos formules.

L'acide phosphorique et même l'azote sous forme d'engrais commerciaux comme complément d'une demi-fumure au fumier de ferme ont manqué également depuis plusieurs années :

C'est pourquoi les résultats fort intéressants interprétés par M. Dusserre n'accusent qu'une richesse moyenne en azote et acide phosphorique et de nouveau un déficit possible en potasse.

avons trouvé les pourcentages calcimétriques suivants :

		Sol	Sous-sol
Echantillon N° 1		1,5 %	2,5 %
» » 2		1,5 %	2,5 %
» » 3		4,3 %	5,8 %
» » 4		1,07 %	1,09 %

L'analyse complète de deux échantillons de terre examinés par MM. Dusserre et Chavan, de l'Etablissement fédéral de chimie agricole à Lausanne, a donné les résultats suivants :

Premier échantillon

Analyse mécanique de la terre entière

(chiffres exprimés en grammes par kilogramme de terre).

	Sol 0-30 cm.	Sous-sol 30-60 cm.
Gravier, sable grossier > 1 mm.	263	258
terre fine.......... < 1 mm.	737	742

Analyse physico-chimique de la terre fine < ι mm.

Eau retenue	25.4	26.3
Matière organique......	40.4	34.7
Calcaire............	43.8	58.4
Sable siliceux.. :	781.—	760.—
Argile	109.—	120.6

Analyse chimique de la terre fine < 1 mm. séchée

	Sol	Sous-sol
Azote total	1.68	1.54
Acide phosphorique total	1.45	0.62
Potasse totale.	8.66	5.72
Oxyde de manganèse . . .	5.44	2.60

Deuxième échantillon

Analyse mécanique

	Sol	Sous-sol
Graviers, sable > 1 mm.	251	325
Terre fine < 1 mm.	749	675

Analyse physico-chimique de la terre fine < 1 mm.

	Sol	Sous-sol
Eau retenue.	29.1	33.4
Matière organique.	38.4	28.9
Calcaire.	17.5	10.9
Sable siliceux	733.—	670.—
Argile	132.—	256.8

Analyse chimique de la terre fine < 1 mm. séchée

	Sol	Sous-sol
Azote total	1.47	0.98
Acide phosphorique total .	1.31	1.13
Potasse totale.	7.08	7.51
Oxyde de manganèse. . . .	3.36	4.24

En 1905 et 1906, nous avons fait des fouilles pour constater si le phylloxéra se trouvait dans cette parcelle. Nous l'avons découvert sur nombre de racines.

Ces années-là, nous avons trouvé aussi des galles phylloxériques sur des pieds-mères situés dans le même champ d'essais.

La taille adoptée est celle en gobelets, à la mode dans notre contrée (taille vaudoise), c'est à dire très courte par rapport à celles en usage dans d'autres pays.

Primitivement, cette parcelle était destinée à n'être qu'un champ d'essais de porte-greffes et à cet effet la collection de ceux-ci avait été plantée au printemps 1899 en racinés américains.

En 1901, à partir du 12 mai, nous avons greffé sur place la moitié de chaque rang d'américains avec du fendant vert (chasselas doré provenant de chez le même propriétaire, laissant ainsi le reste de chaque ligne sans la greffer, c'est-à-dire en pieds-mères.

Ce mode de greffage a fort bien réussi cette fois-là. Nous ne voulons cependant pas conclure que le greffage sur place soit à recommander ailleurs que dans les régions méridionales, mais nous ne voyons pas trop pourquoi il ne réussirait pas dans nos régions.[1]

Nous ne concluons toutefois rien d'une expérience ayant réussi une fois.

Il n'y aurait cependant pas lieu de l'employer en grand dans la reconstitution du vignoble chez nous, car une plantation faite avec des greffes-boutures déjà soudées est toujours plus régulière et, même dans le midi, ce dernier procédé tend à gagner du

---

[1] Il y a des cas où cette façon de greffer rendrait des services chez nous, exemple : nécessité de changer de variété dans une vigne adulte ; greffer avec de bons greffons des souches coulardes, etc.....

terrain sur celui de greffer en place, surtout chez les propriétaires qui sont obligés de payer tout le travail.

Toutefois, les petits propriétaires du Languedoc [1] préfèrent encore, pour des raisons économiques, planter des racinés américains et les greffer un ou deux ans après sur place, parce qu'ils font le travail eux-mêmes.

Un autre obstacle à la généralisation de greffer sur place, chez nous, se trouve tout simplement dans le fait que le nombre de jours sans pluie est plus rare que dans le midi au moment où il faut exécuter ce travail.

Le champ d'expériences qui nous occupe a souffert à certains endroits beaucoup de l'acariose, en 1907 et 1908.

Nous donnons ici les tableaux concernant les pesées annuelles et les observations de maturité faites dans ce champ d'expériences, de 1902 à 1909. Les porte-greffes les plus connus dans notre région y sont soulignés.

Commentation des résultats de ce champ d'expériences

Quoique l'expérience ait été faite pendant un temps assez long, elle n'offre encore rien d'absolu vu les nombreux facteurs qui, même à une faible distance, agissent sur la production d'une souche.

[1] Dans ces régions, si la grande propriété est fréquente, il y a beaucoup plus de petits propriétaires qu'on ne le croit chez nous.

Tableau de rendement du champ d'expériences N° II

Racinés plantés en 1899 et greffés sur place en 1901

Classement par ordre décroissant. Rendement annuel moyen

	FENDANT VERT greffé sur les porte-greffes suivants	1902	1903	1904	1905	1906	1907	1908	1909	Moyenne générale par cep
		Kg.	Kg.	Kg.	Kg.	Kg.	Kg.	Kg.	Kg.	Kg.
1	Rupestris × riparia 75[1]............	0.666	0.666	0.666	1.730	1.330	0.400	0.600	0.150	0.775
2	Riparia × rupestris 11 F............	1.142	0.485	0.700	1.900	0.570	0.300	0.343	0.150	0.699
3	(Rupestris × aestivalis) riparia 227.13.21	0.875	0.600	1. »	1.250	0.870	0.450	0.350	0.150	0.693
4	Riparia × rupestris 101 × 14	0.857	0.500	0.740	1.900	0.570	0.180	0.571	0.150	0.684
5	Riparia du Colorado ϵ	0.551	1.494	0.413	1.180	0.720	0.340	0.445	0.150	0.662
6	Rupestris × riparia 108 [105]...........	1. »	0.600	0.580	1. »	1.040	0.500	0.325	0.150	0.649
7	Berlandieri × riparia 420 B..........	0.666	0.416	0.750	1.380	0.630	0.500	0.600	0.150	0.636
8	Rupestris × hybride Azémar 215[2].....	2. »	0.333	0.500	0.140	1. »	0.200	0.300	0.150	0.578
9	Aestivalis × riparia 199 × 16........	0.857	0.414	0.340	1.290	0.855	0.350	0.365	0.150	0.577
10	Riparia × (cordifolia × rup. de Grasset) 106[8]......................	0.500	1.375	0.750	0.950	0.500	0.170	0.175	0.150	0.572
11	Rupestris × cordifolia 107 × 11.......	0.750	0.125	0.375	1. »	1.250	0.200	0.450	0.150	0.538
12	Riparia-grand glabre................	0.571	0.914	0. »	1.080	0.655	0.250	0.643	0.150	0.533
13	Berlandieri × riparia 420 C..........	0.714	0.444	0.500	1.020	0.603	0.170	0.420	0.150	0.499
14	Riparia × rupestris 3309.............	0.714	0.285	0. »	1.420	0.570	0.350	0.421	0.150	0.489
15	Rupestris Martin....................	0.500	0.750	0.025	1.040	1. »	0.150	0.200	0.150	0.477
16	Cinerea × rupestris de Grasset	0.500	0.125	0.050	1.065	1.250	0.200	0.450	0.150	0.474
17	(Cinerea × rupestris de Grasset) × riparia 239-6-20....................	0.625	0.125	0.125	1. »	1.095	0.350	0.278	0.150	0.466
18	Cordifolia × riparia 125[1]...........	0.500	0.300	0.170	1. »	0.580	0.300	0.666	0.150	0.458
19	Aramon × rupestris Ganzin N° 1......	0.464	0.230	0.180	1. »	0.500	0.450	0.545	0.150	0.439
20	Berlandieri × riparia 157-11.........	0.500	0.300	0.370	1.030	0.715	0.100	0.283	0.150	0.431
21	Chasselas × Berlandieri 41 B........	0.743	0.187	0.285	0.450	0.960	0.315	0.300	0.150	0.424
22	Rupestris à port de Taylor..........	0.600	0.316	0.300	0.940	0.425	0.340	0.314	0.150	0.423
23	Riparia × rupestris 101[16]...........	0.500	0.066	0.090	1.165	0.500	0.240	0.600	0.150	0.414
24	Aramon × riparia 143 A.............	0.750	0.200	0.210	0.715	0.550	0.315	0.320	0.150	0.402
25	Mourvèdre × rupestris 1202	0.142	0.142	0.170	0.750	0.570	0.450	0.750	0.150	0.391
26	Taylor Narbonne....................	0.600	0.200	0.280	0.740	0.425	0.180	0.485	0.150	0.382
27	Riparia gloire	0.200	0.582	0. »	0.710	0.715	0.180	0.357	0.150	0.362
28	Riparia × rupestris 3309.............	0.250	0.285	0.360	0.715	0.435	0.060	0.325	0.150	0.323
29	Gamay Coudec 3103 (colombaud × rupestris Martin)	0.600	0.214	0. »	0.345	0.600	0.300	0.350	0.150	0·320
30	Aramon × rupestris Ganzin N° 2......	0.714	0.071	0. »	0.350	0.425	0.080	0.329	0.150	0.265
31	Riparia × rupestris 3306.............	0.250	0.375	0.150	0.225	0.465	0.140	0.350	0.150	0.263
32	Solonis	0.500	0.360	0. »	0.440	0.285	0,100	0.100	0.150	0.242
33	Rupestris du Lot	0.200	0.071	0. »	0.350	0.425	0.080	0.329	0.150	0.200

Associations observées pendant moins de 7 à 8 ans :

		1902	1903	1904	1905	1906	1907	1908	1909	Moyenne
Solonis × riparia 1616	planté en 1904					0.580	0.180	0.442	0.150	0.338
Rupestris × riparia 108	planté vers 1902	0.300	0,830	0.220	0.300	0.067	0.150			0.314
Riparia × rupestris 101 ordinaire	» » 1904					0.425	0.300	0.314	0.150	0.297
Solonis × riparia 1615	» » 1902	0.170	0.695	0.205	0.100	0.336	0.150			0,276
Cabernet × Berlandieri 333 (Tisserand)	Racinés plantés en 1899 et greffés sur place en 1905					0.420	0.175	0.188	0.150	0.233

Tableau concernant les observations de maturité

Faites dans le champ d'expériences N° 11. — Classement par ordre décroissant

FENDANT VERT greffé sur les porte-greffes suivants	1902	1903	1904	1905	1906	1907	1908	1909	Moyenne
1 Rupestris × riparia 108 [105]	3	4	4	5	4	4	4	2	3.75
1 *Riparia × rupestris 3309*	3	4	5	4	4	4	4	2	3.75
2 Riparia du Colorado s	4	4	5	4	2	4	4	2	3.63
2 (Rupestris × ætivalis) × riparia 227×13×21	3	4	4	4	4	4	4	2	3.63
2 *Riparia × rupestris 101 × 14*	4	4	5	4	2	4	4	2	3.63
2 *Riparia×(cordifolia×rupestris de Grasset) 106 s*	4	4	5	4	2	4	4	2	3.63
3 *Riparia gloire (mélangés de riparia ordinaires)*	3	4	»	4	4	4	4	2	3.57
3 *Riparia grand glabre*	3	3	»	5	4	4	4	2	3.57
3 *Berlandieri × riparia 157 × 11,*	3	3	5	4	»	4	4	2	3.57
4 *Berlandieri × riparia 420 B*	3	4	5	4	4	2	4	2	3.50
4 *Berlandieri × riparia 420 C*	3	4	5	4	4	2	4	2	3.50
4 *Riparia × rupestris 3306*	1	4	4	5	4	4	4	2	3.50
4 Rupestris Martin	3	3	4	4	4	4	4	2	3.50
4 Taylor Narbonne	3	3	4	4	4	4	4	2	3.50
5 *Riparia × rupestris 11 F*	1	4	5	4	3	4	4	2	3.37
5 Aramon × riparia 143 A	3	2	4	4	4	4	4	2	3.37
5 (Cinerea × rupestris de Grasset) × riparia 239 — 6 — 20	3	3	4	4	4	3	4	2	3.37
5 *Mourvèdre × rupestris 1202*	3	3	4	4	4	3	4	2	3.37
6 *Riparia × rupestris × 3309*	3	4	»	2	4	4	4	2	3.27
6 Aramon × rupestris Ganzin N° 2	3	4	»	4	3	3	4	2	3.27
7 Rupestris à port de Taylor	3	3	4	2	4	4	4	2	3.25
7 Rupestris × riparia 75 [1]	3	3	4	2	4	4	4	2	3.25
7 Aestivalis × riparia 199 × 16	3	2	4	2	5	4	4	2	3.25
7 Riparia par rupestris 101 × 16	3	4	5	2	2	4	4	2	3.25
7 *Aramon × rupestris Ganzin N° 1*	3	3	4	4	2	4	4	2	3.25
8 *Chasselas × Berlandieri 41 B*	1	2	4	4	4	4	4	2	3.13
8 Cinerea × rupestris (de Grasset)	3	2	4	4	2	4	4	2	3.13
8 Rupestris × hybride Azémar 215 [2]	3	2	4	2	4	4	4	2	3.13
8 Cordifolia × riparia 125	3	3	4	2	4	3	4	2	3.13
9 *Gamay Coudere (colombaud × rupestris Martin)*	3	2	»	2	4	4	4	2	3.»»
9 *Rupestris du Lot*	3	3	»	4	2	3	4	2	3.»»
10 Rupestris × cordifolia 107 × 11	3	2	4	4	2	2	4	2	2.89
11 *Solonis*	3	3	»	2	2	4	4	2	2.86

Associations observées durant moins de 7 à 8 ans

		1902	1903	1904	1905	1906	1907	1908	1909	Moyenne
Riparia × rupestris 101 ordinaire	planté en 1904					4	4	4	2	3.50
Solonis × riparia 1616	» »					4	4	4	2	3.50
Solonis × riparia 1645	planté vers 1902			4	4	4	3	4	2	3.50
Cabernet × Berlandieri 333	greffé sur place 1905					4	3	4	2	3.25
Rupestris × riparia 108	planté vers 1902			4	2	2	3	4	2	2.84

48 ter

En outre, la question de savoir comment, passé ces premiers huit ans, les porte-greffes se comporteront les uns vis-à-vis des autres n'est, cela va sans dire, pas résolue, il se peut entre autre qu'un d'entre eux ayant peu fait produire son greffon se rattrape dans la suite et que, par contre, cela soit l'inverse pour tel autre ayant beaucoup produit jusqu'à présent.

Un fait, qui montre aussi que les expériences doivent être de longue durée et faites en grand nombre avant d'en tirer des conclusions certaines, se remarque dans les résultats consignés au sujet du riparia × rupestris 3309. A un endroit, ce porte-greffe nous donne une moyenne de poids par cep et par an de Kg. 0,489 et à un autre celle de Kg. 0,323 : le premier de ces lots obtient comme note de maturité 3,75 et le second 3,27. Il n'y a donc rien d'absolu.

Un coup d'œil jeté sur ces tableaux nous indique que dans ce champ d'expériences, au point de vue poids, pour 33 variétés, *si nous trouvons dans les dix premiers,* comme cépages connus, le riparia × rupestris 11 F, le riparia × rupestris 101 × 14, le rupestris × riparia 108-103, le Berlandieri × riparia 420 B et le riparia × (cordifolia × rupestris de Grasset) 106^8, nous y trouvons aussi des cépages peu multipliés dans la pratique et même dans les champs d'expériences tels que le rupestris × riparia 75^1, le (rupestris × æstivalis) × riparia $227 × 13 × 21^1$, le riparia du Colorado ε, le rupestris × hybride Azémar 215^2, l'æstivalis × riparia 199 × 16.

Leurs notes de maturité ne sont pas mauvaises,

---

[1] Ce dernier porte-greffe devra, comme nous le verrons plus tard, être observé encore au point de vue de sa résistance au phylloxéra.

4

même celle du rupestris ✕ hybride Azémar 215² qui est de 3,13. Du reste, nous estimons que, dans ce champ d'expériences, aucun des porte-greffes n'a donné à son greffon une mauvaise maturité, même ceux qui sont classés à la fin du tableau.

Dans la seconde dizaine de ce classement poids, nous trouvons, comme porte-greffes répandus dans la pratique, le riparia grand glabre, le Berlandieri ✕ ripa-420 C, le riparia ✕ rupestris 3309, le rupestris Martin, l'Aramon ✕ rupestris Ganzin N° 1, le Berlandieri ✕ riparia 157 ✕ 11 et, comme variétés peu répandues chez nous, le rupestris ✕ cordifolia 107 ✕ 11, le cinerea ✕ rupestris (cinerea ✕ rupestris de Grasset) ✕ riparia 239-6-20, le cordifolia ✕ riparia 125.

Dans les derniers classés 21 à 33 inclus, nous trouvons comme espèces qui ont été ou sont répandues dans la pratique le chasselas ✕ Berlandieri 41 B, le Mourvèdre ✕ rupestris 1202, le riparia gloire mélangé de riparia ordinaire, un lot de riparia ✕ rupestris 3309, le gamay Couderc, l'Aramon ✕ rupestris N° 2, (répandu fort souvent en mélange dans les Aramon ✕ rupestris N° 1) le riparia ✕ rupestris 3306, le Solonis, le rupestris du Lot.

Parmi les moins répandus le rupestris à port de Taylor, le riparia ✕ rupestris 101 ✕ 16, l'Aramon ✕ riparia 143 A, le Taylor Narbonne :

Consacrons ici quelques lignes aux aptitudes des cépages peu répandus portés sur ces tableaux, quitte à reparler d'eux dans l'ouvrage suivant lorsque nous examinerons les principaux porte-greffes, anciens et nouveaux l'un après l'autre.

Tout en examinant ces nouveaux venus, nous commenterons, dans les pages qui vont suivre, les résultats qu'ont donnés les porte-greffes connus de cette expérience. Nous étudierons ces porte-greffes autant que possible dans l'ordre suivant lequel ils sont classés dans le tableau des poids.

Les rupestris $\times$ riparia 75[1], le (rupestris $\times$ æstivalis) $\times$ riparia 227 $\times$ 13 $\times$ 21, le riparia du Colorado ε, le rupestris $\times$ riparia 108.103, le riparia $\times$ (cordifolia $\times$ rupestris de Grasset) 106[8], le rupestris $\times$ hybride Azémar 215[2], l'æstivalis $\times$ riparia 199.16 sont des hybrides créés par MM. Millardet et de Grasset; étant donné qu'ils sont dans les 10 premiers N[os] de la liste de poids, il y aurait lieu de les expérimenter plus en grand et de définir leur aire d'adaptation locale; en tout cas on peut dire d'une façon générale, sans arrière pensée, que l'affinité de ces cépages avec notre fendant est bonne, qu'ils supportent notre climat et que *jusqu'ici* nous n'avons pas constaté à leur sujet de fléchissements dus ou phylloxéra bien que celui-ci soit très répandu dans ce terrain.[1]

Si nous relisons les anciens catalogues de M. F. Bouisset, viticulteur à Montagnac (Hérault) nous y trouvons une note rédigée par le regretté Millardet lui-même, en octobre 1902, note qui nous renseigne sur les aptitudes probables de ces porte-greffes.

Faire l'éloge de cette note serait oiseux, vu que la notoriété et la probité de ce savant sont au-dessus de tout éloge : Nous sommes heureux toutefois de pou-

---

[1] Rappelons que nous avons fait une réserve au point de vue de la résistance au phylloxéra du (rupestris $\times$ æstivalis) $\times$ riparia 227 $\times$ 13 $\times$ 21.

voir dire que, dans le terrain (un peu séchard et meuble) où nous les avons essayés, les prévisions de M. Millardet se sont nettement réalisées et nous ne pouvons que nous étonner de voir ces porte-greffes si peu répandus jusqu'à présent.

Cette note indique les terrains dans lesquels selon toute probabilité ces hybrides donneraient satisfaction.

Nous ne retrouvons cependant pas le *rupestris* × *riparia* 75[1] dans le catalogue ci-dessus.

Dans les tableaux qui précèdent il est classé 1er comme poids sur 33 et obtient le N° 7 de classement sur 11 comme maturité. Il réussira, nous semble-t-il, dans des terres analogues à celle de notre champ d'expériences. Il serait intéressant de l'expérimenter dans des terres plus fortes telle que celles du canton de Vaud, puisque d'autres riparia × rupestris (le 101 × 14) y réussissent si bien.

Voici que M. Millardet dit en général des hybrides de riparia et de rupestris (aussi bien sur les rupestris × riparia que sur les riparia × rupestris :

« Ces hybrides ont un développement double de « celui du rupestris et supérieur à celui des riparia. « La souche et les sarments sont plus gros que dans « cette dernière espèce. Les entre-nœuds sont plus « plus courts et la moëlle moins large. Ils suppor- « tent mieux la sécheresse du sol et du climat que « le riparia et se chlorosent *beaucoup moins dans les* « *sols calcaires*. En général, ils supportent parfaite- « ment, surtout le 101, les terrains calcaires ou « marneux médiocres et même mauvais, peu colorés. « Développement très rapide. Reprise de boutures « 90 %. Les hybrides Millardet et de Grasset N° 108

« (un rupestris ✕ riparia) N° 101 ✕ (un riparia ✕
« rupestris) appartiennent à cette classe de porte-gref-
« fes, ils sont de première résistance phylloxérique.

« Essayé surtout le 101 ✕ 14 et 101 ✕ 16 dans
« plusieurs terrain calcaires et argilo-calcaires où
« presque aucune autre vigne ne peut venir; ils y
« prospèrent depuis près de *seize ans*[1] même greffés.

« On a parlé récemment de quelques défaillances
« du 101 ✕ 14; mais à priori elles semblent impos-
« sibles et au reste elles sont loin d'être prouvées
« et me semblent dues à quelque confusion[2]. Les
« greffes sur ces hybrides ne laissent rien à désirer
« au point de vue fructification ».

En ce qui concerne *(l'œstivalis ✕ rupestris de Grasset) ✕ riparia 227 ✕ 13 ✕ 21*. il obtient le N° 3
sur 33 dans la liste des poids et le N° 2 sur 11 dans
le tableau maturité. M. Millardet le classe dans sa
note parmi les hybrides complexes et dit sous titre :

« Hybrides américains complexes »

« Les essais faits avec ces plants sont encore trop
« peu nombreux pour qu'il soit permis actuellement
« d'en tirer des conclusions absolument certaines.
« Cependant je n'hésite pas à recommander de les
« expérimenter dans les mauvais sols eu égard à

[1] Ecrit en 1902 ; or nous sommes en 1910, il y a donc 8 ans.
[2] Depuis que ceci a été écrit le 101 ✕ 14 n'a donné lieu à aucune
plainte fondée au point de vue de la résistance phylloxérique et nous
sommes absolument persuadé actuellement que si le 101 ✕ 14 a été
une fois accusé par M. Bouchard (en Anjou) d'avoir eu une défaillance
au point de vue phylloxérique (voir notre réunion de brochures pépinière de Veyrier 1904 page 28), et c'est le fait auquel M. Millardet fait
allusion, il s'agissait d'un 101 ✕ 14 qui n'en était pas un, ou peut-être
d'une forte erreur d'adaptation au terrain sans que le puceron soit en
cause : Du reste, il ne suffit pas de trouver du phylloxéra ou même des
tubérosités sur une racine pour conclure à une non résistance. Nous
prions donc nos lecteurs de ne tenir aucun compte de ce cas isolé, si
toutefois il a existé pour un vrai 101 ✕ 14.

« leur vigueur remarquable et à leur haute résistance[1] » ; et plus loin, il dit que le 227 parait plutôt fait pour les lieux secs, il ne craindrait pas des
doses de calcaire inférieures à 30 %.

M. Millardet recommandant les æstivalis × rupestris, qui entrent dans la composition du 227 (æstivalis × rupestris) × riparia, dans des terrains
argileux *légèrement calcaires*, ce qui est fort souvent
le cas chez nous, nos terres étant très argileuses et
en général pas très calcaires, nous inclinerions à
expérimenter ce 227 × 13 × 21, non seulement
dans les terres semblables à celles du champ d'expériences II, c'est-à-dire meubles et assez sèches, fraîches par moments, mais aussi dans des terres fortes telles que celles des cantons de Vaud et de
Genève (Mandement), ainsi que dans celles non
calcaires de la Zône[2] (terres glaciaires).

Le fait qu'à notre avis le riparia et ce qui est à
sang de riparia a toujours donné satisfaction chez
nous, serait encore une raison de plus pour essayer
ce 227 × 13 × 21. Le vitis æstivalis, un de ses
parents, supporte une dose de sécheresse plus élevée que le vitis riparia.

Toutefois il y a lieu de faire une réserve, déjà
indiquée en note plus haut au sujet de ce porte-
greffe, quand même il est *3me de notre liste de
poids*.

M. Anken, ayant bien voulu examiner, en mars
1910, plusieurs pieds de ce champ d'expériences au

[1] M. Millardet entend la résistance phylloxérique.
[2] On entend par la Zône, chez nous, les régions franches de droits
de douane de la Haute-Savoie et de l'Ain (comprenant les arrondissements de Thonon, Bonneville, Saint-Julien — ce dernier en partie
— et de Gex).

point de vue phylloxérique, constata des tubérosités sur des racines de $227 \times 13 \times 21$.

Constater des tubérosités — nous le verrons
plus loin — surtout lorsqu'elles sont peu pénétrantes, ainsi que nous l'a dit M. Anken, ne prouve
rien, puisque des cépages à résistance pratique
suffisante, tel que l'aramon $\times$ rupestris Ganzin
n° 1, en ont.

Il faut, pour que l'on conclue à une action phylloxérique, qu'il y ait en même temps rabougrissement de la végétation d'une façon prolongée et
qu'on puisse écarter les autres causes d'affaiblissement.

Cependant et malgré la très bonne tenue de ce
cépage, *nous jugeons plus prudent de l'observer encore*
quelques années avant de le répandre autrement que
dans les champs d'expériences ; ceci parce que s'il a
bien produit jusqu'à présent, il n'était pas vigoureux
l'année dernière. D'autre part, un de ses ancêtres,
le vitis æstivalis, a en général (voir Ravaz) une
résistance phylloxérique insuffisante [1]. Par contre, si nous l'avons noté peu vigoureux, sem-
blant affaibli, en 1909-1910 hiver, nous l'avons
trouvé vigoureux ce printemps 1910, commencement de juin.

Il faut donc continuer a observer.

Le **riparia du Colorado** ε, est classé 5me sur 33
comme poids et 2me sur 11 comme maturité. Au
sujet de ce plant, nous lisons dans la même note
de M. Millardet sous le titre :

---

[1] L. Ravaz. *Les porte-greffes et producteurs directs.* C. Coulet,
Montpellier, Grand'Rue. Masson, libraire-éditeur, Paris, boul. Saint-
Germain, 120, p. 122.

« Hybrides de riparia × rupestris et monticola »

« C'est le riparia du Colorado ε de notre collection.
« Il y a une vingtaine d'années [1] Engelmann m'en-
« voya une grappe cueillie au cours d'une explora-
« tion dans le Colorado sur un riparia qui se dis-
« tinguait par certaines particularités : J'en semai
« les graines dont naquirent une vingtaine d'indivi-
« dus ».

« Pour le moment, le Colorado ε semble être la
« meilleure ou une des meilleures plantes sorties
« du semis en question ».

« J'ai cru d'abord reconnaître, dans l'ensemble de
« ces plantes des hybrides de riparia et rupestris,
« mais M. Ravaz de son côté a distingué ultérieure-
« ment dans quelques unes des caractères positifs
« de monticola [2] ».

« Cette origine expliquerait parfaitement la résis-
« tance à la chlorose, à la sécheresse et au phyllo-
« xéra que montre depuis 13 ans [3] la plante dont
« nous parlons dans les groies maigres et superfi-
« cielles de la Grève (Charente-Inférieure) chez
« M. Bethmont ».

Outre le terrain de ce champ d'expériences dans
lequel nous l'avons expérimenté, on pourrait essayer
ce porte-greffe dans des terres calcaires (nous n'osons
déterminer le pour cent, mais il doit être assez et
peut-être très élevé) sèches et superficielles.

A Veyrier, à peine planté, il est devenu très

---

[1] Il y a donc 28 ans.
[2] Il ne s'agit pas du rupestris du Lot (appelé à tort monticola) mais
du vitis monticola espèce très réfractaire au calcaire, d'après Ravaz.
[3] Il y a donc actuellement 21 ans qu'on expérimente cette plante.

vigoureux, franc de pied, prenant l'empart sur les autre ; puis il s'est assagi, mais la production des greffons qu'il porte n'a pas faibli, comme on peut s'en rendre compte par l'examen du tableau. En somme, il a une végétation plutôt faible, mais sans que cela nuise à la fructification.

Le **rupestris** $\times$ **riparia 108** est plus connu que ces derniers ; plusieurs fois, M Wuarin à Cartigny, canton de Genève, a attiré notre attention sur ce porte-greffe. Il existait également dans les collections de M. Lucien de Candolle à Evordes. (Canton de Genève).

C'est la sélection 108.103 qui a été classée sixième comme poids dans notre tableau, et obtient le N° 1 sur 11 comme maturité, tandis que chez MM. de Candolle et Wuarin il s'agit d'un 108 sans que nous sachions duquel.

Si le 108.103 n'a pas été employé davantage dans la reconstitution, c'est tout simplement parce qu'il n'était pas sur la plupart des catalogues de pépiniéristes et qu'en somme il semblait inutile d'avoir un numéro de plus, vu que l'on disposait du 101 $\times$ 14 (qui tient plus du riparia que du rupestris) et des 3309 et 3306 (qui eux, tiennent plus du rupestris que du riparia).

Cependant sa bonne tenue dans ce tableau le rend intéressant pour des terrains de la nature de celui-ci, meuble, et sec sans excès.

Il semble indiqué pour des terres à riparia un peu plus sèches superficiellement que celles convenant au riparia $\times$ rupestris 101 $\times$ 14, parce que, comme dans 3309 et 3306, le rupestris domine,

Nous ne savons quels résultats 108.103 donnerait dans nos terres si argileuses du canton de Vaud, où le 101 $\times$ 14 réussit à merveille, comme nous pourrons le voir plus loin, mais il est fort possible qu'il y donnerait de tout aussi bons résultats que le 3309 ou 3306 qui, eux, tiennent plus du rupestris que du riparia.

La production des greffes sur 108.103 a rapidement débuté tout en se maintenant, tandis que celle des greffes sur 3309 est classée : pour 1 lot 14me sur 33 et pour un autre 28me et celle des greffes sur 3306, 31me sur 33.

Si nous examinons les résultats de pesées des tableaux en ce qui concerne les hybrides de riparia et de rupestris, nous trouvons qu'ils sont classés au point de vue poids dans l'ordre suivant :

au tableau
général

1) 75[1]   (qui tient plus du rupestris que du riparia[1])................ No 1

2) 11 F.   (qui tient plus du riparia que du rupestris[1]).............. No 2

3) 101$\times$14 (qui tient plus du riparia que du rupestris)............... No 4

4) 108.103 (qui tient plus du rupestris que du riparia[1])................ No 6

5) 3309   (qui tient plus du rupestris que du riparia[1])................ No 14 une fois et 28 une autre

6) 101$\times$16 (qui tient plus du riparia que du rupestris[1]).............. No 23

7) 3306   (qui tient plus du rupestris que du riparia[1]) .... No 31

[1] Au point de vue aspect aérien de la souche tout au moins, nous n'avons pas étudié à ce point de vue le système radiculaire.

et au point de vue maturité dans l'ordre suivant :

			notes			
1)	1 lot de	3309	3,75	No 1	sur	11
2)	»	108.103	3,75	» 1	sur	11
3)	»	101.14	3,73	» 2	sur	11
4)	»	3306	3,50	» 4	sur	11
5)	»	11 F.	3,37	» 5	sur	11
6)	»	3309	3,27	» 6	sur	11
7)	»	75¹	3,25	» 7	sur	11
7)	»	101.16	3,25	» 7	sur	11

Aucune note de maturité n'est mauvaise, 3 équivalent à assez bien : Si on examine les choses au point de vue poids on constate que si 75^1 et 108.103 qui tiennent plus du rupestris que du riparia ont de très bons numéros de classement 11 F. et 101 $\times$ 14 qui tiennent plus du riparia que du rupestris en ont de fort bons aussi.

Le riparia $\times$ (cordifolia $\times$ rupestris de Grasset 106)[8]

obtient comme poids le rang 8 sur 33 [1] et comme maturité le N° 2 sur 11.

Ce porte-greffe nous a été recommandé maintes fois par M. F. Bouisset pour des terres très

[1] Nous remarquons cependant sur le tableau de rendement qu'après avoir donné de beaux poids 0,500 1,375, 0,750, 0,950 0.500 en commençant, il tombe en 1907 et 1908 à 0,170 et 0,175. Comme les parents de cet hybride sont à l'abri de critiques phylloxériques, nous ne *pensons* pas que ce soit à cette cause qu'est due cette chute de poids en 1907 et 1908. Nous ne pouvons que constater le fait. A-t-il été fatigué par les forts rendements des années antérieures ou bien le fléchissement est-il dû au fait que l'acariose dont la distribution est toujours très capricieuse a visité le champ d'expériences *par taches?*

argileuses dans lesquelles les racines ont de la difficulté à pénétrer, terres qui parfois se fendent en été.

M. Prosper Gervais a bien voulu nous indiquer que ce porte-greffe pourrait probablement résister à une forte dose de sécheresse [1].

La satisfaction qu'il nous a donnée à Vevey, dans des terres fortes, montre que s'il résiste à la sécheresse, il ne craint pas non plus une dose modérée et en tout cas momentanée d'humidité, puisque nos terres argileuses retiennent l'eau. Ce porte-greffe devrait être plus répandu chez nous.

Si nous ne l'avons pas multiplié davantage, c'est parce que nous voulions étudier son affinité avec nos fendants. C'est actuellement résolu. Elle est bonne avec ce cépage. Voici ce que disait M. Millardet, en 1902, des cordifolia $\times$ rupestris qui ont servi à cette hybridation :

---

[1] Voir notre réunion de brochures 1904, Pépinière de Veyrier page 26. (lettre qui nous fut adressée par M. P. Gervais).

Fin 1910, toutefois M. E. Fenouil relate dans la Revue de viticulture (35 Boul St-Michel Paris) une tournée qu'il a faite en Algérie et il émet des doutes sur la faculté de résistance à de fortes sécheresses dans les climats méridionaux du 106[8] : Il dit l'avoir vu souffrir dans un champ d'expériences de cette nature. Nous avons déjà cité l'appréciation de M. Fenouil, plus haut, à l'occasion du tableau d'adaptation des porte-greffes au différents sols page 26. Nous répétons que nous ne faisons que citer ce qu'à dit M. Fenouil, car à notre avis, il ne suffit pas d'un cas ni même de quelques cas pour déclarer un porte-greffe non résistant à tel ou tel facteur.

Il faudrait donc de nombreux cas pour affirmer que réellement 106[8] résiste moins à la sécheresse qu'on ne l'a cru, seulement l'observation de M. Fenouil suffit pour qu'il devienne intéressant d'examiner la question de plus près. Ajoutons aussi que les sécheresses de l'Algérie sont tout autres que celles de nos climats. La résistance à la sécheresse du du v. cordifolia repose cependant sur des faits (voir Ravaz ouv. précité page 144) et ce n'est pas encore une observation qui peut infirmer cette résistance.

« Hybrides de Cordifolia et rupestris »

« Le Vitis cordifolia est une des plus grandes
« espèces de vigne des Etats-Unis ; c'est aussi avec
« le Vitis rupestris une de celles qui s'avancent le
« plus vers le Sud. Aussi, les hybrides entre ces deux
« espèces sont d'une grande vigueur et supportent
« beaucoup mieux que le riparia *la sécheresse du*
« *climat* et l'aridité du sol. Ce sont d'excellents
« porte-greffes pour la région méditerranéenne,
« l'Espagne et le Portugal. Des essais nombreux
« démontrent que ces hybrides réussissent parfaite-
« ment dans les argiles compactes dans lesquelles
« les riparia refusent de végéter [1].

[1] Ceci est intéressant pour nos très fortes terres. Dans une terre forte
à très forte de molasse rouge, en Paluds, près Vevey, les 106[8] se comportent bien. Il est vrai toutefois qu'il existe entre le lac Léman et
Blonay (au nord de Burier, dans le domaine de Sully, dans celui de
la Doge, etc.) des terres encore plus fortes. Nous n'y avons pas fait
d'essai avec le 106[8] mais pensons que même dans les terres les plus
compactes du canton de Vaud, il donnerait de bons résultats. Le 106[8]
est un hybride américain complexe ; nous préférons, lorsque le terrain
le permet, planter soit un américain, soit un américain complexe
plutôt qu'un franco-américain ; ceci au point de vue phylloxérique.
Nous ne sommes pas de ceux qui condamnent les européo-améri-
cains, puisque les 41 B, chasselas $\times$ Berlandieri, les 1202, les Aramon $\times$ rupestris Ganzin N° 1 ont donné de bons résultats au
point de vue phylloxérique. C'est donc sans exagérer en rien que nous
avançons cette considération. Le 1202 et l'Aramon $\times$ rupestris
Ganzin N° 1 ont été recommandés il y a quelques années par M. le
Dr Faës pour nos fortes terres très compactes, vu la faculté qu'ont
leurs fortes racines de pénétrer dans ces sols, ce qui est tout à fait
exact. Ils y ont donné satisfaction, mais étant donné qu'ils poussent à
bois, tout en donnant fort souvent, malgré ce qu'on dit, une bonne
fructification, le vigneron est souvent obligé, s'il veut dans ce cas là
conserver notre taille vaudoise qui est très courte, d'user de trucs (pistolets, cornes supplémentaires) pour corriger ce que celle-ci a de trop
peu généreux. Nous croyons qu'avec le 106[8], cet inconvénient n'existe-
rait pas ou serait moindre. De plus, avec nos plantations à écartement
plus faibles que dans les pays méridionaux, nous avons intérêt à
adopter des espèces qui n'exigent pas une surcharge à la taille pour

« Par suite de leur grande taille et de la direction
« plongeante de leurs racines, ils demandent, pour
« atteindre tout leur développement, des sols de
« 40 centimètres au moins de profondeur. Comme
« le cordifolia et le rupestris, ils semblent pouvoir
« vivre dans des sols médiocres. En général, ils
« craignent le calcaire plus que les riparia et les
« rupestris purs. Leur reprise (de boutures) est de
« 70 à 80 °/o suivant les formes.

« Le cordifolia $\times$ rupestris de Grasset est souvent
« indemne de phylloxéra; chez M. de Grasset à
« Bordeaux, je lui ai trouvé de très rares et petites
« nodosités. Il est très rustique et à gros bois. Son
« essai a déjà été fait avec succès depuis près de
« vingt ans, dans un très grand nombre de terrains
« différents. Le développement et la production de
« l'Aramon greffé sur cette plante sont très notable-
« ment plus grands, chez M. de Grasset, que ceux
« des Aramons greffés de la même année sur riparia
« et contigus.

« Il craint les sols calcaires.

« Les hybrides Millardet et de Grasset N° 107
« ayant sensiblement la même composition (rupes-
« tris $\times$ cordifolia) participent aux mêmes proprié-
« tés, mais ils sont mieux appropriés encore que le
« précédent aux sols argileux compacts.

« L'hybride Millardet de Grasset N° 106 ripa-

---

que l'air et la lumière puissent y pénétrer. Ceci dit à moins qu'on
n'abandonne la taille vaudoise, ce qu'il serait peut-être délicat de faire
brusquement vu que nos vignerons lui sont à juste titre très attachés
et qu'on ne leur apprendrait pas du jour au lendemain à en pratiquer
une autre. Le 1202 et l'Aramon$\times$rupestris Ganzin N° 1 ont cependant
sur le 106^8 un avantage, celui d'une bien plus forte résistance au calcaire, mais nous croyons qu'on a un peu abusé de ces derniers, du
1202 entre autres, à Lavaux (Lutry) ces dernières années.

« ria ✕ (cordifolia ✕ rupestris de Grasset) a une
« composition et des qualités très analogues, mais
« jouit d'une assez haute résistance à la chlorose
« calcaire. Il est superbe dans certains terrains
« argilo-marneux du Tarn-et-Garonne où le Riparia
« ne réussit pas. Il est presque aussi résistant à la
« chlorose que le 101×14. Sa vigueur, sa résis-
« tance et sa fructification sont hors ligne. D'après
« M. P. Gervais, il réussit dans les graves les plus
« sèches.

« C'est un des meilleurs porte-greffes pour l'Al-
« gérie, l'Espagne, la Sicile, l'Italie.

« Tous ces hybrides sont des porte-greffes de
« premier ordre au point de vue de la fertilité des
« greffons ».

Le rupestris ✕ hybride Azémar 215^2 est 9me
sur 33 comme poids et 8me sur 11 comme maturité
avec la note 3,13. M. Millardet dit, dans sa note d'octobre 1902 « que cet hybride est d'une vigueur remar-
« quable. L'un de ses parents est un rupestris, les ru-
« pestris sont trop connus pour que nous insistions ;
« l'autre est l'hybride Azémar, qui est lui-même un
« hybride d'æstivalis et riparia. L'hybride Azémar,
« vu sa proche parenté avec le Vitis æstivalis est bien
« adapté aux sols secs. L'expérience démontre qu'il
« vient très bien également dans les terrains com-
« pacts, argileux, même un peu marneux, pourvu
« qu'ils ne soient ni humides, ni de couleur pâle.
« Dans ces dernières conditions, il se chlorose aussi
« facilement que le riparia.

« La souche est très grosse. Les sarments et
« entre-nœuds moins longs que chez le riparia sont
« d'un fort calibre. Résistance de premier ordre,

« bien qu'il y ait quelques nodosités aux racines,
« Reprise de boutures jusqu'à 80 % lorsqu'on râcle
« les nœuds inférieurs, sinon 50 %. La souche-
« mère provenant d'un semis de graine de riparia
« du Missouri, fait en 1880, par M. Azémar, à
« Perpignan, dans un sol compact de 35 centi-
« mètres de profondeur, reposant sur un sous-sol
« calcaire marneux blanc, avec nodules de carbo-
« nate de chaux tendres, mesurait en 1891, plus
« de quarante centimètres de circonférence. Les
« greffes faites en 1881 sur des semis semblables,
« étaient, il y a quelques années, presque deux fois
« aussi développées que celles sur semis du même
« âge de Riparia qui les entourent. Le renflement
« au point greffé est presque nul. Ce sont les plus
« belles greffes que j'aie jamais vues ».

L'æstivalis $\times$ riparia 199[16] obtient comme rendement le 10ᵐᵉ rang sur 33 et, comme maturité, la
note 7 sur 11 = 3.25; les généralités citées plus
haut à propos du rupestris $\times$ hybride Azémar 215[2]
sur les hybrides d'æstivalis et de riparia, page 63,
peuvent s'appliquer ici; le 199 a la même composition que l'hybride Azémar mais alors que ce
dernier provient d'un semis de graines de riparia
du Missouri, le 199 a été produit artificiellement
par MM. Millardet et de Grasset. A ce sujet, M.
Millardet s'exprime ainsi dans la note déjà citée :

« Nous avons reproduit artificiellement, M. de
« Grasset et moi, cet hybride remarquable, en
« fécondant le *V. æstivalis* par le *V. riparia* (hybride
« N° 199). Les plants ainsi obtenus jouissent des
« mêmes propriétés que *l'hybride Azémar*, mais

« leur reprise en bouturage est infiniment plus
« élevée que chez ce dernier et se rapproche beau-
« coup de celle des riparia purs ».

A remarquer parmi les porte-greffes plus connus
de la première dizaine de notre tableau de rendement, la bonne tenue du *riparia* $\times$ *rupestris* 11 F [1],
du *riparia* $\times$ *rupestris 101* $\times$ *14* [2], du *Berlandieri* $\times$
riparia 420 B [3].
Rendons ici un hommage au regretté Jean
Dufour qui a créé le 11 F et qui a su voir qu'on
pouvait compter sur le 101 $\times$ 14. « J'ai, me disait-
il, en 1896 (époque à laquelle le 101 $\times$ 14 était
fort peu répandu), grande confiance dans ce porte-
greffe pour nos terrains ». Nous n'avons qu'un regret,
c'est de ne pouvoir lui apporter cette confir-
mation.
Dans nos champs d'expériences de Vevey, en terre
beaucoup plus forte, argileuse, se tassant et par
conséquent peu aérée, le 101 $\times$ 14 s'est toujours
fort bien comporté, ayant souvent la tendance
d'accuser une supériorité sur 3309 et 3306, qui
eux sont plus rupestris que riparia.
Ce bon numéro de classement de 11 F et 101 $\times$
14 par rapport surtout à 3309 et 3306, nous montre
que, quoique l'on en ait dit, une prédominance à
sang de riparia n'est pas à craindre chez nous.
Cela n'a rien d'étonnant; lorsqu'on n'avait pas
tant d'hybrides à sa disposition, il y a quinze ans
et plus, et lorsqu'on a créé la station de Ruth (près
Genève) c'est, dès le début, le riparia qui a mani-

---

[1] 2me sur 33 comme poids et 5me sur 11 comme maturité.
[2] 4me sur 33 comme poids et 2me sur 11 comme maturité.
[3] 7me sur 33 comme poids et 4me sur 11 comme maturité.

festé une supériorité sur les porte-greffes essayés alors, ainsi que dans le canton de Vaud.

Pendant un temps, malgré nos dénégations, on disait un peu partout chez nous que le riparia ne valait rien [1], qu'il fallait de préférence adopter les 3309 et 3306, le 101 $\times$ 14 lui-même, semblait-il, devait céder le pas à ces deux derniers.

Le rupestris $\times$ cordifolia 107[11] qui est en tête de la seconde dizaine de notre tableau de rendement mérite de retenir un instant notre attention, poids 11me sur 33, maturité No 10 sur 11.

Les généralités de la citation de M. Millardet figurant plus haut au sujet du 106[8] peuvent se relire en ce qui concerne cet hybride. Nous ne pouvons indiquer sa résistance au calcaire, mais nous pensons qu'elle n'est pas forte et plutôt inférieure à celle du riparia. A notre avis, on pourrait non seulement l'employer dans des terrains comme celui de ce champ d'expériences, mais aussi dans les argiles glaciaires du canton de Vaud; car, tout en possédant les qualités propres aux hybrides de cordifolia et de rupestris (fertilité de leurs greffons, résistance à la sécheresse) il paraît encore mieux approprié aux sols argileux.

Puisque Millardet indique les hybrides de cordifolia et de rupestris, ainsi que M. P. Gervais, du

[1] Ceci a été dit à Genève, comme dans le canton de Vaud et par une école en France : ainsi par la *Revue des Hybrides producteurs directs* (Vals-les-Bains, Ardèche), P. Gouy rédacteur, par M. Couderc et d'autres, alors que MM. Foëx, Ravaz, Viala, Gervais n'ont jamais accusé le riparia d'être un mauvais porte-greffe. Nous estimons que chez nous (Vaud) on a un peu abusé du 1202 et de l'Aramon $\times$ Ganzin et qu'à l'avenir il y aura lieu de réserver ces deux porte-greffes (que nous considérons du reste comme bons) pour des cas spéciaux et d'employer souvent, sans laisser de côté le riparia pur, des combinaisons dans lesquelles le riparia entre pour une moitié ou un tiers.

reste, dans ses belles études pratiques sur l'adaptation, comme devant résister à la sécheresse, il serait intéressant d'essayer cet hybride là [1], dans des sols de cette nature, en Valais, si toutefois le calcaire le permet, cet élément y étant souvent en proportions plus fortes que dans les cantons de Vaud et de Genève [2].

En Valais, du reste, les chasselas $\times$ Berlandieri 41 B et Berlandieri $\times$ riparia ou peut-être même les rupestris $\times$ Berlandieri [3] seront sans doute d'une adaptation plus générale. Avant de quitter le 107[11], faisons une réserve à son sujet, il n'a obtenu dans cette expérience pour la maturité de ses greffons que la note 2,89 [4], — nous verrons, plus loin, qu'il

[1] M. Gervais conseille aussi, pour ces cas là, le riparia $\times$ (cordifolia $\times$ rupestris de Grasset) 106[8].

[2] La réserve que nous citons plus haut (voir page 60) au sujet de l'observation de M. E. Fenouil, aurait cependant sa place ici, et depuis cette publication nous sommes tenus d'être un peu plus prudents, avec le 106[8] et le 107 $\times$ 11 lorsqu'il s'agit de climats méridionaux (or le Valais rentre presque dans ce cas quoiqu'on y arrose souvent les vignes) et de terrains très secs.

Toutefois, nous remarquons que dans ce champ d'expériences N° II, qui, sans avoir un terrain aussi sec que ceux d'Algérie, en a un qui est souvent assez sec, 106[8] et 107 $\times$ 11 se sont dans leur ensemble assez bien comportés jusqu'à présent, en 1905 et 1906, années très sèches, à Veyrier, les poids de ces deux porte-greffes, de 107 $\times$ 11 surtout, ne sont pas mauvais.

D'après Ravaz, 107 $\times$ 11 n'aurait cependant pas la résistance à la sécheresse de quelques autres hybrides.

Répétons, au sujet du v. cordifolia, que sa résistance à la sécheresse repose sur l'observation de faits (voir Ravaz, ouvrage précité, page 144) et ce n'est pas encore une observation contraire qui peut les infirmer.

[3] Citons en passant que M. Richter, viticulteur à Montpellier, vient d'annoncer dans ses catalogues trois nouveaux Berlandieri $\times$ rupestris, le n° 99 Berlandieri de Las Sorres $\times$ rupestris du Lot, le n° 60 Berlandieri Rességnier n° 1 $\times$ rupestris Ganzin, le n° 57 Berlandieri Rességnier n° 2 $\times$ rupestris Martin. Le n° 99 surtout nous semble fort intéressant puisque jusqu'à ce jour les hybrides de Berlandieri et de rupestris étaient hybridés avec d'autres rupestris que le rupestris du Lot.

[4] Cette note, du reste, n'est pas très basse pour une mauvaise exposition comme celle de plaine de la pépinière de Veyrier.

s'est mieux comporté, à ce point de vue, dans nos autres expériences.

Le **cinerea** $\times$ **rupestris de Grasset** poids 16 sur 33, maturité 8 sur 11, dans la note déjà citée. M. Millardet dit à son sujet :

« Le cinerea $\times$ rupestris de Grasset est un
« hybride naturel reconnu, il y a longtemps déjà,
« dans une collection de vignes envoyées par Her-
« mann Jæger et provenant des confins du Texas.

« Cet hybride est d'une très grande résistance et
« d'une très grande vigueur. Les sujets les plus
« anciens que possède M. de Grasset sont plantés
« dans des argiles marneuses et calcaires d'un blanc
« bleuâtre, d'assez mauvaise qualité, appartenant à
« l'étage miocène.

« Ils s'y comportent parfaitement, tandis que sur
« plusieurs centaines de rupestris ordinaires, placés
« autour, un nombre assez notable est resté médio-
« cre et a présenté chaque année un peu de chlo-
« rose. Chez feu le Dr Davin, à Pignans (Vars), il
« s'est montré superbe de verdeur dans un tuf
« blanc, humide, où tout jaunit, ce qui lui a fait
« donner par ce dernier le nom de *Antichlorose*.

« A Beaufort, dans le Jura, cet hybride se com-
« porte à souhait dans les marnes blanches du lias,
« qui sont, comme on sait, de reconstitution diffi-
« cile. Beaux bois, reprise de boutures de 70 à
« 80 $^0/_0$ ».

Le **(cinerea** $\times$ **rupestris de Grasset** $\times$ **riparia 239-6-20.** Poids 17me sur 33. Maturité N° 5 sur 11.

Nous venons de parler de l'un de ses parents le cinerea $\times$ rup. et nous avons vu que d'après

M. Millardet, il possède une certaine résistance au
calcaire (qui resterait à vérifier et à déterminer chez
nous). Rappelons cependant que M. Ravaz[1] n'ac-
corde ni au vitis cinerea ni au rupestris $\times$ cinerea
la faculté de résister au calcaire, quand bien même
on trouve souvent en Amérique le vitis cinerea
dans des terres à sous-sol calcaire. D'autre part,
M. Millardet estime que cinerea $\times$ rupestris peut
végéter dans des sols argileux, il est donc fort
possible que le (cinerea $\times$ rupestris) $\times$ riparia 239
ait aussi cette qualité.

Les généralités de Millardet sur les hybrides complexes, citées il y a quelques pages, s'appliquent
aussi à ce porte-greffe. D'après cet auteur, la résistance au calcaire de 236-6-20 ne serait en tout cas
pas inférieure à 30 %.

Le **cordifolia** $\times$ **riparia 125**[1]. Poids 18me sur 33,
maturité N° 8 sur 11. M. Millardet dit que les cordifolia $\times$ riparia qu'il a créés constituent un groupe
« de trois plantes (dont 125[1]) presque identi-
« ques d'une vigueur et d'une résistance exception-
« nelles.

« Ce sont actuellement, de tous nos hybrides
« américains de 1882, les plus remarquables par
« leur développement avec le 101 $\times$ 14 et le 106[8].
« Ces hybrides donnent d'excellents résultats dans
« les sols ingrats secs, surtout argileux, dans les-
« quels le riparia ne peut venir. Ils portent des
« greffes magnifiques et fructifères. Reprise de bou-
« tures 90 % ».

Dans notre tableau de rendement, on voit que

---

[1] Voir pages 175-249 Ravaz. *Vignes américaines, porte-greffes et
producteurs directs*, 1902, chez Coulet et fils. Montpellier.

loin de faiblir, 125[1] a donné, en 1908, 0 kg. 666 par cep. Sa note de maturité moyenne est 3,13. En juin 1910 nous l'avons noté franc de pied comme *un des plus vigoureux du champ d'expériences* et ses pieds greffés paraissent bien portants.

Tout en ayant une certaine dose de résistance à la sécheresse, 125[1] jouerait peut-être un rôle dans nos fortes terres. Il ne résisterait pas au calcaire, d'après M. Ravaz. Ce dernier auteur dit[1] :

« Dans les terres siliceuses, il domine tous les « autres porte-greffes; il l'emporte même sur les « vinifera ✕ rupestris et c'est ce qu'on peut voir « dans les champs d'essais de Grandmont et de Cou- « rant. Là, il est aussi d'un beau vert; tandis que « les autres variétés y sont plus ou moins pâlies par « la sécheresse, il constitue un excellent porte-greffe « pour tous les terrains caillouteux ou non secs et « maigres, mais non calcaires, et cela était prévu. « Le riparia, malgré la gracilité de ses racines, « utilise très bien l'humidité du sol, le Vitis cordi- « folia est aussi une espèce réfractaire à la « sécheresse, on voit ce que pouvait donner leur « union ».

Le système radiculaire du 125[1] est charnu et c'est pour ce motif que M. Bouisset nous disait de l'essayer dans nos fortes terres.

Somme toute, cette plante nous semble très inté-ressante.

Parmi les espèces plus connues classées dans la

[1] *Les Vignes américaines*, etc. Ravaz. Chez C. Coulet et fils, édit.. Montpellier, 1902. Page 231.

seconde dizaine de notre tableau de rendement, nous trouvons le *riparia grand glabre* [1] qui est classé 2^d de la deuxième dizaine de poids. Ce fait confirme qu'il est indiqué dans des terres meubles un peu sèches [2], et qu'il n'y avait pas lieu de condamner les riparia si tôt, quand bien même nous convenons que souvent ils peuvent être avantageusement remplacés. Le *Berlandieri* $\times$ *riparia 420 C*, qui tient davantage du riparia que le 420 A et le 420 B, donne un bon résultat comme poids et sa production ne décline pas. Poids 13me sur 33, maturité N° 4 sur 11.

Un lot de riparia $\times$ *rupestris 3309* est bien classé, 14me sur 33, en moyenne par pied, 0 kg. 483, note de maturité maximale 3,75. Il en est de même du *rupestris Martin* qui pourra trouver application dans des terrains de nature semblable; note de maturité 3,25, soit 4me sur 11 et 15me sur 33 comme poids.

L'Aramon $\times$ **rupestris** N^o **1** est classé comme poids 19me sur 33 et comme maturité N° 7 sur 11.

S'il n'est pas parmi les premiers, nous constatons cependant, en examinant le détail de ses poids, que ceux-ci ne faiblissent pas. En outre, il est possible que s'il avait été taillé plus long, les résultats eussent été meilleurs.

L'aramon $\times$ rupestris N° 1 ne semble donc pas craindre des terrains un peu séchards dans nos climats, alors qu'il s'accommode bien de nos fortes terres.

---

[1] Poids 12 sur 33, maturité N° 3 sur 11.
[2] Expérimenté à Wädenswil (canton de Zurich), par M. le Prof. Dr Müller-Thürgau, il a donné de bons résultats dans des terres fortes. Aussi est-il permis de supposer que cette variété se comporterait de même dans les terres fortes ou mi-fortes du canton de Vaud.

Le chasselas $\times$ Berlandieri 41 B, 20me sur 33 comme poids, maturité N° 8 sur 11, note $= 3,13$, sans s'être mal comporté, a donné des résultats moins bons que dans d'autres champs d'expériences, nous le considérons cependant comme un bon porte-greffe.

Parmi les moins répandus des numéros 21 à 33 se trouvent : le **rupestris à port de Taylor**; Poids 21me sur 33 Maturité 7me sur 11, dont le feuillage, d'après Ravaz, rappelle un peu le Taylor sans avoir rien à faire avec celui-ci[1]. Il pourrait, d'après le même auteur, faire un bon porte-greffe dans des terres silico-argileuses. Sans s'être montré mauvais à Veyrier, il ne paraît pas y avoir été dans son milieu. Peut-être aussi la taille courte l'a-t-elle gêné, car un autre rupestris, le rupestris du Lot qui d'en d'autres cas est bon, s'en est ressenti; M. Bouisset, duquel nous tenons ce porte-greffe, ne paraît pas en faire grand cas, ainsi qu'il ressort de sa réponse à notre demande de renseignement sur ce plant. Nous ne voulons rien conclure à ce sujet.

Le **riparia $\times$ rupestris 101 $\times$ 16.** Poids 23me sur 53, Maturité N° 7 sur 11. Il passe auprès de quelques viticulteurs pour être encore plus vigoureux que son frère le 101 $\times$ 14. Au point de vue de la fructification, ce dernier lui a été bien supérieur dans ce cas-ci. Pour le moment, il ne nous est pas possible de dire s'il est plus ou moins vigoureux que le 101 $\times$ 14; nous ne voyons pas encore la nécessité de le multiplier[2]. Il serait intéressant

---

[1] Voir Ravaz, ouvr. précité.
[2] Il faudra voir ce qu'il donnera dans des terres plus fortes.

d'étudier sa résistance à la chlorose comparativement à celle du 101 $\times$ 14.

L'Aramon $\times$ riparia 143 A. Poids 23me sur 33
Maturité N° 5 sur 11. A son sujet, M. Millardet
s'exprime comme suit dans sa note [1] sur les hybrides franco-américains :

« Mais à côté de ces hybrides (cabernet $\times$ rupes-
« tris Ganzin 33 et chasselas $\times$ Berlandieri 41 B)
« dont la haute résistance n'est pas niée, même par
« les plus difficiles (M. Ravaz par exemple) s'en
« placent d'autres qui n'offrent une résistance [2]
« aussi élevée que dans les sols ne renfermant ni
« un excès de calcaire ni une forte humidité. Ce
« sont le 141 A et le 143 A. Tandis, en effet, que
« ces plantes à la 13me année de greffage continuent
« à donner toute satisfaction chez M. Verneuil en
« Charente-Inférieure et dans les champs d'essais
« de MM. de Grasset, Bouisset, d'Hebray Thibaut
« etc,, dans la craie de Juillac le Coq et à l'Ecole de
« Montpellier, ils ont faibli, dans ces dernières
« années, d'une façon notable. Je crois être dans la
« vérité en attribuant cet affaiblissement à l'action
« nocive de la craie, dans le premier cas et de
« l'humidité dans le second sur l'ensemble de leur
« nutrition, action qui paralyse leur réaction contre
« le phylloxéra ».

« Je pense donc, jusqu'à preuve du contraire, que
« ces porte-greffes qui sont d'une résistance à peu
« près suffisante dans les terres crayeuses, épuisées
« et jamais fumées de Juillac le Coq, continuent à

---

[1] Note d'octobre 1902 déjà citée plus haut.
[2] Résistance au phylloxéra.

« rendre les plus grands services dans les sols sim-
« plement calcaires (non crayeux ni peut-être trop
« marneux) normalement cultivés et fumés de l'en-
« semble du vignoble français ».

Dans le tableau de rendement, 143 A est inférieur
à 41 B et supérieur à 1202 qui vient immédiatement après lui ; cependant 1202 a produit 0,750 en
1908 tandis que 143 A produisait 0,320, l'un semblerait donc décliner et l'autre augmenter. Tous
deux (1202 et 143 A) ont comme note de maturité 3,27.

143 A ne semble pas être dans son milieu dans
la terre assez sèche du champ d'expériences N° II et
être plus indiqué dans des terres plus fraîches et
plus argileuses. Toutefois, sans vouloir conclure pour
le moment, il n'y a pas encore lieu de le répandre
en pratique, car un examen phylloxérique fait le 9
mars 1910 par M. Anken, nous a révélé des tubérosités nettes quoique non pénétrantes, sur ses racines [1].

En juin 1910, nous avons consigné la note d'observation suivante concernant les pieds sur 143 A : pas
très vigoureux, 1 pied sur 4 pieds greffés de la collection semble chétif ; quant aux pieds non greffés,
quatre sur cinq semblaient aussi chétifs et le cinquième était très vigoureux.

Le *Taylor-Narbonne*, Poids 25me sur 33 Maturité
N° 4 sur 11, est un labrusca ✕ riparia ✕ monticola
(tandis que le Taylor est un labrusca ✕ riparia) n'est

---

[1] Encore une fois cela n'est pas suffisant pour conclure, car pour
pouvoir affirmer que le phylloxéra fait souffrir des ceps, il faut non
seulement constater sa présence et celles de tubérosités mais encore qu'il
y ait affaiblissement des plantes et qu'on puisse écarter d'autres causes d'affaiblissement.

pas une plante dénuée d'intérêt (d'après Ravaz[1]); sa résistance pratique au phylloxéra serait suffisante dans les bonnes terres, et il supporterait le calcaire sensiblement aussi bien que le riparia $\times$ rupestris 3309. Dans ce champ d'expériences N° II il ne faiblit pas au phylloxéra. Ses souches greffées et franches de pied sont vigoureuses pour le moment et pourtant le vitis labrusca, un de ses parents, ne résiste guère au phylloxéra. Toutefois, dans ce cas, il n'a pas fait merveille comme production, est-ce la faute du terrain?

Parmi les espèces les plus connues des N° 21 à 33 se trouvent :

Le **mourvède** $\times$ **rupestris 1202**; s'il n'est classé que 24me sur 33, il le doit sans doute à la taille courte, mais on remarque cependant que sa production semble augmenter avec l'âge (0,750 en 1908), il n'a pas mal résisté à la sécheresse.

Comme note de maturité, il a obtenu le N° 5 sur 11 = 3,37, c'est-à-dire pas mauvais.

Le **riparia gloire**, *mélangé de riparia ordinaire*, Poids 27me sur 33 Maturité N° 3 sur 11, n'a pas été brillant, mais il y a lieu de considérer qu'il n'est pas pur. Malgré leur mauvais rang de poids, constatons cependant qu'ils précèdent dans cette expérience un lot de riparia $\times$ rupestris 3309, les riparia $\times$ rupestris 3306, l'Aramon $\times$ rupestris Ganzin N° 2 et le rupestris du Lot.

Le riparia *(non sélectionné)* précède donc là des porte-greffes qui n'ont jamais été très critiqués ou même pas du tout alors que lui-même a été condamné par certains.

---

[1] Ravaz. op. cit page 295.

Le rupestris du Lot, par exemple, qui est à la fin du tableau a été l'objet de critiques, il y a quelques années, mais celles-ci n'ont jamais atteint l'acuité de celles faites à tort au riparia gloire. Par contre la maturité des greffons sur riparia a été bonne, 3,57 et ceci est fort à considérer dans notre climat. Vient ensuite un lot de *riparia* $\times$ *rupestris 3309*, Poids 28me sur 33. Maturité N° 6 sur 11 = 3,27.

Le **Gamay Couderc** n'a obtenu que le 29me rang comme rendement et la note 3 c'est-à-dire N° 9 sur 11 comme maturité. Le phylloxéra en est-il le motif? Nous n'avons pas procédé à cet endroit-là à un examen des racines [1]. En regardant le détail des poids, on voit cependant que la production des greffes sur Gamay Couderc n'a pas baissé brusquement en 1907 et 1908.

Théoriquement dans un champ d'expériences aussi phylloxéré, le gamay Couderc (planté depuis 10 ans), d'après ce qui a été dit à son sujet, devrait souffrir davantage.

L'**Aramon** $\times$ **rupestris Ganzin N° 2**. Poids 30me sur 33 Maturité N° 6 sur 11 = 3,27, qui passait pour être résistant à la sécheresse, ne paraît pas s'être fort bien comporté ici; ce fait serait-il dû à la taille courte? Cela se pourrait pour une part du moins; mais depuis cette expérience, nous sommes tentés de ne plus l'employer jusqu'à plus ample informé dans des terrains secs et surtout superficiels, comme nous l'avons conseillé dans nos brochures. Le fait qu'un lot greffé sur *3306* (riparia $\times$ rupestris)

---

[1] Non loin de là en terrain phylloxéré. nous avons examiné dans 2 endroits des pieds de Gamay Couderc. Dans le premier, nous n'avons rien relevé de précis, dans l'autre, nous n'avons constaté qu'un pied sur six portant des lésions. (Examen fait par M. Anken). (Mars 1910).

arrive 31me est-il dû à ce que ce terrain, suivant les variations de l'atmosphère, est parfois sec? c'est possible. Si son rendement laisse à désirer, il n'en est pas de même de la maturité, note 3,50, c'est-à-dire N° 4 sur 11.

Un lot de **Solonis** n'obtient pas non plus un beau poids, 32me sur 33, en outre sa production a baissé en 1907 et en 1908. La note de maturité 2,86 sans être mauvaise est la dernière du tableau.

Le phylloxéra est-il pour quelque chose dans ces résultats, c'est possible, bien qu'en Mars 1910 nous n'ayons pas constaté de lésions sur ses racines. Cependant nous ne pensons pas devoir même incriminer ce parasite; nous sommes même étonné de constater que ce porte-greffe abandonné à cause du peu de confiance qu'inspire sa résistance phylloxérique, ne soit pas plus souffrant qu'il ne l'est ici, bien que le terrain soit très contaminé et en plus assez sec.

Un examen phylloxérique qu'a bien voulu faire M. Anken sur un pied de Solonis le 9 mars 1910 n'a point révélé de tubérosités.

L'acariose qui a fait passablement de dégâts par place, peut avoir contribué aussi à cette faible production de 1907 et 1908.

En juin 1910, les pieds-mères de ce lot sont en bonne santé, aussi pensons-nous qu'on a exagéré la non résistance pratique du Solonis, ceci soit dit sans vouloir le conseiller. Un facteur qui a pu gêner la production et la maturité de ces greffes est probablement la sécheresse de ce terrain, et c'était à prévoir ce plant étant indiqué pour les terrains humides. Dans d'autres situations, *il passe* pour donner une maturité plutôt hâtive aux produits de ses greffons et même d'après certains auteurs pour augmenter leur teneur en sucre.

Si le **rupestris du Lot** arrive 33me comme rendement, c'est sans doute à cause de la taille courte, car non loin de là, conduit en cordons Guyot, il nous donne satisfaction.

Sans être mauvais, il n'est pas dans les premiers au point de vue de la maturité N° 9 sur 11 = note 3. Du reste il ne passe du reste pas pour hâter celle de ses greffons.

Parmi les cépages observés pendant moins de 7 à 8 ans, nous remarquons les suivants :

Le *rupestris* × *riparia 108*[1], le *riparia* × *rupestris 101* qui, non sélectionné est dépassé par le 101 ×14 ; empressons-nous de dire toutefois que, planté après coup au milieu de ceps déjà en place, il a nécessairement souffert.

Le *tisserand ou cabernet* × *Berlandieri 333* qui avait, aux dires de M. Guillon, directeur de la station viticole de Cognac, souffert du phylloxéra il y a tantôt dix ans après avoir donné toute satisfaction dans les champs d'expériences de Cognac, a ici fléchi brusquement dans ses rendements. En 1906, il donne kg. 0,402, tandis qu'il tombe à kg. 0,172 et 1907 et à kg. 0,188 en 1908. Le phylloxéra est-il en cause? Un examen des racines n'a rien donné de positif, et jusqu'à présent nous n'avons rien remarqué de suspect au point de vue de la vigueur des

---

[1] C'est M. Wuarin, commissaire phylloxérique et propriétaire à Cartigny, qui avait bien voulu nous procurer ce 108 qui lui avait été expédié par M Bouisset. Nous n'avons pu savoir s'il s'agit-là du 108-103 ou d'une autre sélection. Disons à la décharge de ce lot 108, qu'il a été planté après coup au milieu de ceps déjà en place, il a dû en souffrir, car il est évident du reste qu'il s'agit là d'une bonne sélection du 108.

pieds. Ajoutons que ces pieds greffés de 333 sont entourés de vigoureux pieds-mères d'autres variétés et que souvent les sarments de ceux-ci les étouffent en quelque sorte. Tout ce que nous pouvons dire, c'est que le phylloxéra ne *paraît* pas avoir fait de mal à cet hybride. Mieux vaut cependant ne pas le répandre avant plus ample informé dans la pratique étant donné surtout qu'on a d'autres portegreffes aptes à le remplacer [1].

L'examen des chiffres de pesées étant terminé, nous ajouterons encore une fois que nous n'osions, il y a quelques années, recommander la plantation sur de grandes surfaces des Berlandieri $\times$ riparia, du chasselas $\times$ Berlandieri 41 B, des cordifolia $\times$ rupestris, des cordifolia $\times$ riparia, du riparia $\times$ (cordifolia $\times$ rupestris) 106[8]; ceci malgré les bons résultats qu'ils avaient donnés en France, parce que nous ne connaissions pas leur affinité avec le chasselas (fendant). Le tableau de maturité de cette expérience est de nature à nous rassurer de ce côté-là et nous considérons maintenant cette affinité comme bonne. Si, comme nous l'avons vu, le cordifolia 107 $\times$ 11 n'a que 2,59 comme note moyenne de maturité, il obtient dans d'autres champs d'expériences situés près Vevey à Nant « Sous l'Arpent dur » en 1908 la note 4, et « en Paluds » en 1907 et 1908 la note 4 également.

Un des faits saillants de cette expérience consiste dans la bonne tenue des hybrides Millardet $\times$ de Grasset tant au point de vue des poids que de la maturité.

En outre, plusieurs des nouveaux venus sont très

[1] Toutefois aux dires de M. F. Richter, pépiniériste-viticulteur à Montpellier, 333 qui lui a donné satisfaction dans certains cas, tendrait à revenir sur le tapis.

tentants à essayer et même à employer vu leur belle tenue dans le champ d'essais, toutefois nous conseillons à nos lecteurs, avant de le faire, de prendre connaissance de ce que nous disons d'eux plus loin dans un nouvel ouvrage qui, par porte-greffe, résume les qualités et les défauts de chacun, des cépages expérimentés [1].

Nous donnons ici à titre de *simple indication,* le résultat d'un examen phylloxérique auquel M. I. Anken a bien voulu procéder dans ce champ d'expériences, le 9 mars 1910 [2].

---

[1] Resterait à expérimenter la reprise au greffage relative des dits nouveaux venus, nous n'avons pas greffé d'une façon méthodique et séparativement les boutures annuelles de ce champ d'expériences, toutefois, nous en avons souvent greffé quelque peu et n'avons point constaté de non reprises notoires. Cependant, nos essais ne suffisent pas, quand bien même le greffage sur place nous a réussi, alors qu'il n'en a pas été de même avec le Berlandieri pur situé près de là. Nous reviendrons dans l'ouvrage suivant, pour autant que nous pourrons trouver des documents dans la littérature, sur la reprise au greffage de chacun de ces porte-greffes et il importe encore d'être prudent de ce côté là. Cette question a en effet une grande importance. Un autre facteur qui s'il n'est pas primordial est cependant intéressant, consisterait à savoir si la production du bois des pieds-mères est abondante ou pas, nous n'avons pas étudié ces porte-greffes à ce point de vue et cela reste à faire.

[2] On ne peut du reste pas tirer des conclusions bien nettes d'un examen phylloxérique fait à cette époque de l'année. En 1905, 1906, 1908 en été, nous avons trouvé très facilement du phylloxéra dans ce champ, tandis qu'en mars 1910 M. Anken n'en a pas trouvé. Cependant, un nouvel examen fait en Juin 1910 par M. Anken sur plusieurs variétés n'a pas donné de résultat positif également. Il est donc plus que probable que le phylloxéra descend à de plus fortes profondeurs en hiver.

Examen phylloxérique

Variétés	nombre de pieds examinés	à la loupe		au microscope	
		phylloxéras	lésions	phylloxéras	lésions
Cabernet × Berlandieri 333..............	1	0	0	0	0
Riparia × rupestris 101 ordinaire.........	1	0	0	0	douteuses
Aramon × rup. Ganzin N° 1	1	0	douteuses	0	0
Solonis.............	1	0	0	0	0
(Rupes. × æstivalis) × rip. 237 × 13 × 21.	1	0	nettes	0	nettes
Riparia du Colorado ε..	1	0	0	0	0
Cordifolia × ripar. 125[1]	1	0	0	0	0
Taylor Narbonne	1	0	0	0	0
Aramon × ripar. 143 A	1	0	nettes	0	nettes

N. B. Les cas dits douteux sont ceux où la lésion n'est pas caractérisque et qui ne doivent être pris en considération que si la présence de l'insecte est contatée.

Le 12 juin 1910 nous avons parcouru le champ d'expériences et avons noté ce qui figure dans le tableau ci-dessous au sujet de la vigueur. Il y a lieu de se rappeler que ce ne sont pas toujours les pieds les plus vigoureux qui fructifient le plus.

6

Variétés	Santé des pieds greffés en fendant vert	Santé des pieds mères
Rupestris × riparia 75[1] .	pas très vigoureux, bien portants	bois grêlés, bien portants
Riparia × rupestris 11 F	bonne	très vigoureux
(Rupestris × aestivalis) riparia 227 × 13 × 21 .	bonne	bonne (un seul exemplaire)
Riparia × rupestris 101 × 14	bonnes, greffes vigoureuses	bonne; vigoureux
Riparia du Colorado ε . .	bien portant, vigueur pas très égale	réguliers; bien portants
Rupestris × riparia 108[103]	bonne	bonne
Berland. × riparia 420 B .	bonne	bonne, régulière
Rip. (cordifolia × rupestris) 106[8]	bonne ; greffes cependant moins vigoureuses que d'autres	un peu irrégulière, bonne
Rupestris × hybride Azémar 215[2]	bonne	bonne
Aestivalis × riparia 199 × 16	bonne	bonne
Rupestris × cordifol. 107 × 11	bonne, vigoureux	bonne
Riparia grand glabre . . .	bonne	bonne
Riparia × rupestris 3309	bonne	bonne
Rupestris Martin	bonne	bonne

Variétés	Santé des pieds greffés en fendant vert	Santé des pieds-mères
(Cinerea × rupestris de Grasset)×riparia 239-6-20	bonne	un seul pied-mère conservé sur quatre; celui restant, en bonne santé
Cordifolia×riparia 125[1]	bien portant	des plus vigoureux
Aramon × rup. Ganzin Nº 1	bonne	bonne; vigoureux
Berlandieri×riparia 157 ×11	bonne	pas mauvaise, 2 manquants
Chasselas × Berlandieri 41 B	bonne	bonne
Rupestris à port de Taylor..............	bonne	bonne; vigoureux, un manquant
Riparia × rupestris 101 × 16..............	bonne	bonne
Berlandieri×riparia 420 C	un peu chétifs	un peu chétifs
Aramon×riparia 143 A.	pieds chétifs	sur 4 pieds, 1 moyen, 2 chétifs, 1 vigoureux à surveiller au point de vue phylloxérique
Mourvèdre × rupestris 1202	bonne	un peu irréguliers, bien portants
Taylor Narbonne.......	bonne	semble bien portant quoique peu vigoureux
Riparia gloire et riparia ordinaire en mélange.	bonne; moins vigoureux que riparia× rupestris, cordifolia×riparia et rupestris × hybride Azémar 215[2]	bonne

Variétés	Santé des pieds greffés en fendant vert	Santé des pieds-mères
1 lot 3309	bonne	bonne
Gamay Couderc 3103 ...	bonne	bonne
Aramon × rupestris Ganzin N° 2	bonne, moins vigoureux que sur Aramon × rup. N° 1	bonne
Riparia × rupestris 3306	bonne, un peu irrégulière	bonne, moins vigoureux que 101 × 14
Solonis	pas mauvaise, 2 remplaçants	bonne, ne semble pas souffrir du phyllox.
Solonis × riparia 1616..	bonne	le seul restant bon
Rupestris × riparia 108.	bonne	pas de pieds-mères
Riparia × rupestris 1015	bonne	idem
Solonis × riparia 1615 ..	bonne	plus vigoureux que 1616
Cabernet × Berlandieri 333	assez bonne	les 2 pieds de 333 sont en bonne santé

3 greffes de Noah sur 333 sont très vigoureuses, d'autres, en Fendant vert, le sont moins.

CHAMP D'EXPÉRIENCES N° III

Pépinière de Veyrier

Pieds de vigne plantés en greffes-boutures autour des terrains français de la pépinière, en mai 1910, commune d'Etrembières (Hte-Savoie) et taillés à la double Guyot, soit taille en cordons annuels, plus longue que la taille à la mode vaudoise.

Exposition en plaine à deux cents mètres environ du pied du Salève au nord-ouest du dit mont.

Etage géologique : quaternaire, alluvions de l'Arve, même formation que le champ d'expériences précédent.

Les variétés soulignées dans les tableaux concernant cette expérience, sont plantées dans un terrain n'ayant guère plus de 0 m. 30 à 0 m. 40 d'épaisseur de terre arable très mêlée de cailloux, le sous-sol est constitué par une couche très profonde de cailloux roulés mélangés à un peu de sable seulement et à du gravier. Un sous-sol de telle nature assèche rapidement la couche arable superficielle déjà pauvre et sèche par elle-même. Des rupestris du Lot qu'on y avait plantés ont dû être arrachés, car ils souffraient de la sécheresse [1].

Quant aux variétés non soulignées, elles sont plantées dans une terre semblable à celle du champ d'expériences N° II, soit en terrain meuble, frais ou assez sec suivant les circonstances atmosphériques, avec 50-60 centimètres de terre de bonne qualité. Nous avons trouvé, en 1903, les pour cents de calcaires suivants :

Sol N° 1	20 %		Sous-sol N° 1	9.5 %
» » 2	0,50 %		» » 2	0.5 %
» » 3	1 %		» » 3	1 %
» » 4	1 %		» » 4	1 %
» » 5	1.5 %		» » 5	1.5 %
» » 6	1.7 %		» » 6	3.8 %

[1] Voir page 9 de notre réunion de brochures 1904.

Chiffres exprimés en grammes par kilog de terre

ÉCHANTILLONS	Analyse mécanique de la terre entière °/oo		ANALYSE PHYSICO-CHIMIQUE de la terre fine < 1 m/m o/oo					ANALYSE CHIMIQUE de la terre sèche < 1 m/m o/oo			
	gravier sable < 1 m/m	terre fine < 1 m/m	Eau retenue	Matières orga-niques	Calcaire	Sable siliceux	Argile	Azote total	Acide phosphoriq. total	Potasse totale	Oxyde de man-ganèse
No 5. —Côté Baudet treille. Sol, terre graveleuse, pierreuse..	456	544	22.2	42.6	167.5	670	97.7	1.82	1.54	12.97	8.36
Sous-sol, gravier et sable pres-que pur..................	635	365	27.8	30.5	233.8	639	68.9	1.40	1.32	9.62	4.84
No 6. — Chemin des carrières de France. Sol, terre moyenne..	306	694	33.4	63.0	142.2	657	104.4	2.31	1.92	13.36	7.12
Sous-sol de 30-70 cent. terre moyenne.................	335	665	34.1	37.0	53.6	720	155.3	1.47	1.47	11.90	7.64
No 7. — Coté pièce Courtinel, sol terre moyenne..........	239	761	20.9	37.8	34.7	795	111.6	1.19	1.05	10.40	5.16
Sous-sol de 0,30—0,80 terre moyenne.................	213	787	26.4	27.6	7.7	785	153.3	1.05	1.41	9.03	5.92

Ci-dessous d'autres pourcentages trouvés par MM. Dusserre et Chavan, en décembre 1909 :

Lieux de prélèvement

Côté Baudet (France), treille
Echantillon N° 5 Sol 16.7 % Sous-sol 23,3

Chemin des Carrières
Echantillon N° 6 Sol 14.2 % Sous-sol 5.3 %

Côté pièce Courtinel
Echantillon N° 7 Sol 3.4 % Sous-sol 0.7 %

MM. Dusserre et Chavan ont bien voulu nous faire l'analyse complète des échantillons suivants prélevés dans ce terrain.

(Voir tableau p. 86).

Le rapport de M. Lagatu, professeur à Montpellier, dont il est parlé en note à l'occasion de l'expérience N° II, et qui figure *in-extenso* à l'appendice, se rapporte à un échantillon de terre prélevé dans une partie du terrain de l'expérience N° III qui nous occupe en ce moment, partie moins sèche que celle où sont placées les variétés soulignées dans les tableaux qui vont suivre.

Dans notre brochure précitée de 1904, page 34, nous avons déjà donné le résultat de pesées et d'observations de maturité faites au sujet de ces cordons en 1903.

Depuis 1903, nous avons, sauf en 1904 et 1905, continué à peser annuellement les récoltes et à faire des observations sur la maturité, ceci jusqu'en 1908 inclusivement. C'est par suite de manque de temps, que les pesées et les observations de maturité n'ont pas été faites en 1904 et 1905.

(Voir tableaux ci-contre, page 88 *bis*).

greffés de l'expérience N° III plantés en 1909

Les associations figurant en italiques sont plantées dans la partie la plus caillouteuse et par conséquent sèche du terrain (voir texte)

NOMS DES VARIÉTÉS	Poids moyens par pieds suivant es années					Poids total d'un cep pendant 7 ans	Poids moyen par an pendant 5 ans
	1903	1906	1907	1908	1909		
Greffons blancs							
Fendant vert sur riparia gloire.................	2.083	1.110	1.100	1.670	0.150	6.113	1.223
Muscadelle sur riparia........................	1.400	1.800	0.980	1.690	0.150	6.020	1.204
Folle Blanche (greffon des Charentes) *sur chasselas* × *Berlandieri 41 B*.....................	0.750	1.500	1.050	2.113	0.150	5.563	1.113
Plan du Rhin (sylvaner) *sur riparia grand glabre*....	1.230	0.900	0.635	2.030	0.150	4.945	0.989
Coutord [1] (greffon de la Gironde) sur riparia gloire..	1.250	0.800	1.111	1.334	0.150	4.645	0.929
Sauvignon (greffon du pays de Sauterne) sur riparia gloire...................................	1.100	2.600	0.120	0.540	0.150	4.510	0.902
Fendant roux sur riparia gloire.................	0.700	0.965	0.750	1.544	0.150	4.209	0.842
Fendant roux sur rupestris du Lot	1.780	0.465	0.820	0.780	0.150	3.995	0.799
Blanc Semillon (greffon du pays de Sauterne) sur riparia gloire	1.100	1.300	0.600	0.750	0.150	3.900	0.780
Chasselas de Fontainebleau sur Aramon × *rupestris Ganzin N° 1*	1.469	0.940	0.580	0.520	0.150	3.659	0.732
Fendant roux sur riparia gloire	0.903	0.600	0.450	1.541	0.150	3.644	0.729
Gringet (greffon des environs de Bonneville) *sur riparia* × *rupestris 101* × *14*	0.750	1. —	0.600	1. —	0.150	3.500	0.700 Le Gringet est moins producteur par lui-même que le fendant.
Blanchette sur riparia grand glabre...............	1.195	1.180	0.165	0.396	0.150	3.086	0.616
Fendant vert sur riparia gloire..................	1.200	0.665	0.391	0.634	0.150	3.040	0.608
Fendant vert sur rupestris Martin................	0.673	0.260	0.813	0.561	0.150	2.457	0.492
Rousselte haute (est un cépage de Frangy [Hte-Savoie] moins productif que le fendant) *sur Aramon* × *rupestris Ganzin N° 1*	0.600	0.600	0.130	0.600	0.150	2.080	0.416
Chasselas de Fontainebleau sur riparia gloire........	0.500	0.400	0.378	0.100	0.150	1.528	0.306
Chasselas de Pouilly [2] sur gamay Couderc..........	0.210	0.120	0.108	0.174	0.150	0.762	0.153
Greffons rouges							
Portugais bleu sur rupestris du Lot..............	2.125	1.365	1.100	1.320	0.150	6.060	1.212
Plant de Bordeaux sur riparia gloire	2.111	0.600	1. —	1.180	0.150	5.041	1.008
Gamay fréaux sur rupestris du Lot	1.500	0.800	0.200	0.950	0.150	3.600	0.720
Gamay de juillet sur rupestris du Lot..............	0.800	1.140	0.450	0.417	0.150	2.957	0.592
Gamay de Bouze sur rupestris du Lot..............	1.375	0.300	0.250	0.050	0.150	2.125	0.425

[1] M. Gagnaire ing. agr. à Thonon nous écrit que le contord, cépage blanc, assez tardif, lui a été envoyé de la Gironde par M. Gagnaire père : son vin serait acide, assez chargé en alcool, ressemblant au vin de la Folle Blanche ; cette dernière est employée à la production des eaux-de-vie, il ne serait pas étonné que ce cépage ne soit un hybride de Folle et de blanc Semillon obtenu par hasard par feu son père.

[2] Les chasselas de Pouilly employés à ce greffage étaient sans doute coulards, il y a plus faute de la part du greffons que du porte-greffe

(Suite du tableau de rendement, voir page 87 *bis*).

Greffons dont la récolte n'a pas été pesée cinq fois

(Pour ceux-ci nous n'avons pas fait intervenir la récolte de 0.150 kg. par pied pour 1909)

Greffons blancs ou roses	1903	1906	1907	1908	1909	Total	Nombre d'années	Récolte par pied en moyenne
Clairette rose franche de pied (sélection très productive)		1.500	0.250	2.280	pas pesé	4.030	3	1.344
Panse de Malaga franche de pied (sélection et cépage très productif)		1.165	0.916	1.325	»	3.406	3	1.135
Panse d'Alexandrie franche de pied		0.460	0.461	1.415	»	2.336	3	0.778
Blanc rosé très hâtif franc de pied		0.215	0. —	0.278	»	0.493	3	0.164
Greffons rouges								
Mondeuse sur riparia gloire			2.400		»	2.400	1	2.400
Mondeuse sur rupestris du Lot	1.272			disparu	»	1.272	1	1.272
Béquignol sur riparia gloire (cépage très productif de la Gironde)		2.300	0.210	1.200	»	3.710	3	1.236
Mondeuse sur riparia gloire		1. —	0.800	1.800	»	3.600	3	1.200
Camay fréaux sur rupestris du Lot		1.150			»	1.150	1	1.150
Gamay de Vaux sur riparia rupestris 101 × 14		0.910			»	0.910	1	0.910
Merlot sur riparia gloire (cépage de la Gironde)		1.490		0.370	»	1.860	3	0.620
Malbeck sur riparia gloire (cépage de la Gironde)		0.950	0 120	0.275	»	1.345	3	0.448
Plant de Lyon sur rupestris du Lot		0.300	0.420	0.530	»	1.250	3	0.417

Tableau concernant les observations de maturité des greffons de l'expérience N° III

Plantation faite en greffes boutures en 1900

NOMS DES VARIÉTÉS	1903	1906	1907	1908	1909	Total des points	Nombre d'années observées	Note de maturité moyenne pour 5 ans	Observations
Fendant vert sur riparia gloire.......	4	5	5	4	2	20	5	4.»»	
Fendant roux sur riparia gloire......	4	5	4	4	2	19	5	3.80	
Blanchette sur riparia g^d glabre......	4	4	5	4	2	19	5	3.80	
Fendant vert sur riparia gloire.......	4	4	4	4	2	18	5	3.60	
Chasselas de Fontainebleau s/ Aramon Rupestris Ganzin N° 1..............	4	2	5	5	2	18	5	3.60	{ Sauvignon cépage par lui-même plutôt moins hâtif que les fendants.
Sauvignon sur riparia gloire (cépage du pays de Sauterne)...........	4	4	4	4	2	18	5	3.60	
Gros Rhin (Sylvaner) s/*riparia g^d glabre*	4	4	4	4	2	18	5	3.60	
Chasselas de Pouilly s/ gamay Couderc	4	4	4	4	2	18	5	3.60	
Chasselas de Fontainebleau sur riparia gloire......................	4	2	5	5	2	18	5	3.60	
Blanc Semillon s/ rip. gloire (cépage du pays de Sauterne)...........	4	2	4	4	2	16	5	3.20	{ Cépage par lui-même moins hâtif que les fendants.
Fend. roux sur riparia gloire........	4	1	5	4	2	16	5	3.20	
Muscadelle sur riparia gloire (cépage du pays de Sauterne par lui-même moins hâtif que les fendants)..	4	2	4	4	2	16	5	3.20	
Roussette Haute sur Aramon ✕ rupestris Ganzin N° 1. (La Roussette et plutôt moins hâtive que les fendants)......................	3	2	4	3	2	14	5	2.80	
Fendant vert sur rupestris Martin....	4	0	4	4	2	14	5	2.80	
Coutord sur riparia gloire..........	3	0	2	4	2	11	5	2.20	
Folle blanche sur chasselas ✕ Berlandieri 41 B. (Greffon des Charentes, beaucoup plus tardif que les fendants)......................	2	0	2	1	Pas observé	5	4	1.3	
CÉPAGES ROUGES									
Gamay de juillet sur rupestris du Lot (cépage très précoce par lui-même)	4	4	5	5	2	20	5	4.»»	
Portugais bleu sur rupestris du Lot (cépage précoce).................	4	4	5	5	2	20	5	4.»»	
Plan de Bordeaux sur riparia gloire...	4	4	4	4	2	18	5	3.60	
Gamay fréaux sur rupestris du Lot ...	4	4	4	4	2	18	5	3.60	
Gamay de Bouze sur rupestris du Lot..	4	4	4	4	2	18	5	3.60	
Mondeuse sur riparia gloire (cépage tardif par lui-même)...........	4	2	4	4	2	16	5	3.20	
Mondeuse sur rupestris du Lot.......	3	4	2	3	2	14	5	2.80	

Tableau annexe concernant les observations de maturité de l'expérience N° III (Suite)

Ces observations s'étendent sur moins de 5 ans, (Il n'est pas tenu compte de l'année 1909)

NOMS DES VARIÉTÉS	1903	1906	1907	1908	Total des points	Nombre d'années d'observ.	Note de maturité moyenne par an	Observations
Cépages blancs ou roses								
Blanc rosé très hâtif franc de pied (cépage cependant plus tardif que nos fendants).	—	4	—	1	5	2	2.50	
Clairette rose franche de pied (cépage tardif).	—	0	0	1	1	3	0.33	
Panse d'Alexandrie franche de pied (cépage tardif)	—	0	0	0	0	3	0.—	
Cépages rouges								
Malbeck sur riparia gloire.	4	—	5	5	14	3	4.67	
Gamay fréaux sur rupestris du Lot	—	4	4	4	12	3	4.—	
Béquignol sur riparia gloire (cépage de la Gironde).	3	—	5	4	12	3	4.—	
Gamay de Vaux sur riparia × rup. 101 × 14.	—	4	—	—	4	1	4.—	
Frankenthal sur rupestris du Lot (greffon tardif par lui-même toutefois moins que la Panse d'Alexandrie).	—	2	1	2	5	3	1.67	
Merlot sur riparia gloire.	3	0	—	—	3	2	1.50	

L'expérience ayant été faite avec des greffons différents, elle n'est pas aussi rigoureusement comparative que d'autres, il s'en dégage cependant certaines données. Si nous ne faisons qu'examiner les résultats des plants dont la récolte a été pesée cinq fois, en ce qui concerne les plants blancs, si l'on compare ces derniers tableaux à ceux de l'expérience N° II (taille courte), une des premières choses à remarquer est que la moyenne de leurs poids est supérieure à celle obtenue dans le dit essai N° II. Cela tient à la taille longue.

On nous disait que la maturité laisserait à désirer sur les cordons annuels. En ce qui concerne les cépages de notre région, les *fendants* et la *blanchette* en particulier, le résultat est plutôt rassurant, *ils supportent parfaitement la taille longue (à condition de la manier sans exagération)*; certaines notes de maturité de ce tableau sont même légèrement supérieures à celles de l'expérience II. Le *riparia gloire* a plutôt hâté la maturité, l'*Aramon* × *rupestris Ganzin N° 1* ne l'a pas retardée en ce qui concerne le *chasselas de Fontainebleau* (note 3,60). Il y a un chiffre de maturité assez faible pour le *rupestris Martin*, alors qu'il est meilleur dans l'expérience N° II, menée à la taille courte. En ce qui concerne les poids, nous pouvons remarquer que soit le *riparia gloire*, soit même le *rupestris du Lot* se sont bien comportés, nous ne voulons pas insister sur ce fait, mais constatons une fois de plus que nous n'avions pas tort de trouver exagérés les bruits qui circulaient au sujet du gloire.

Une bonne partie du terrain étant bien plus sujette à la sécheresse que dans l'expérience N° II, nous sommes étonné de voir comment soit le *riparia gloire,* soit le *rupestris du Lot*[1] se sont bien comportés dans ce terrain, et quoique dans nos climats la sécheresse soit moins à craindre que dans le Midi, nous attribuerons dorénavant au *riparia gloire* une résistance un peu plus élevée à la sécheresse qu'auparavant[2].

En ce qui concerne les *cépages-greffons rouges,* ils ont bien fructifié, le *plant de Bordeaux* qui est plutôt un petit producteur, a donné de bons résultats *sur gloire.* Les *gamays de Vaux, fréaux* et même de *bouze* qui produisent par eux-mêmes moins que le chasselas, se sont bien comportés sur *rupestris du Lot.*

Les résultats prouvent, comparativement à ceux de l'expérience N° II, que ce dernier porte-greffe a besoin qu'on donne à ses greffons une taille longue.

Quant aux cépages qui n'ont pas été observés pendant 5 ans, bien que leur expérimentation ne soit pas longue, il se dégage à leur propos quelques faits intéressants soit au sujet des greffons, soit au sujet des porte-greffes.

Le *Malbeck*[3] (cultivé dans la Gironde) pourrait

[1] L'on sait que ce dernier ne résiste souvent pas à la sécheresse, sauf quand le terrain est profond.

[2] Un autre fait se dégage de ces tableaux, on avait et on a encore coutume de dire, aux environs de Genève, que des cépages de fendants provenant du canton de Vaud (Lavaux, Vevey, etc.), donnaient, une fois importés à Genève, de mauvais résultats, que les souches coulaient. Tous les fendants roux, les blanchettes et les cépages rouges de cette expérience ayant été importés, l'on voit que ce n'est là qu'un préjugé et certainement, si autrefois quelques sarments importés ont pu donner lieu à des déboires, c'est parce qu'ils avaient été prélevés sur des souches peu fructifères. Les dites boutures auraient donc donné de tout aussi mauvais résultats dans leur terroir.

[3] D'après M. J. Gagnaire (ingénieur-agricole et président de la Société d'agriculture de Thonon-les-Bains) lequel est originaire de la Gironde. « le Malbeck vinifié seul donne un excellent vin, plutôt léger « en corps et en couleur, il serait un peu mou, mais il est très agréa-

chez nous être essayé pour la cuve, mais serait surtout indiqué comme raisin de table. S'il n'a qu'un poids moyen (déjà respectable, du reste) de 0,448, il obtient une très bonne note de maturité : 4,67.

Le *Gamay fréaux* (teinturier) obtient la note de maturité 4 *(sur rupestris du Lot)*.

Le *béquignol* (dont nous avons également été satisfait à Corsier, près Vevey, Vaud)[1] devrait (quoique son vin ne soit pas peut-être de qualité supérieure)[2] être essayé chez nous pour la cuve en vue de la boisson du vigneron ou de coupages, il murirait plus tôt que la mondeuse; le dit Béquignol obtient la note de maturité 4, sa production moyenne est de 1,234 kg. par pied ; c'est un des plus gros producteurs que nous connaissions parmi les cépages pouvant mûrir chez nous. C'est M. J. Gagnaire, ing. agr. et agent agricole à Thonon-les-Bains, autrefois directeur de la pépinière de Veyrier, qui nous a le premier parlé de ce cépage. Une *mondeuse* sur *riparia gloire* donne une année 2 kg. 400 pour un pied; un autre pied de la même variété greffée sur gloire donne, pendant trois ans, *1 kg. 200*. Une

« ble à boire et très frais au palais ; comme terme de comparaison, ce « serait, quand il ne coule pas, l'aramon du Bordelais comme produc- « tion ». Des essais préalables seraient cependant, selon nous, toujours nécessaires. Le béquignol produit encore davantage, mais son vin ne vaut pas celui du malbeck.

[1] Satisfaits comme résultats culturaux, car nous ne l'avons pas encore vinifié à part.

[2] M. J. Gagnaire nous écrit, en date du 29 juin 1910 : « Le Béquignol ou Pruneley est un cépage à grosse production, « mais son vin ne vaut pas celui du Malbeck, il est plus dur et a un « goût acerbe. Ce cépage est cultivé avec le Malbeck dans les Paluds « de la Gironde où on l'associe au Cabernet, (ce dernier cépage se « trouve ça et là, d'après M. Peneveyre, chef des cultures de la station « viticole de Lausanne, dans le canton de Vaud), au Merlot et au « Verdot. Seul, c'est un vin de qualité inférieure, au point de vue « Bordelais bien entendu ».

mondeuse sur *rupestris du Lot* donne à la taille longue, pour une année, 1 kg. 272. La maturité de ce cépage-greffon n'est pas brillante, elle paraît être plus hâtive sur gloire que sur Lot ; la *mondeuse* est elle-même un gros producteur dont la culture devrait être limitée à de très bonnes expositions et faite en terrains pierreux et calcaires. Placée dans ces dernières conditions, ses produits, on le sait (à Montmélian [Savoie] et ailleurs), obtiennent une qualité remarquable.

Faisant suite à la même expérience, 5 lots de greffes ont été plantés en même temps et taillés aussi en double Guyot, mais ils se trouvent dans la partie nord de la pépinière, dans un terrain voisin d'un pré où il gèle fréquemment ; une partie du dit est presque un bas-fond, dans le sous-sol l'eau est stagnante ; le sol et sous-sol sont composés de glaciaire non remanié, une autre partie du dit terrain est composé d'un mélange de glaciaire et d'alluvions d'Arve ; la distance depuis le pied du Salève à ces 5 lots serait d'environ 300-350 mètres.

Nous avons fait faire dans ces terrains deux analyses, chiffres exprimés en grammes par 1 kg. de terre.

(Voir tableau ci-contre page 93*bis*).

Tout ce qu'on peut observer dans ce tableau, c'est qu'en 1906 l'Aramon × rupestris Ganzin N° 1 a bien fait fructifier la roussette haute (qui ne produit pas beaucoup par elle-même) et le fendant vert.

Le poids moyen du gringet sur solonis n'est pas mauvais si l'on songe que le gringet produit par lui-même moins que le fendant.

Ce petit tableau est plutôt en faveur de la taille longue.

No 8. Analyse faite par MM. Dusserre et Chavan	Analyse mécanique de la terre entière %/oo		Analyse physico-chimique de la terre fine < 1 mm. %/oo				
	Gravier et sable > 1 mm.	Terre fine < 1 mm.	Eau retenue	Matières organiques	Calcaire	Sable siliceux	Argile
Echantillon prélevé dans le glaciaire, côté Comte, nord de la pépinière	134 79	866 924	28.8 37.7	46.2 30.6	44.4 10.6	718 725	162.6 196.1

	Analyse chimique de la terre fine sèche. Echantillon No 8 < 1 mm. %/oo			
	Azote	Acide phosphorique	Potasse totale	Oxyde de manganèse
Sol..	0.91	1.40	12.26	6.88
Sous-sol	1.26	0.72	9.68	7.20

Analyse faite par M. Monnier, professeur de chimie à l'Ecole d'Horticulture de Châtelaine, près Genève

CHIFFRES EXPRIMÉS POUR MILLE
Echantillon prélevé dans le glaciaire mélangé aux alluvions d'Arve, côté Comte
No 9. Analyse mécanique

CHIFFRES EXPRIMÉS EN POUR CENT

Analyse physico-chimique		Analyse chimique	
SOL. — Éléments grossiers 270	Humidité.......... 1.5 %	Azote.............	0.15
Terre fine........ 730	Sable siliceux grossier 10.40 %	Acide phosphorique..	0.19
	Sable siliceux fin.... 52.1 %	Chaux.............	4.08
Pour.... 1000	Argile .... 27.5 %	Potasse............	0.123
	Calcaire.......... 7.30 %	Azote.............	0.098
	Humus............ 1.2 %	Acide phosphorique.	0.186
Echantillon 9. — Sous-sol.	Humidité.......... 2.80 %	Chaux	8.96
Éléments grossiers 230	Sable siliceux grossier 9.15 %	Potasse	0.101
Terre fine........ 770	Sable siliceux fin .... 50.55 %		
	Argile .... 20.51 %		
1000	Calcaire........... 15.99 %		
	Humus 1.00		

Tableau concernant les poids

	Plantation 1900			Total des poids pendant 3 ans par cep	Poids moyen produit par un cap pendant 3, 2 ou 1 an
	1906	1907	1908		
Roussette haute sur Aramon × rupestris Ganzin No 1...	1.300	0 gelé	0.375	1.675	0.558
Fendant vert sur Aramon × rupestris Ganzin No 1......	2	0 gelé	0.025	2.025	0.673
Se trouvent dans la partie où il { Gringet sur solonis	0.300	0.400	0.523	1.223	0.408
y a le plus d'eau en sous-sol { Fendant vert sur solonis	pas pesé	0.200	pas pesé	0.200	0.200
Roussette haute sur Aramon × rupestris Ganzin no 1...	pas pesé	0 gelé	0.434	0.434	0.434

Tableau concernant les observations de maturité

	1906	1907	1908	Total des points	divisé par	Note moyenne
Roussette haute sur Aramon × rupestris Ganzin No 1.........	0	pas observé	1	1	2	0.5
Fendant vert sur Aramon × rupestris Ganzin No 1	4	id.	1	5	2	2.5
Gringet sur solonis	2	2	1	5	3	1.67
Fendant vert sur solonis..................................	?	4	?	—	—	—
Roussette haute sur Aramon × rupestris Ganzin No 1	?	?	1	1	1	1

Nous n'avons pas trouvé de phylloxéra jusqu'à présent dans ce terrain.

Quant aux notes de maturité, que conclure de cordons exposés au gel à ce point ? Rien, ou à peu près, si ce n'est qu'en 1906 l'Aramon $\times$ rupestris Ganzin Nº 1 n'a pas retardé la maturité du fendant vert, note 4, et qu'en 1907 le solonis n'a pas non plus retardé celle du même greffon.

EXPÉRIENCE Nº IV

Collections de cépages greffés dont la majorité est taillée en double Guyot, plantés en 1901 pour la plupart. Les greffons sont en partie des cépages méridionaux, des hybrides-Bouschet teinturiers entre autres.

Situation géographique, exposition. Commune d'Etrembières (Hte-Savoie) pépinière de Veyrier ; exposition en plaine à 200 mètres au pied du Salève, au nord-ouest de la dite montagne.

Formation géologique. Alluvions d'Arve, quaternaire.

Nature agricole du sol, la même que dans les champs d'expériences précédents, mais moins sèche que dans III, un peu moins sèche même que dans II. En d'autres termes, meuble, plutôt peu caillouteuse, terre arable jusqu'à la profondeur d'environ soixante centimètres, au-dessous de laquelle se trouve un lit de graviers et de sable, le dit terrain est seulement assez frais[1].

[1] Les indications qu'ont bien voulu nous donner M. Dusserre, M. Lagatu, citées plus haut, pourraient être citées à nouveau, mais en tenant compte que le rapport de M. Lagatu concerne une terre de même nature que celle qui nous occupe en ce moment, mais beaucoup

MM. Dusserre et Chavan ont bien voulu nous analyser deux échantillons de ce terrain.

Chiffres exprimés en grammes par kilogr. de terre

Echantillon Nº 3	ANALYSE mécanique terre entière		Analyse physico-chimique de la terre fine < 1 mm.				
	Gravier sable >1 mm.	Terre fine <1 mm.	Eau retenue	Matières orga- niques	Calcaire	Sable siliceux	Argile
Sol......	212	788	26.6	34.3	9.7	789	140.4
Sous-sol .	274	726	32.6	30.3	2.9	826	108.2

Echantillon Nº 3	Analyse chimique de la terre fine < 1 mm. sèche			
	Azote total	Acide phosphorique total	Potasse totale	Oxyde de manganèse
Sol	1.33	1.46	8.17	4.10
Sous-sol .	0.98	1.22	5.75	1.12

Echantillon Nº 4	ANALYSE mécanique terre entière		Analyse physico-chimique de la terre fine < 1 mm				
	Gravier sable >1 mm.	Terre fine <1 mm.	Eau retenue	Matières orga- niques	Calcaire	Sable siliceux	Argile
Sol	267	733	24.1	37.0	26.9	814	98
Sous-sol .	337	663	27.9	11.7	7.8	835	117.6

Echantillon Nº 4	Analyse chimique de la terre fine < 1 mm. sèche			
	Azote total	Acide phosphorique total	Potasse totale	Oxyde de manganèse
Sol......	1.82	1.56	9.6	2.88
Sous-sol .	1.61	1.31	8.94	3.08

Les pourcentages calcimétriques trouvés sont donc 0,97 %, 0,29 %, 2,69 %, 0,78 %. Les poids récoltés et les notes de maturité ont été les suivants :

plus caillouteuse et plus sèche. Toutefois, la partie arable de cette terre est toujours la même dans ces expériences II. III et IV, ce n'est, somme toute, que la proportion de cailloux qui y varie. Ceux que la question intéresse de plus près peuvent donc consulter les indications de M. Dusserre qui sont en note sous les généralités concernant les champs d'expériences de la pépinière de Veyrier. Ils peuvent prendre connaissance aussi des notes des champs d'expériences II et III et du rapport Lagatu I cité in-extenso à la fin de cet ouvrage.

Tableau concernant le rendement des cépages de l'expérience N° IV

VARIÉTÉS	Nombre de pieds	Année de plantation	ANNÉES						Poids moyen d'un cep pendant 6 ans
			1904	1905	1906	1907	1908	1909	
Alicante Bouschet sur riparia gloire.........	48	1901	1.650	0.730	1.090	0.870	1.372	0.150	0.977
Picquepoul Bouschet sur riparia × rupestris 101 × 14..........................	17	»	1.650	0.610	0.645	0.764	1.471	0.150	0.882
Petit Bouschet sur riparia × rupestris 3309 ..	36	»	0.092	1.170	1 085	0.472	0.884	0.150	0.642
Mourrastel Bouschet sur riparia×rupestris 3309	18	»	0.666	0.630	0.735	0.789	0.842	0.150	0.635
Gros noir sur riparia × rupestris 3309.......	14	»	0.360	0.570	0.715	1.070	0.721	0.150	0.614
Pinot fin noirien sur mourvèdre × rupestris 1202	12	»	0.775	0.100	mangé par les guêpes	0.462	1.038	0.150	0.505 pendant 5 ans
Alicante Bouschet sur Aramon × rupestris Ganzin n° 2	8	»	0.163	0.430	0.425	0.425	1.—	0.150	0.432
Gamay de Vaux sur rupestris du Lot.........	18	»	—	0.665	0.220	0.333	0.786	0.150	0.431 id.
Cabernet sauvignon sur Berlandieri × riparia 420 A	27	»	0.232	0.525	0.518	0.518	0.533	0.150	0.443
Schwarzmüllertraube (plant meunier) non greffé et non sulfaté	6	»	0.620	0.165	0.165	0.500	0.600	0.150	0.367
Petit verdot sur riparia gloire	18	»	0.062	0.335	0.500	0.472	0.631	0.150	0.358
Bodenseetraube (pinot noir) non greffé, non sulfaté	3	»	0.200	?	0.165	0.033	0.200	0.150	0.150 id.

Tableau concernant les observations de maturité de l'expérience N° IV
(Tous les cépages sont rouges)

	1904	1905	1906	1907	1908	1909	Note de maturité moyenne
Pinot fin noirien sur mourvèdre × rupestris 1202	5	5	5	?	4	0	3.80
Schwarzmüllertraube non greffé (plant meunier)	5	4	4	4	5	0	3.67
Cabernet Sauvignon sur Berlandieri × riparia 420 A	4	4	4	4	4	0	3.34
Gamay de Vaux sur rupestris du Lot		4	4	4	4	0	3.20
Gros noir sur riparia × rupestris 3309	4	4	3	4	4	0	3.17
Petit Bouschet sur riparia × rupestris 3309	5	4	2	4	4	0	3.17
Petit verdot sur riparia gloire	4	4	3	4	2	0	2.84
Mourrastel Bouschet sur riparia × rupestris 3309	4	4	3	2	4	0	2.84
Picquepoul Bouschet sur riparia × rupestris 101 × 14 . . .	4	4	3	2	4	0	2.84
Alicante Bouschet sur riparia gloire	4	4	3	2	4	0	2.84
Alicante Bouschet sur Aramon × rupestris Ganzin N° 2 . . .	4	1	3	2	2	0	2.—

Vu la tardivité de la plupart de ces cépages, celui qui a observé la maturité en 1909 a donné la note générale (fictive) de zéro à tous les greffons.

Quoiqu'il s'agisse de greffons différents, produisant par eux-mêmes plus ou moins, nous remarquons, au point de vue des porte-greffes, ce qui suit : le *riparia gloire* obtient le N° 1 comme pesées avec l'Alicante Bouschet, tandis que l'Alicante Bouschet est classé 6me avec l'*Aramon × rupestris N° 2*. Le même *riparia* obtient le N° 10 avec le *petit verdot*, mais celui-ci produit par lui-même moins que l'Alicante Bouschet.

Le *riparia × rupestris* 101 × 14 obtient le N° 2 avec le picquepoul Bouschet.

Le *Berlandieri × riparia* 420 A a trouvé moyen de faire bien fructifier et mûrir dans une mauvaise exposition une variété, le *cabernet* produisant intrinsèquement peu et mûrissant après le chasselas [1].

Le *Mourvèdre × rupestris* 1202 qui souvent est accusé de donner plus de bois que de fruits a fait produire beaucoup au pinot qui par lui-même produit peu.

Quant au *riparia × rupestris 3309* s'il n'est pas en tête des poids, il n'a pas mal poussé du tout à mûrir des espèces méridionales telles que *le petit Bouschet*, le *gros noir* et le *mourrastel Bouschet*.

Les deux cépages non greffés *Bodenseetraube* (*pinot noir*) et *schwarzmüllertraube* (*plant meunier*) ont les N°s 11 et 12. Ce sont par eux-mêmes de petits producteurs.

En ce qui concerne les cépages-greffons, l'*Alicante*

---

[1] Nous voyons que s'il nous est revenu (nous ne l'avons point constaté et tous ne sont pas encore d'accord sur ce point) que le 420 A n'aurait pas peut-être donné tous les bons résultats qu'il promettait, cela n'est pas le cas partout, dans cette expérience N° IV il donne satisfaction. (Voir nos remarques à ce sujet, plus haut, pages 38-39).

Bouschet, cépage teinturier, serait tentant par sa grosse production mais ne mûrit pas assez dans notre région. Cependant, nous aurions cru que, dans une si mauvaise exposition, sa maturité serait encore plus mauvaise. Il y a lieu de tenir compte aussi du fait que la note fictive de maturité pour 1909 est de *0*, ce qui est exagéré. Ce greffon est employé dans le Languedoc. Il ne pourrait être essayé que dans des expositions très bonnes ou exceptionnelles pour vin de coupage (Valais, Hte-Savoie, etc.).

Le *gros noir* est un cépage cultivé dans le Languedoc, il n'a pas mal mûri. Nous pensons qu'il ne mûrirait pas plus mal que la mondeuse, moins mal même, le 3309 a sans doute hâté plutôt sa maturité. Il n'est du reste pas classé par les ampélographes dans les greffons tardifs. Sa production n'a rien toutefois d'extraordinaire, surtout comparée à celle du *béquignol* et de la *mondeuse*, et ce n'est pas un fait encourageant pour continuer des essais avec ce cépage.

Le *picquepoul* $\times$ *Bouschet*, cépage à jus rouge, du Midi, serait tentant par sa production; il pourrait être essayé comme teinturier ou vin de coupage, dans de très bonnes expositions, mais en observant la plus grande prudence. Au sujet de sa note de maturité, 2,84, nous pouvons répéter ce que nous disons plus haut, de l'Alicante Bouschet.

Mourrastel Bouschet, nous pouvons dire de lui ce que nous avons dit du gros noir, sa maturité, tout en étant, malgré la mauvaise exposition et la note 0 en 1909, plus que passable, ne suffit pas pour qu'on soit tenté de l'employer dans nos très chaudes expositions. Ces deux cépages, gros noir et mourrastel Bouschet (ce dernier teinturier) ne don-

nent pas un poids suffisant pour passer sur l'inconvénient d'une maturité pouvant laisser à désirer.
Toutefois, en Valais, le mourrastel Bouschet pourrait
parfois peut-être jouer un rôle de teinturier avec
d'autres hybrides Bouschet.

Dans les mêmes terrains, nous avons planté un
certain nombre de greffes-boutures et greffé diverses
variétés sur des racinés, toutes ces plantations sont
beaucoup plus jeunes, de plus, certains pieds n'ont
pas encore produit.

En outre, le nombre des pieds qui s'élève de 5 à
30 et 40 ou plus dans les expériences précédentes,
n'est souvent que d'un pied dans ces nouvelles
plantations ; il s'agit plutôt de collections.

Beaucoup de ces variétés sont tardives, cela n'est
donc pas étonnant que les notes de maturité laissent
considérablement à désirer pour beaucoup d'entre
elles.

La taille adoptée est, pour la plupart de ces
pieds, la double Guyot.

(Voir tableau ci-contre pages 97, 101, 102, 103).

Quand même il ne s'agit pas là de comparaison,
qu'en regard de plusieurs cépages il n'y a point de
notes, parce qu'ils sont jeunes ou n'ont produit
que des grappillons et que d'autres ont eu leurs
produits mangés par les guêpes et les oiseaux, vu
leur proximité avec les hybrides Bouschet plus
tardifs, nous avons tout de même reproduit cette
liste parce qu'il y a un ou deux faits à relever.
Nous ne condamnons pas pour cela les cépages qui
n'ont point d'observations inscrites et tâcherons
d'arriver une autre année à les peser plus tôt.

Un pied de *chasselas doré à gros grains* (dont la
synonymie reste à établir par nous, probablement

Relevé de poids et notes de maturité concernant des cépages divers

VARIÉTÉS	Année de plantation	Maturité	Poids par cep	Maturité	Poids par cep	Maturité	Poids par cep	Maturité	Poids par cep	Note moyenne de maturité	Poids moyen par cep
Chasselas Cioutat sur riparia gloire..... 1 pied	1903										
Chasselas mamelon sur riparia gloire... »	1903										
Chasselas doré à gros grains s/ rip. gloire »	1903	4	0.500	Mangé par les oiseaux etc.		4	1.200	5	0.200	4	0.700
Chasselas de Jérusalem sur riparia gloire »	1903							4	0.100		
Chasselas Boulet sur riparia gloire..... » (Chasselas gros coulard)	1903							4	0.200		
Chasselas Jalabert sur riparia gloire.... » (Syn. Chasselas doré)	1903							2	0.600		
Chasselas musqué vrai sur riparia gloire »	1903										
Chasselas Duhamel sur riparia gloire... »	1903										
Secretary sur riparia gloire (raisin de 8 pieds table, rouge) producteur direct)...	1903			4	0.875			4	0.687	4	0.784
Duchesse non greffée (blanc producteur 10 pieds direct)...............	1903			4	0.400			4	0.630	4	0.515
Seybel N° 2 franc de pied (producteur 8 pieds direct rouge...................	1904							4	0.925		
Othello franc de pied (producteur direct 5 pieds rouge....................	1904							4	0.170		
Othello franc de pied................. 3 pieds	1904							3	0.183		
Muscat Lierval franc de pied........ 2 pieds											
Triumph blanc franc de pied......... »											
Delaware rose non greffé.......... 4 pieds											
Noah (blanc) non greffé............. »											
Canada noir non greffé............. »											
Cornucopia..................... »											
Missouri riesling.................. »											
Croton............................ 8 pieds											
		1905		1906		1907		1908		Moyennes	

Les variétés qui suivent ont fortement souffert de l'acariose en 1906, 1907, 1908

	Nombre de pieds	Années de plantation	Année 1908	
			Note de maturité	Poids moyen par cep
Fendant vert sur 34 E M (Berlandieri × riparia).	8	1904	4	0.375
Fendant vert sur Berlandieri × riparia 420 A....	8	1904	4	0.113
Fendant vert sur Berlaudieri × riparia 420 B....	8	1904	4	0.167
Fendant vert sur Berlandieri × riparia 420 C....	9	1904	4	0.012
Fendant vert sur Berlandieri × riparia 157 × 11	8			
Petit Rhin sur riparia × rupestris 3309............	9	1904	0	0.111
Aligoté sur mourvèdre rupestris 1202..............	4	1904	0	0.125
Durif sur gamay Couderc......»..................	8	1904	4	0.125
Ourioux sur riparia gloire (plant de la Maurienne)....	8	1904	0	0.088
Molette sur riparia gloire (plant de la Hᵗᵉ-Savoie).....	8	1904	0	0.188
Hyvernay sur gamay Couderc....................	8	1904	4	0.125
Gouche sur riparia gloire......................	8	1904		
Barzin sur mourvèdre rupestris 1202..............	8	1904		
Lacryma Christi (chasselat violet) franc de pied......	2	1904		
Douce noire sur rupestris du Lot	9	1904	Rien récolté	
Douce noire sur riparia gloire	4	1904		
Gros Meslier sur riparia gloire....................	17	1904		

(Colonne de gauche : Taillé en gobelet — Taillé en guyot)

Les cépages qui suivent proviennent d'un envoi qu'a bien voulu nous expédier M. le Dr O. Mattirolo, Prof. de botanique à l'Université de Turin

	Nombre de pieds	Année de plantation	Année 1908	
			Maturité	Poids par cep.
Raisin dorés de Stockwood sur riparia gloire........	1	1906	1	0.250
Child of Hull sur riparia gloire....................	1	1906	1	0.900
Impérial sur riparia gloire........................	1	1906	—	—
Chichaud sur riparia gloire........................	1	1906	0	0.300
Belino sur riparia gloire..........................	1	1906	pas mûr	0.300
Gionaleto nero sur riparia gloire..................	1	1906	0	1.200
Bonarda sur riparia gloire........................	1	1906	—	—
Dodrelabi sur riparia gloire......................	1	1906	—	—
Citronella sur riparia gloire......................	1	1906	—	—
Fintendo sur riparia gloire........................	1	1906	4	0.800
Alphonse Lavade sur riparia gloire................	1	1906	0	0.400
Blanc d'Ambre sur riparia gloire..................	1	1906	1	0.200
Falanchino sur riparia gloire......................	1	1906	—	—
Frederichton sur riparia gloire	1	1906	—	—
Cony sur riparia gloire............................	1	1906	—	—
Duk of Malakoff sur riparia gloire................	1	1906	0	0.700
Baud sur riparia gloire............................	1	1906	4	0.600

chasselas *gros coulard?*) a produit en 1907, à lui seul, 1 kg. 200, note de maturité 4 = bien ; il est greffé sur gloire.

Les pieds de *Secretary* (producteur direct) greffés sur *riparia* ont produit 0 k. 875 par pied en 1907 et 0 kg. 687 en 1908, notes de maturité 4 (reste à observer encore au point de vue résistance aux maladies et goût du raisin).

Les 10 pieds de Duchesse (producteur direct blanc), un producteur direct que l'on peut recommander, cité et conseillé à l'essai par M. Jean Dufour, ont produit 0 kg. 400 par pied (francs de pieds) en 1907 et 0.630 en 1908. Notes de maturité 4, pendant les deux ans d'observation.

Les 8 pieds de *Seybel N° 2*, producteur direct rouge, ont produit en 1908 (planté en 1904) 0 kg. 925 par pied (franc de pied). Note en maturité 4 (les raisins ont un goût non foxé).

Si les *fendants* sur *Berlandieri* $\times$ *riparia* et les variétés qui suivent jusqu'au *meslier* ont si peu donné, c'est qu'ils ont souffert fortement de l'acariose.

Dans les cépages expédiés par M. le professeur Mattirolo (au sujet de ceux-ci nous les avons étiquetés tels qu'ils l'étaient dans l'envoi et il y aura lieu d'étudier la synonymie qu'ils pourraient avoir) nous relevons qu'un pied de *Child of Hull*, cépage blanc, a donné à sa deuxième feuille 0 kg. 900, maturité très tardive[1].

[1] Variété probablement originaire d'Angleterre (serres) reçue en provenance de Versailles par M. Salomon, il y a environ 35 à 40 ans.

Lorsque cette variété est plantée franche de pied. les pédicelles et la rafle de sa grappe se dessèchent même avant la maturation de son raisin. Il peut être remédié à cet inconvénient par le greffage sur une variété robuste. Cépage très tardif, quatrième époque, grappe très

Un pied de *Gionaleto noro*, cépage rouge sur *riparia gloire*, maturité mauvaise, a produit 1 kg. 200.

Le *Fintendo* (qui pourrait être utilisé chez nous comme raisin de table rouge) a obtenu sur *riparia gloire* la note de maturité 4 et produit à sa deuxième feuille 0 kg. 400.

Un pied de *Duke of Malakoff*, cépage blanc, sur gloire a produit 0 kg. 700 à sa deuxième feuille, note de maturité mauvaise.

Un pied de *Baud* (cépage rouge) sur *riparia gloire* donne 0 kg. 500 au même âge, note de maturité 4 = bien.

Nous ne connaissons pas la plupart de ces greffons, mais nous constatons que ce sont là des poids plutôt forts en faveur du *riparia* pour une deuxième feuille.

EXPÉRIENCE No V

Située sur Suisse. Pépinière de Veyrier

Il s'agit là de ceps dont les uns ont été greffés sur place et d'autres plantés en greffes-boutures racinées. Ils ont été plantés pendant une période allant de 1900 à 1904. Il ne s'agit donc pas de résultats comparatifs, mais simplement d'une indi-

belle. Nous avons extrait ces renseignements de l'ampélographie Viala et Vermorel, 1903, Masson et Cie, Paris, éditeurs, boulev. St-Germain.

Sa tardivité ne le rendrait intéressant sur les bords du Léman que dans des serres mais, dans les vignobles méridionaux où l'on conserve le raisin sur souche (tels St-Jeannet) il pourrait être essayé. D'après Viala et Vermorel, il résisterait à la pourriture.

cation permettant de savoir si tel porte-greffe peut convenir à ce sol et à notre climat, si tel greffon est ou non dans ce cas, si telle association de greffon et de porte-greffe se comporte bien.

Nature agricole de la terre : Meuble, mais légèrement plus forte que dans les précédentes expériences ; type de terre à riparia, assez caillouteuse par places et semblable à la terre de l'expérience N° III, contenant cependant suffisamment de bonne terre, un peu plus argileuse aussi par places que dans les expériences précédentes, ce qui provient du fait qu'une partie de ce terrain commence déjà à être un mélange entre les alluvions de l'Arve des expériences II, III et IV et du glaciaire tel qu'il y en a dans la partie nord-ouest (terre très forte) de la pépinière.

M. Monnier, professeur de chimie à Châtelaine, a bien voulu nous faire six analyses de sols et six de sous-sols de ce terrain dont les résultats se trouvent dans le tableau ci-après.

(Voir tableau ci-contre page 16 *bis*).

Nous remarquons dans cette expérience qu'aucun des porte-greffes employés ne s'est mal comporté, au contraire. Ce sont le *riparia*, le *rupestris du Lot*, le *riparia* × *rupestris 101* × *14* et l'*Aramon rupestris Ganzin N° 1*, il en a été de même du *solonis*.

Encore une fois, nous faisons remarquer que dans ces terres mi-caillouteuses mais pas trop sèches, assez profondes et meubles, le rupestris du Lot est un fort bon porte-greffe *à condition qu'il soit taillé long*.

Au point de vue maturité nous notons comme ayant fort bien mûri les cépages greffons suivants, encore peu connus chez nous : le *malbeck*, le *gamay*

EXPÉRIENCE N° V

ECHANTILLONS	Analyse mécanique		Analyse physico-chimique de la terre fine < 1 mm.					Analyse chimique de la terre sèche < 1 mm.				
	Éléments grossiers > 1 m/m. ‰	Terre fine < 1 m/m. ‰	Eau retenue %	Matière organique %	Calcaire %	Sable silicieux %	Argile %	Azote total %	Acide phosph. %	Potasse %	CHAUX %	Manganèse %
N° 10												
Côté sud, mur des treilles, sol	220	780	2.45	1.65	17.85	gros 22.65 fin 30.95	24.45	0.154	0.16	0.19	10.00	0.035
Sous-sol terre rouge sablonneuse..................	270	730	2.90	1.05	2.38	gros 18. fin 49.75	25.92	0.14	0.146	0.102	1.45	0.036
N° 11												
Côté nord mur, sol	155	845	2.8	1.8	8.15	gros 14.25 fin 49.1	23.9	0.203	0.309	0.122	4.57	0.058
Sous-sol graveleux, pierreux	575	425	2.5	1.5	2.5	gros 19.7 fin 51.1	22.7	0.21	0.153	0.115	1.4	?
N° 12												
Treillage devant le bureau, sol sablonneux	235	765	1.54	1.1	20.06	gros 10.6 fin 44.7	22.—	0.098	0.148	0.106	11.24	0.484
Sous-sol jusqu'à 0,65 terre moyenne rouge un peu sabl.	330	670	1.8	1.15	4.42	gros 12.4 fin 31.8	28.43	0.105	0.143	0.073	2.42	0.043
N° 13 Suisse												
A l'est des bâtiments, sol terre légère sablonneuse...	285	715	2.—	1.2	23.37	gros 10.5 fin 45.05	18.33	0.175	0,146	0.121	13.104	0.038
Sous-sol terre sablonneuse, graveleuse à 0,60........	355	645	2.5	1.05	20.09	gros 10.7 fin 48.2	17.46	0.112	0.108	0.101	11.25	0.045
N° 14												
Sol	400	600	2.55	1.15	5.85	gros 17.5 fin 50.—	22.95	0.12	0.153	0.126	3.3	0.0302
Sous-sol................................	485	515	2.5	1.1	15.9	gros 14.6 fin 45.5	20.4	0.09	0.124	0.093	8.71	0.0192
N° 15												
Sol	375	625	2.3	1.4	10.02	gros 13.5 fin 45.	27.78	0.12	0.096	0.107	5.6	0.061
Sous-sol....	605	395	2.1	1.3	11.07	gros 16.5 fin 45.—	24.03	0.08	0.105	0.130	6.16	—

(Ces analyses ont été faites en 1909).

Dans l'expérience N° V il a été relevé le tableau suivant concernant les poids

VARIÉTÉS	Couleur du cépage	Genre de taille	1906	1907	1908	Poids moyen par pied
Gamay de Bouze sur rupestris du Lot.................	rouge teinturier	Cordon Guyot double	—	1. —	—	1. —
Portugais bleu sur rupestris du Lot....................	rouge	id.	0.665	0.930	1.040	0.845
Mondeuse sur rupestris du Lot.......................	rouge	id.	0.920	0.600	1.014	0.845
Frankenthal sur riparia gloire	rouge	id.	?	0.800	0.800	0.800
Mondeuse sur riparia × rupestris 101 × 14	rouge	id.	—	0.360	1.119	0.739
Clairette rose sur Aramon × rupestris Ganzin N° 1.......	rose	id.	—	0.666	—	0.666
Cinsaut sur Aramon × rupestris Ganzin N° 1 (raisin de table de l'Hérault).................................	rouge	id.	—	—	0.650	0.650
Frankenthal sur Solonis............................	rouge	id.	—	—	0.400	0.400
Pinot fin noirien sur riparia × rupestris 101 × 14	rouge	id.	0.500	0.075	0.475	0.350
Malbeck sur Aramon × rupestris Ganzin N° 1...........	rouge	id.	0.647	0.176	0.103	0.308
Gamay de juillet sur rupestris du Lot.................	rouge	id.	0.460	0.235	0.036	0.244

En ce qui concerne la maturité nous avions relevé les notes suivantes pour les mêmes variétés
(Expérience N° V)

VARIÉTÉS	1906	1907	1908	Moyenne
Gamay de Bouze sur rupestris du Lot..................................	—	5	—	5
Malbeck sur Aramon ✕ rupestris Ganzin N° 1..........................	5	5	5	5
Portugais bleu sur rupestris du Lot..................................	4	5	5	4.67
Pinot fin noirien sur riparia ✕ rupestris 101 ✕ 14...................	4	5	5	4.67
Gamay de juillet sur rupestris du Lot...............................	4	5	5	4.67
Mondeuse sur rupestris du Lot.......................................	4	—	—	4
Mondeuse sur riparia ✕ rupestris 101 ✕ 14..........................	—	0	4	2
Frankenthal sur riparia gloire.......................................	—	0	0	0
Frankenthal sur Solonis...	—	0	0	0
Clairette rose sur Aramon ✕ rupestris Ganzin N° 1 (sélection très productive).	—	0	0	0
Cinsaut sur Aramon ✕ rupestris Ganzin N° 1 (raisin de table de l'Hérault)....	—	0	0	0

de juillet qui est un Gamay très précoce, mûrissant
déjà trois semaines avant le fendant; le *Portugais
bleu*. Le *pinot fin noirien*, une vieille et bonne connaissance, a fort bien mûri, ce qui n'a rien d'étonnant.

Pour la cuve et pour la table, le *malbeck*, nous
l'avons dit précédemment, serait intéressant à
essayer chez nous. Le *gamay de juillet* pourrait
jouer un certain rôle comme raisin de table précoce, quoique nous estimions qu'il y a mieux que
cela, car nous l'avons toujours trouvé un peu âpre,
en outre, ses grappes sont petites et trop serrées,
toutefois sa précocité vraiment extraordinaire le
rend intéressant.

Nous avons goûté, en Beaujolais, un vin fait avec
du *gamay de juillet*, nous ne l'avons pas trouvé
mauvais, quoiqu'il y ait mieux que cela, ajoutons
qu'il ne suffit du reste pas de goûter du vin
récolté dans une seule exposition et d'une seule
année pour être fixé.

Le *Portugais bleu* est un bon raisin de table, nous
croyons et nous avons aussi entendu dire qu'il ne
serait pas fameux à vinifier. Comme il paraît produire beaucoup, il pourrait peut-être être employé
comme vin de coupage ordinaire.

La *mondeuse* est trop connue pour que nous en
parlions ici. Aux environs de Veyrier, sur les
coteaux *calcaires* [1], de l'Arve (Arthaz, Château
d'Etrembières) de Crache (près St-Julien) elle y
donne de forts bons produits. Mais dans les expositions qui ne sont pas de première qualité, elle est

---

[1] La nature *calcaire* du terrain semble une condition essentielle
pour la qualité de ce cépage.

excellente dans les années très chaudes et bien âpre les années froides. Les notes obtenues par la mondeuse et consignées dans le tableau, deux fois *4* (bon) et une autre fois *0*, confirment ce que nous venons de dire.

Le *gamay de Bouze* (un teinturier printanier) obtient aussi une très bonne note, nous en avons en effet, toujours été satisfait ainsi que du *gamay fréaux* (teinturier) et du *gamay de Vaux* (non teinturier).

Le *Frankenthal* (raisin de table plutôt tardif), la *clairette rose* (très tardif, table et cuve) et le *cinsaut* (assez tardif, table et cuve) ont obtenu de mauvaises notes de maturité, nulles même. Cela n'est pas étonnant vu l'époque à laquelle mûrissent ces raisins, or, notre climat ne leur convient pas, mais nos champs d'expériences sont situés en plaine. Le *cinsaut* a été proposé comme raisin de table, à Genève, dans les bonnes expositions, cette expérience n'est guère encourageante.

Essais de raisins de table

Nous possédons également, dans ce terrain, *un mur de raisins de table* planté en 1900 en greffes boutures sur *riparia*. Etant donné que chaque année nous faisons en plusieurs fois la cueillette du raisin, il a été impossible de peser. Le dit mur est situé sur les terrains de l'expérience N° V. Ces greffes ne nous ont rien laissé à désirer au point de vue fructification, aoûtement et vigueur, pourtant la charpente atteint 2 m. 50 à 3 m. et garnit de feuillage tout le mur; les pieds sont à 1 m. les uns des autres, plantés comme des ceps en pleine vigne, sans avoir été couchés.

La dite treille est menée en cordons verticaux, et si nous avons un reproche à faire à ces pieds, c'est que toute la végétation se porte au sommet du mur; nous aurions mieux fait d'employer des cordons horizontaux ainsi que nous l'a fait observer un vieux praticien de Lavaux, M. Mercanton de Cully. *Dans ce cas-là, le riparia gloire, malgré sa fameuse différence de diamètre au bourrelet et sa prétendue faiblesse, n'a été que trop vigoureux.*

Ce n'est pas pour dire que nous ne conseillerions pas, pour établir des treilles en raisins de table, des greffes sur un hybride — entre autres les Berlandieri × riparia qui ne s'emballent pas en bois et égalisent plutôt la maturité, jouant beaucoup ces derniers temps, dit-on, le rôle de porte-greffe améliorant[1]. Nous estimons beaucoup les Berlandieri × riparia. Mais au fond, *tous les bons porte-greffes peuvent former une treille,* cela dépend du terrain qui est en dessous et il y a lieu aussi de savoir si l'on veut hâter ou retarder la maturité. Par exemple, dans des contrées où l'on désire garder très tard le raisin sur souches (St-Jeannet, Alpes-Maritimes), on a plutôt intérêt à retarder la maturité.

Des greffons de raisins de table employés contre ce mur, la plupart sur le conseil de MM. Salomon et fils, viticulteurs à Thomery (Seine-et-Marne), spé-

[1] Je ne connais cependant pas de résultats d'analyses de moûts provenant de greffons sur hybrides de Berlandieri.
Nous réservons donc encore notre opinion au sujet de ce rôle améliorant; à notre avis, cela n'est pas tout à fait prouvé encore.

cialistes en raisins de table, les meilleurs, d'après M. Baltzinger, ont été les suivants :

Blanc, 1re époque : Frühmuscat Oberlin, précoce (belle production)[1].

» Précoce de Malingre (raisin très doux).

» Lignan blanc (très doux).

» Chasselas de Fontainebleau, chasselas blanc royal, chasselas de Courtiller, chasselas musqué.

» *2me époque :* Muscat de Saumur.

Rouges, 1re époque : Gamay de juillet (très précoce[2], un peu âpre, petite production).

» Portugais bleu, précoce, mais moins que gamay de juillet, belle production.

» Malbeck (bon comme raisin de table).

» *2me époque :* Noir de Pressac (un peu tardif).

Cépages roses, 1 époque : Chasselas rose royal, chasselas rose de Falloux, chasselas rose du Pô.

Nous nous sommes souvent demandé s'il n'y aurait pas lieu d'essayer contre nos murs de vignes, comme accessoire, la culture des raisins de table, vu la difficulté toujours croissante d'obtenir une rémunération suffisante avec notre vin[3].

Un des raisins les meilleurs, si ce n'est le meilleur pour la table est le chasselas de Fontainebleau, or notre Fendant roux en est très voisin[4].

---

[1] Proposé par MM. Baltzinger.

[2] Proposé par MM. Charmont et fils, pépiniéristes-viticulteurs à St-Clément-lès-Mâcon.

[3] Il ne faut pas se faire d'illusions non plus, ce n'est guère (au point de vue vaudois, du moins) qu'en conservant le raisin et en le vendant vers le Nouvel-An au plus tard qu'on arriverait à rentrer dans ses frais car au moment de la vendange et même en septembre on ne pourrait pas facilement lutter contre les raisins arrivant des pays méridionaux et du Valais. Pendant le courant de l'hiver même nous avons pu nous apercevoir qu'il était difficile de concurrencer les raisins arrivant très tard d'Espagne.

[4] Voir ce qu'il est dit de ce cépage dans l'Essai d'ampélographie vaudoise de I. Anken et J. Burnat.

Nous avons souvent vu atteindre chez nous-même, en *petites quantités*, il est vrai, et après le Nouvel-An, des prix de 3, 4.50 et 7 fr. le kilo par des chasselas de Fontainebleau, mais seulement lorsque la rafle était fraîche et en tout cas que le grain n'était pas ridé[1].

Hâtons-nous de dire que ces prix-là ne s'atteignent que pour de *très petites quantités* et ne s'obtiennent qu'en magasin et non pas à la propriété.

Pour en arriver là, il faudrait évidemment apprendre les procédés de culture du raisin de table qui sont forts coûteux, tels que le ciselage des grappes, la conservation en chambre, etc. On sait qu'à Thomery, près Fontainebleau, on dispose en local clos et obscur des bouteilles remplies d'eau contenant un peu de charbon. Dans cette eau on place des sarments qu'on a laissé à la cueillette comme tige aux raisins. Les cultivateurs de cette localité arrivent, grâce à ce procédé, à prolonger l'existence de leurs raisins cueillis en octobre, parfois jusqu'en mars-avril[2].

Peut-être pourrions-nous exporter, en employant ces moyens, notre fendant roux à une certaine distance?

Mais dans toute nouvelle affaire il y a différentes sortes de difficultés et nous ne faisons que parler de cela à titre d'étude, sans vouloir engager nos lecteurs dans une affaire semblable sans leur pro-

[1] Ces prix ne s'entendent que pour du tout premier choix, ce qui nécessite évidemment la mise de côté d'un certain déchet qui constitue le revers de la médaille.

[2] Voir François Charmeux, l'*Art de conserver les raisins de table*, Paris, librairie horticole, 84 *bis*, rue de Grenelle.

8

poser auparavant d'y réfléchir mûrement et d'étudier la question des débouchés.

Disons de suite que les procédés de conservation que nous avons essayés cette année à St-Jeannet (Alpes-Maritimes) ne s'apprennent pas du jour au lendemain, nous ne les possédons pas encore assez, mais on peut y arriver. En outre, les procédés de transport, autrement dit les modes d'emballage qu'on est obligé d'employer pour le raisin de luxe sont assez délicats.

En outre, nous estimons de notre devoir de signaler à nos lecteurs qu'après avoir essayé pendant deux ans de vendre des raisins de table de St-Jeannet, nous avons dû y renoncer parce que nous n'obtenions pas des prix assez élevés par rapport à Nice. Nous avons ainsi pu nous apercevoir une fois de plus que la clientèle de notre pays (Suisse), si elle vit bien mieux que dans d'autres pays, ne consomme pas ou peu de produits de luxe, elle désire des articles d'une bonne moyenne parce que, somme toute, la richesse est moyenne en Suisse.

Les raisins de table sont payés, rendus à Genève en assez grosses quantités, par le commerce, à Noël et pendant janvier, à des prix variant entre 0,80 centimes à 2 fr. le kilo. Ce dernier prix étant très rarement atteint (c'est plus souvent 1 fr., 1 fr. 20. Si ces prix sont trop élevés pour pouvoir exporter des raisins de St-Jeannet à Genève, ils seraient déjà, nous semble-t-il, assez élevés pour des raisins des bords du Léman.

On a, ces dernières années, beaucoup encouragé les habitants de St-Jeannet à faire leur possible pour exporter leurs raisins soit à Paris, soit en

Allemagne, soit en Angleterre. Nous même avons essayé, sur ces conseils, le marché suisse, Strasbourg et Paris.

Tout en ignorant ce qu'il en serait de l'Angleterre, nous avons pu nous rendre compte que le meilleur débouché pour St-Jeannet est Nice. L'on trouve, en effet, rarement un marché où il y ait un aussi nombreux public de gens demandant des articles de grand luxe.

Nous nous retirons de cet essai avec l'impression qu'à Paris, à Strasbourg et en Suisse, en Suisse surtout, à cause de la concurrence espagnole, il n'y a pas grand'chose à faire. A Strasbourg, la concurrence des raisins de serre de Belgique est très sérieuse.

Disons en passant qu'une autre grosse difficulté consiste dans le fait que le St-Jeannet est très délicat à transporter, on est obligé d'employer des procédés de luxe renchérissant beaucoup la marchandise.

Ajoutons, pour clôturer cette expérience, qu'il n'a point été constaté de chlorose ni sur les cordons Guyot ni sur les treilles.

CHAMP D'EXPÉRIENCES N° IV

Pépinière de Veyrier

Producteurs directs de Seybel principalement

Situation. Commune de Veyrier-sous-Salève, Suisse, à 200 et quelques mètres au nord-ouest du

Mont-Salève, terrain très légèrement incliné (presque en plaine).

Etage géologique. Le même que celui de l'expérience N⁰ V, quaternaire, alluvions d'Arve mélangées au glaciaire.

Observations agro-géologiques. Les mêmes que pour l'expérience N⁰ V, terre meuble un peu caillouteuse ; gros cailloux roulés mais avec beaucoup de terre arable, un peu argileuse.

Voir page 106 *bis* analyses des échantillons N° 13, 14 et 15.

Pourcentages calcimétriques relevés dans le terrain qui nous occupe en ce moment :

		Sol	Sous-sol
Echantillon N° 1		28 %	20 %
» N° 2		14 %	27 %
» N° 3		17 %	

Ces producteurs directs ont été plantés à deux endroits ayant la même nature de terre au point de vue physique.

Dans la partie de l'expérience qui est la plus proche des bâtiments, nous avons planté des producteurs directs rouges francs de pied, taillés à la taille Guyot double. Ces producteurs ont été plantés en boutures en 1900.

Dans la partie la plus éloignée des bâtiments nous avons greffé sur des pieds-mère de 101 × 14 âgés de 3 ans, quatre producteurs directs rouges et un blanc.

Nous ne nous rappelons pas très bien l'année de ce greffage sur place qui, fait par M. Ernest Hugon, alors contre-maître chez nous, a parfaitement réussi, mais en tout cas il n'est pas antérieur à 1902.

Ces pieds greffés sur place ont d'abord été taillés en gobelet suivant la méthode vaudoise, jusqu'en 1908.

Depuis 1909 inclus, cette taille a été transformée en cordon double Guyot.

Ces deux terrains de même nature ne sont séparés que par la route du champ d'expériences N° III où il y a du phylloxéra. Jusqu'à présent, malgré deux examens, nous n'en avons pas trouvé dans ce champ d'expériences N° VI.

Malgré les pour cent de calcaire dépassant 20 du côté du bâtiment, il n'a point été constaté de chlorose. Ce calcaire ne paraît du reste pas être sous forme très assimilable. Cela ne prouve cependant pas que tous les plants plantés-là sont réfractaires à 27-28 %, car il se peut fort bien que le calcaire ne soit pas quantitativement répandu d'une manière uniforme dans la parcelle. Dans une partie très voisine de celle-ci nous avons trouvé presque côte à côte des teneurs de 30 % et de 1-3 % de calcaire. Il y a cependant des probabilités pour que la plupart de ces variétés soient en contact avec environ 20 % et plus de carbonate de chaux, et par conséquent résistent [1] à ce pourcentage en cas de calcaire d'une même nature que celui de ce champ d'expériences.

Les résultats de ce champ d'expériences ont été réunis dans plusieurs tableaux que nous faisons figurer aux pages suivantes :

---

[1] Mais nous le répétons, les calcaires magnésiens ne sont pas rares dans la contrée. Toutefois, en juin 1910, après une série de pluies comme on n'en vit jamais, quelques variétés ont été un peu jaunes, mais cela n'a été que passager.

Dans le premier de ces tableaux nous avons classé les variétés expérimentées, suivant l'ordre décroissant de leur résistance aux maladies cryptogamiques.

Dans le deuxième, le classement des variétés a été fait en se basant sur le rendement moyen par cep pendant cinq années.

Un autre tableau donne les notes de maturité, ici également les producteurs directs ont été classés par ordre décroissant (page 121).

Dans une quatrième liste nous avons cherché à classer les variétés en tenant compte des notes obtenues par chacune d'elles dans les trois tableaux précédents et en établissant une moyenne entre les facteurs résistance, production et maturité.

Les résultats d'observation concernant quelques variétés soumises à l'expérience depuis moins de cinq ans sont réunis dans une cinquième et dernière liste où ils sont classés par ordre décroissant de rendement.

(Voir tableaux ci-contre pages 119 à 123).

Ces producteurs directs sont peu ou pas soumis aux divers traitements contre les maladies cryptogamiques, ce n'est que dans les années d'invasion intense que nous les sulfatons une ou deux fois et encore nous attendons que le mildew ait attaqué fortement pour procéder à un traitement.

Parmi les numéros observés durant cinq ans, nous ferons trois catégories pour la région de Veyrier en ce qui concerne leur résistance au mildew.

1° Ceux qui ne sont presque pas atteints et qui pourraient se passer de sulfatages ou du moins se contenter d'un ou deux sulfatages dans les années de grande invasion.

Expérience N° VI faite à Veyrier. — Tableau comparatif de la résistance aux maladies cryptogamiques

Classement par ordre décroissant

	Nombre de pieds	1903	1905	1906	1907	1908	Moyenne de 5 ans	Note[1] comparative
Seibel N° 1	40	3	5	5	3	5	4.2	1
Chasselas rose × rupestris N° 4401	36	1	5	5	5	5	4.2	1
Chasselas rose × rupestris N° 4402	27	1	5	5	4	5	4.—	2
Seibel N° 181	5	1	5	5	2	4	3.4	3
» N° 128	5	2	5	5	0	5	3.4	3
» N° 127	5	1	5	5	0	5	3.2	4
» N° 156	5	2	5	4	2	3	3.2	4
» N° 117	5	1	5	5	2	3	3.2	4
» N° 14	5	1	5	3	2	4	3.—	5
» N° 2006	5	1	5	5	0	3	2.8	6
» N° 2007	5	0	5	5	0	4	2.8	6
» N° 182	5	1	5	5	0	3	2.8	6
» N° 209	5	1	5	4	0	3	2.6	7

5 = indemne ; 4 = très peu attaqué ; 2 = assez attaqué ; 1 = très attaqué ; 0 = encore plus fortement attaqué

[1] Ou de classement : 1 = variétés ayant le mieux et 7 = variétés ayant le moins bien résisté.

Tableau de rendement du champ d'expériences N° VI, à Veyrier

Cépages observés pendant cinq ans. — Classement par ordre décroissant
Rendement en kilogr.

NOMS DES CÉPAGES	Nombre de ceps	1903		1905		1906		1907		1908		Rendement moyen par cep pendant 5 ans	Note de classement	Observations 7 juin 1910 sur l'état de la végétation
		TOTAL	Moyenne par cep	TOTAL	Moyenne par cep	TOTAL	Moyenne par cep	TOTAL	Moyenne par cep	TOTAL	Moyenne par cep			
Seibel N° 1....	40	37.000	0.925	66.100	1.653	61.000	1.520	29.000	0.725	110.800	2.770	1.518	1	Feuil. très légèr. jaunes
Chasselas rose× rupestris N° 4401.	36	65.664	1.824	54.200	1.506	20.000	0.555	40.000	1.110	61.600	1.711	1.341	2	Feuilles d'un vert foncé
Seibel N° 2207.	5	9.000	1.800	4.000	0.800	3.000	0.600	—	—	9.400	1.880	1.016	3	Aspect normal
Chasselas rose× rupestris N° 4402.	27	30.996	1.148	24.400	0.904	20.000	0.740	20.000	0.740	37.700	1.396	0.986	4	Feuilles d'un vert foncé
Seibel N° 182..	5	4.500	0.900	6.000	1.200	4.000	0.800	2.400	0.480	5.850	1.170	0.910	5	Feuil. très légèr. jaunes
» N° 128..	5	6.000	1.200	5.100	1.020	0.500	0.100	3.000	0.600	5.900	1.180	0.820	6	Feuil. passabl. jaunes
» N° 209..	5	3.000	0.600	2.800	0.560	5.000	1.000			9.600	1.920	0.816	7	
» N° 181..	5	3.000	0.600	3.600	0.720	3.000	0.600	0.600	0.120	5.900	1.180	0.740	8	Aspect normal
» N° 117..	5	1.500	0.300	4.300	0.860	4.000	0.800	0.400	0.080	8.200	1.640	0.736	9	»
» N° 156..	5	4.500	0.900	2.800	0.560	3.000	0.600	0.900	0.180	7.050	1.410	0.730	10	»
» N° 14...	5	4.500	0.900	2.100	0.420	3.000	0.600	1.400	0.280	5.700	1.140	0.668	11	»
» N° 2006.	5	2.000	0.400	3.200	0.640	3.000	0.600	0.200	0.040	6.450	1.290	0.594	12	Feuilles un peu jaunes
» N° 127..	5	2.500	0.500	3.100	0.620	2.000	0.400	0.700	0.140	6.500	1.300	0.592	13	Feuil. très peu jaunes

Champ d'expériences N° VI, à Veyrier. — Tableau concernant les observations de maturité

Classement par ordre décroissant

VARIÉTÉS	Nombre de pieds	1903	1905	1906	1907	1908	Moyenne de 5 ans	Note de classement
Seibel N° 1	40	3.5	4	5	4	4	4.12	1
Chasselas rose × rupestris N° 4401	36	3.5	4	4	4	4	3.90	2
Seibel N° 4402	27	3.5	4	4	4	4	3.90	2
» N° 14	5	3.5	5	4	3	4	3.90	2
» N° 2207	5	3.5	4	4	—	4	3.90	2
» N° 128	5	4	4	4	3	4	3.80	3
» N° 209	5	3	4	4	—	4	3.75	4
» N° 181	5	3	4	4	3	4	3.60	5
» N° 156	5	3	4	4	3	4	3.60	5
» N° 182	5	3	4	4	3	4	3.60	5
» N° 127	5	3	4	4	1	4	3.20	6
» N° 117	5	1	4	4	3	4	3.20	6
» N° 2006	5	3	4	4	1	4	3.20	6

Tableau de classement des cépages de l'expérience N° VI

en tenant compte des trois éléments de comparaison : Rendement. Maturité. Résistance aux maladies

Nombre d'années d'observations : 1903, 1905, 1906, 1907, 1908

Numéro de classement	NOMS DES VARIÉTÉS	Moyenne du rendement pendant 5 ans		Moyenne de la maturité pend. 5 ans		Moyenne de la résistan. pend. 5 ans		Note finale [1]
		N° de classement	Rendement moyen par cep	N° de classement	Moyenne des notes obtenues	N° de classement	Moyenne des notes obtenues	
1	Seibel N° 1.........................	1	1.518	1	4.12	1	4.2	1.—
2	Chasselas × rup. N° 4401................	2	1.378	2	3.90	1	4.2	1.66
3	Chasselas × rup. N° 4402................	4	0.986	2	3.90	2	4.—	2.66
4	Seibel N° 2007......................	3	1.016	2	3.90	6	2.8	3.66
5	» N° 128	6	0.820	3	3.80	3	3.4	4.—
6	» N° 182......................	5	0.910	5	3.60	6	2.8	5.33
6	» N° 181......................	8	0.740	5	3.60	3	3.4	5.33
7	» N° 209......................	7	0.816	4	3.75	7	2.6	6.—
7	» N° 14.......................	11	0.666	2	3.90	5	3.—	6.—
8	» N° 117......................	9	0.736	6	3.20	4	3.2	6.33
8	» N° 156......................	10	0.730	5	3.60	4	3.2	6.33
9	» N° 127......................	13	0.592	6	3.20	4	3.2	7.66
10	» N° 2006......................	12	0.594	6	3.20	6	2.8	8.—

[1] Obtenue en ajoutant les N°s de classement du rendement, de la maturité et de la résistance en leur attribuant une égale valeur et en les divisant par 3. Exemple le Seybel N° 117 a obtenu le N° moyen de rendement de 9 pour les cinq années, de 6 pour la maturité, de 4 pour la résistance aux maladies (mildiou surtout), ajoutons ces trois chiffres nous obtenons 9+6+4=19 divisons par 3 soit 19 : 3 = 6,33. La note de mérite du 117 est donc de 6,33 et son numéro de classement 8me sur 10). Voir colonne de gauche).

Champ d'expériences N° VI, à Veyrier. — Tableau annexe concernant le rendement, la maturité et la résistance aux maladies cryptogamiques de cépages soumis à l'expérience pendant moins de 5 ans

Classés par ordre décroissant de rendement

VARIÉTÉS	Nombre de pieds	1905			1906			1907			1908			Moyenne pour 2 à 4 ans		
		I	II	III	I	II	III	I	II	III	I	II	III	I	II	III
Couderc N° 3907.......	3	2.667	4	5	0.660	4	5	—	—	—	—	—	—	1.666	4.—	5.—
Auxerrois × rupestris..	11	0.545	4	5	0.365	3	5	0.736	4	3	0.768	4	5	0.604	3.8	4.5
Alicante × rupestris.... Terras N° 20	15	0.400	4	—	0.465	4	5	0.733	4	5	0.603	1	5	0.550	3.3	5.—
Jurie N° 580..........	24	0.383	4	—	0.335	5	5	0.670	4	3	0.810	1	5	0.550	3.5	4.3
Duchesse cépage blanc..	19	—	—	—	0.365	5	5	0.147	4	5	0.571	4	5	0.361	4.3	5.—
Seibel N° 128.........	23	0.087	4	—	0.125	4	5	0.200	4	5	0.230	4	5	0.161	4.—	5.—

Légende des colonnes : I. Rendement moyen par cep. — II. Note de maturité. — III. Note de résistance aux maladies mildiou surtout.   en kilog.   varie de 0-5   varie de 0-5

2º Ceux peu atteints, auxquels il vaut mieux donner en tout temps un ou deux sulfatages préventifs, mais sans que ces derniers soient absolument indispensables.

3º Ceux qui ont toujours besoin d'être sulfatés 2-3 fois, mais qui cependant résistent mieux que les vinifera purs.

Dans la première catégorie, nous classerons :

Seibel Nº 1.
Couderc Nº 4401
    »   Nº 4402

Dans la seconde :

Seibel Nº 128

(s'est cependant fort bien défendu en 1903, année où l'attaque de mildew a été violente).

Seibel Nº   14
   » Nº 127
   » Nº 181
   » Nº 156
   » Nº 117

Dans la troisième catégorie, que nous ne considérons du reste pas comme mauvaise, nous trouvons :

Seibel Nº   182
   » Nº 2007
   » Nº 2006
   » Nº   209

Aucune des variétés soumises à l'observation depuis moins de cinq ans, et qui sont toutes plantées dans la partie du champ d'essai la plus éloignée des bâtiments, n'a été atteinte de mildew en 1906 et en 1907, alors que les variétés observées pendant cinq ans — du moins plusieurs d'entre elles — étaient atteintes cette année-là. Il s'agit, pour celles observés moins de cinq ans, du Couderc N° 3907, de l'Auxerrois ✕ rupestris, de l'Alicante ✕ rupestris Ferras N° 20, du Seibel 128, du Jurie 580 et de la Duchesse [1].

Lorsqu'on jette un coup-d'œil sur le tableau de rendement de ceux observés cinq ans, on remarque que celui-ci est fort, en général, pouvant tenir tête à la moyenne des expériences III, IV et V faites sur des cépages greffés et taillés longs et dépassant celui des fendants greffés et taillés en gobelet, expériences N° II.

Il y a lieu, toutefois, de tenir compte que, pour l'année 1909, dans les expériences précédentes, on a fait intervenir un rendement fictif de 0 kg. 150 et une note de maturité basse, 2 (0 même pour l'expérience IV), alors qu'il n'a pas été tenu compte de cette même année pour les producteurs directs. Leurs moyennes en sont donc bonifiées.

Quoiqu'il en soit, nous trouvons ces rendements beaux, bien que les producteurs directs rendent généralement et à poids égal de vendange moins de jus au pressoir que les européens, ou du moins que la plupart d'entre eux, ceci à cause de leur pellicule souvent plus épaisse et surtout à cause de leur pulpe plus mucilagineuse, leurs pépins aussi sont souvent plus gros que ceux des vinifera.

---

[1] Les cépages francs de pieds ont donc subi une atteinte de mildew cette année-là, alors que cela n'a pas été le cas pour les producteurs directs greffés. Nous n'en tirons aucune conclusion, car il y a 50-100 mètres de distance entre les deux plantations et une fois ne suffit pas mais nous disons simplement que ce n'est pas *toujours* les cépages greffés qui sont les plus sensibles.

Le Seibel N° 1, par exemple, donne un bon rendement en jus, tandis que le défaut du *4401* (à Veyrier, du moins) a été de donner plutôt des grappillons, malgré son fort poids de vendange; ce qui ne veut pas dire que nous en rejetions l'emploi.

Disons en passant que les producteurs plantés en boutures dans la partie proche des bâtiments ont rapporté, lors de leur 3me feuille déjà, une moyenne [1] de 0 kg. 724 par souche, soit 113 kg. de vendange pour 156 souches.

Au point de vue de la maturité, les notes ne sont pas mauvaises. Aucune des variétés n'est au-dessous de 3 (assez bien) et beaucoup approchent 4 (bien).

La duchesse, le seul cépage blanc de cette expérience, signalé déjà par M. Jean Dufour, obtient la note 4,3, de maturité.

En ce qui concerne l'aire d'adaptation de ces cépages en terrain, nous ne pouvons encore la définir, tout ce que nous pouvons affirmer c'est que franc de pied (facteur phylloxérique mis à part) ils végètent fort bien dans un terrain de cette nature.

Il faudrait tenir compte aussi d'autres éléments de comparaison, tels que la qualité relative du vin de chacun d'eux [2]. A ce sujet, le Seibel *N° 156* mériterait peut-être une meilleure place car, il y a

---

[1] C'était en 1902, nous n'avons commencé à peser séparément la récolte de chaque pied qu'en 1903. Voir notre réunion de brochure 1904, pépinière de Veyrier.

[2] Nous avons régulièrement vendu, rouges et blancs séparés, la vendange de nos producteurs directs en mélange avec tous nos autres cépages d'expériences de Veyrier, dans le dit village, et l'acheteur nous affirmait encore cette année (1910) que sans qu'il en soit résulté un vin de qualité supérieure, il n'avait jamais été mauvais ou eu un goût étrange.

quelques années, on disait dans la littérature viticole du bien de son vin.

La plupart de ces cépages donnent un jus rouge
et pourraient jouer un rôle de teinturier soit dans
une vigne, soit comme producteurs de vins de coupages colorés.

Nous prions nos lecteurs de ne pas adopter ou
rejeter un numéro, quel que soit le rang obtenu par
lui dans cette expérience, sans s'en référer soit à la
littérature viticole, soit aux quelques indications,
bien sommaires il est vrai, contenues dans l'ouvrage
qui suivra, au chapitre « *Producteurs directs de ce
tome III* ».

CHAMPS D'EXPÉRIENCES

SITUÉS AUX ENVIRONS DE VEVEY

Champ d'expériences N° VII, situé à NANT sur VEVEY
(Commune de Corsier) près du poste de tir contre la
grêle, en terre mi-forte.

Etage géologique. « Tertiaire, poudingues du mio-
« cène; ces poudingues ont été recouverts par le
« glaciaire qui, à son tour, a été remanié par un
« ruisseau qu'on voit encore actuellement. Les gros
« éléments de ce terrain sont dûs aux poudingues
« et le ruisseau y a amené de petits graviers »,
rapport dû à M. I. Anken.

L'influence du ruisseau s'est faite aussi sentir, en
ce sens que cette terre est moins forte que cela

n'est le cas (à Nant en général). Les pourcentages calcimétriques y sont plus élevés vu le voisinage du dit ruisseau. Celui-ci dépose actuellement beaucoup de tuf calcaire sur ses bords immédiats.

Nous avons relevé les pourcentages suivants en calcaire, mesurés au calcimètre Bernard, échantillons prélevés dans les rangs de riparia Gloire [1].

	Sol	Sous-sol
No 3	27,2	28,2
No 3	25,6	28
No 5	24,8	19,2
No 15	29,2	

Non loin de là était une pépinière, le sol y était de même nature ayant lui aussi subi l'influence du ruisseau. Nous y avons laissé pendant 3 ans des greffes de riparia Gloire qui n'ont pas jauni. On y avait cependant trouvé les pourcentages suivants en calcaire :

	Sol	Sous-sol
No 1	23,2	27,2
No 2	43,2	22,4

[1] Cette année, 30 juin 1910, après les pluies si fortes de ces jours derniers, on parle beaucoup, à Lutry entre autre, de chlorose (renseignements à nous donnés par M. A. Paschoud, pépiniériste, à Corsy s/ Lutry), et à Nant, nous avons nous-mêmes constaté quelques feuilles pâles, même sur des monticola $\times$ riparia 554 $\times$ 5 qui passent pour être résistants à la chlorose, ainsi que sur des pieds européens.

La chlorose est toujours plus intense après de très fortes pluies, et celles de ces derniers jours étaient tout à fait exceptionnelles. Malgré cela, les riparia gloire plantés dans ce champ ne sont qu'un peu jaunes, car il ne s'agit que de jaunisse et non de chlorose. Il ne faudrait pas s'effrayer outre mesure de la dite chlorose constatée actuellement dans quelques endroits, car elle ne sera que passagère, dûe à un état hygrométrique si exceptionnel. Au fond, on connait peu chez nous la chlorose dangereuse et on confond fort souvent jaunisse et chlorose. — Ecrit en juillet 1910.

Sur l'emplacement de cette pépinière se trouve actuellement une collection de producteurs directs dont quelques-uns sont jaunes, en juin 1910.

M. le professeur Lagatu avait bien voulu, il y a quelques années, nous faire un rapport complet (au point de vue physico-chimique) sur un échantillon prélevé dans une terre de même nature que ce champ d'expériences N° VII et située non loin de lui.

Nous citons à la fin du livre ce rapport N° II, à l'appendice.

La lecture du dit nous montre que si les terres bordant ce ruisseau sont moins fortes que beaucoup de terres de chez nous, elles ne sont pas cependant, loin de là, des terres à jardin, à *gloire,* comme on les aurait dénommées il y a quelques années. Elles contiennent une proportion de *sable fin* considérable, d'où terre plutôt asphyxiante.

Cette pièce a été plantée en 1901 et 1902 avec des greffes-boutures [1].

Il avait été fait un assolement de plusieurs années avec des légumineuses avant la plantation.

C'est le plus régulier des champs d'essais plantés par nous aux environs de Vevey, ce fait est dû probablement à l'assolement, mais aussi à la circonstance que cette plantation a été faite par le beau temps.

Malgré cela, la mise en train de la fructification a été plus longue qu'à Veyrier, probablement à cause de la nature asphyxiante et tassante de cette terre. Nous avons souvent remarqué cette lenteur d'évolution au point de vue fructification, surtout dans

---

[1] Greffes-boutures de 2e et même de 3e choix car, à cette époque, les greffes étaient rares dans la région, l'introduction des américains n'étant alors tolérée qu'à titre d'essai.

nos terres les plus fortes par rapport aux terres les plus légères.

Nous donnons, sur les tableaux ci-après, les rendemements annuels par cep et les observations concernant la maturité des cépages soumis à cette expérience.

En ce qui concerne les observations poids, M. Baltzinger, directeur de la pépinière de Veyrier, a noté au sujet des *gloires* « souches jolies et régulières », au sujet des 3306 « souches jolies et régulières », au sujet des 101 × 14 « Raisins serrés ».

Là encore le *riparia gloire* a fort bien tenu son rang, malgré un pourcentage de calcaire théoriquement trop élevé et une terre théoriquement trop forte. Rappelons cependant que, *par rapport* à beaucoup d'autres terres de la région, elle n'est pas bien forte.

Certaines années, le gloire a jauni un peu, mais sans que cela lui ait porté grand préjudice.

Le 101 × 14 pour les variétés plantées en 1901 accuse une forte supériorité sur 3306 (131 grammes de plus en moyenne) alors que ce dernier cependant passe devant 101 × 14 pour les carrés plantés en 1902 (ici cependant la supériorité n'est que de 34 grammes dans un cas et de 42 dans le second).

Encore une fois, M. Dufour avait raison de dire que le 101 × 14 conviendrait à la majorité de nos terres. Ajoutons qu'il ne jaunit pas dans cet endroit. M. Foex, dans une conférence donnée à Genève (à l'Athénée) en 1903, tout en conseillant beaucoup le 101 × 14, comme du reste le riparia gloire, n'était pas d'avis de lui attribuer une résistance à la chlorose plus élevée que celle du gloire. Evidem-

Tableau concernant les rendements annuels par cep du champ d'expériences N° VII, près du champ de ti...

	Nombre de pieds	1904 par cep	1905 par cep	1906 par cep	1907 par cep	1908 par cep	1909[1] par cep	Moyenne
Planté en 1901 — Fendant vert s/ rip. × rup. 101 × 14....	123	0.203	0.295	0.930	0.611	0.853	0.150	0.507
Fendant vert sur riparia gloire..........	143	0.219	0.149	0.625	0.804	0.629	0.150	0.429
Fendant vert sur rip. × rup. 3306	137	0.175	0.198	0.575	0.582	0.649	0.150	0.376
Planté en 1902 — Fendant vert sur riparia gloire..........	69	0.058	0.159	0.370	0.450	0.435	0.150	0.272
Fendant roux sur rip. × rup. 3306......	50	0.025	0.133	0.270	0.340	0.570	0.150	0.248
Fendant roux sur rip. × rup. 101 × 14..	54	0.056	0.185	0.300	0.222	0.370	0.150	0.214
Planté en 1902 — Fendant roux sur rip. × rup. 3306......	50	0.055	0.210	0.315	0.320	0.580	0.150	0.272
Fendant vert sur gloire...............	57	0.044	0.137	0.350	0.350	0.356	0.150	0.232
Fendant roux sur rip. ×rup. 101 ×14...	54	0.028	0.137	0.251	0.296	0.278	0.150	0.190

[1] Pour 1909 le poids de 0 kg. 150 est fictif.

Tableau concernant les observations de maturité du champ d'expériences N° VII près du poste de tir

		1906	1907	1908	1909	Note moyenne
Planté en 1901	Fendant vert sur riparia gloire	4	4	4	2	3.50
	Fendant vert sur riparia × rupestris 3306	4	4	4	2	3.50
	Fendant vert sur riparia × rupestris 101 × 14	3	4	4	2	3.25
Planté en 1902	Fendant vert sur riparia gloire	3	4	4	2	3.25
	Fendant roux sur riparia × rupestris 101 × 14	3	4	4	2	3.25
	Fendant roux sur riparia × rupestris 3306	3	4	4	2	3.25
Planté en 1902	Fendant vert sur riparia gloire	3	4	4	2	3.25
	Fendant roux sur riparia × rupestris 101 × 14	3	4	4	2	3.25
	Fendant roux sur riparia × rupestris 3306	3	4	4	2	3.25

ment, nous croyons que sa résistance au calcaire est moins élevée que celle du 3306 et 3309 (riparia $\times$ rupestris) mais en ce qui concerne nos régions, nous lui en attribuerons tout au moins une intermédiaire entre le gloire et les 3309 3306.

Nous donnons ici le tableau concernant la maturité des associations expérimentées.

(Voir tableau ci-contre).

Là encore, au point de vue maturité, il n'y aurait rien à craindre, quitte à contrôler cela à l'avenir par des analyses mustimétriques et des vinifications séparées. En ce qui concerne les pieds de cinq ans, *riparia gloire* et *riparia rupestris 3306* marchent ensemble.

Sans que cela eut été sanctionné par des expériences rigoureuses, nous avions souvent entendu dire, il y a dix ans, que, parmi les porte-greffes : riparia gloire et riparia $\times$ rupestris 101 $\times$ 14, 3309 et 3306, le 3306 retarderait plutôt la maturité, tandis que les trois autres l'avanceraient. Dans le cas particulier, 3306 n'est pas resté en retard. Du reste, depuis 1900, nous avons planté de très nombreuses vignes sur 3306, à Genève et dans la zone, et jamais on ne nous a formulé de plaintes au sujet de la maturation des greffes sur 3306. Toutefois, il ressort de l'ensemble des observations qu'il nous a été donné de faire, que 3309 hâte *plutôt* la maturité des greffons de nos régions.

Les greffons utilisés pour les plantations faites par nous à Genève, dans la Haute-Savoie et le Pays de Gex sont, comme cépages blancs : le chasselas, le sylvaner[1], le gringet, les roussettes (haute et

---

[1] Ce dernier en très petite quantité.

	PLANTÉ EN 1901 1 mètre			PLANTÉ EN 1902 1 m. 10			PLANTÉ EN 1902 1 m. 20		
	F. vert sur gloire	F. vert sur 101 × 14	F. vert sur 3306	F. vert sur gloire	F. roux sur 101 × 14	F. roux sur 3306	F. roux sur gloire	F. roux sur 101 × 14	F. roux sur 3306
1904	0.219	0.203	0.175						
1905	0.149	0.295	0.198	0.159	0.185	0.133	0.137	0.137	0.210
1906	0.625	0.930	0.575	0.370	0.300	0.270	0.350	0.255	0.315
1907	0.804	0.611	0.582	0.450	0.222	0.340	0.350	0.296	0.320
1908			.	0.435	0.370	0.570	0.356	0.278	0.580
	1.797	2.039	1.530	1.414	1.077	1.313	1.193	0.966	1.425

basse), le Barzin, et comme cépages rouges ; la mondeuse, les pinots, les gamays [1].

[1] Expérience concernant les écartements laissés entre les pieds

Dans ce même champ d'expériences, nous voulions faire une expérience concernant le rapport des pieds suivant des écartements plus ou moins grands.

Nous avons planté : une partie des pieds (ceux datant de 1901) à 1 m., une autre partie (datant de 1902) à 1 m. 10 et un 3me lot (datant de 1902) à 1 m. 20 d'écartement.

Nous donnons ci-après pour chaque année les poids obtenus suivant les divers écartements.

Dans ces chiffres, nous laissons de côté, à dessein, les rendements de 1908, du tableau précédent, pour les variétés plantées à 1 m. étant donné qu'elles ont (plantées en 1901) un an d'avance, ceci pour pouvoir comparer à données égales avec celles plantées en 1902 les rendements respectifs durant 4 ans à partir de la 2me feuille.

Ajoutons les résultats des trois porte-greffes pour chaque écartement.

Variétés	1 m.	1 m. 10	1 m. 20
Fendant vert sur riparia gloire	1.797 (fend. vert)	1.414 (fend. vert)	1.193 (fend. vert)
Fendant vert et roux sur riparia × rupestris 1 101 × 14	2.039 (fend. vert)	1.077 (fend. roux)	0.966 (fend. roux)
Fendant vert et roux riparia × rup. 3306	1.530 (fend. vert)	1.313 (fend. roux)	1.425 (fend. roux)
Poids de la récolte de 3 ceps pendant 4 ans	5.366 assolé avec de la luzerne	3.804 assolé avec du trèfle	3.584 sans assolement

Comme on le voit ci-dessus deux de ces trois parcelles avaient été avant l'année de plantation assolées, l'une, celle de 1901, avec de la luzerne, une autre de 1902 avec du trèfle et la troisième pas du tout, cette dernière ayant été plantée vigne après vigne.

On se rendra tout de suite compte que malheureusement l'expérience, en ce qui concerne le désir d'être fixé sur les distances à adopter (en ne considérant que les facteurs production), *est presque manquée,* sauf en ce qui concerne les fendants verts sur riparia gloire, et encore, ceci pour les motifs suivants :

Celui qui a effectué la plantation a eu le tort, alors qu'il adoptait des fendants verts pour le riparia gloire des trois écartements, d'employer des fendants verts pour les 101 × 14 et 3306 plantés en 1901 et des fendants roux pour les deux mêmes variétés plantées en 1902.

CHAMP D'EXPÉRIENCES N° VIII

Situé à Nant, commune de Corsier près Vevey, au lieu dit « Sous l'arpent dur ».

Or, généralement, les fendants verts produisent plus que les fendants roux.

En outre, l'assolement luzerne qui enrichit, croyons-nous[*][**], la terre en azote plus encore que le trèfle, a pu agir ainsi du reste que le fait qu'alors que la deuxième parcelle était assolée en trèfle, la troisième ne l'a pas été du tout.

L'on se demande cependant, en examinant les fendants verts sur gloire dans les trois écartements, si l'assolement est seul en cause et si réellement la production augmente comme beaucoup le croyent et comme nous l'avons cru autrefois en augmentant les distances à partir d'un mètre.

On est tenté de se le demander aussi si, laissant de côté les fendants verts greffés sur 101 × 14 et 3306 de 1901, on compare les résultats du 101 × 14 et 3306 à 1 m. 10 et 1 m. 20.

Outre ces données défavorables à l'expérience celle-ci est beaucoup trop courte pour conclure.

Nous estimons cependant *a priori*, qu'il ne faut rien exagérer ni dans un sens, ni dans l'autre, ainsi chez nous (Vaud du moins) on a une tendance à trop rapprocher les pieds. Il est fort possible, probable même, qu'en dessous de 0.90 à 0,80, plus on rapprocherait les souches et moins celles-ci produiraient.

Il faut songer aussi qu'avec la végétation exubérante de certains porte-greffes (surtout les franco-rupestris et le rupestris), lorsque les pieds deviendront vieux, on sera embarrassé (vu la taille plus généreuse qu'il faudra leur accorder) pour circuler et sulfater.

En outre, l'humidité resterait plus dans l'amas de feuillage qu'ont beaucoup de greffés sur américains en supplément des européens. Cette dernière circonstance risquerait de favoriser le mildew.

Le fait de sulfater à lui seul du reste amène une certaine exubérance de feuillage, du moins celui-ci reste plus longtemps vert qu'autrefois.

Citons en passant qu'il se poursuit à l'école d'Ecully, près Lyon, une expérience assez intéressante : on y a planté des pieds à différentes distances, certains fort rapprochés, bien plus rapprochés qu'un mètre, et cette expérience semblerait prouver que plus on rapproche les pieds et plus la dose du sucre dans les raisins augmente.

Ici, comme ailleurs, il y a lieu d'observer un juste milieu, semble-t-il.

[*] L'expérience semble le démontrer.
[**] Les vignerons ont à tort une prévention contre la luzerne.

ÉTAGE GÉOLOGIQUE

Tertiaire, poudingues du miocène, dont on rencontre à 60-70 cm. de profondeur, les grès durs et les grès tendres, ces derniers appelés improprement marnes par les vignerons, se délitent assez facilement sous l'action du gel et du dégel. Le tout a été recouvert par le glaciaire.

Nature agricole de la terre. Terre très forte, mais elle l'est cependant moins que celle de la molasse rouge (aquitanien) au sud de Blonay, entre Clarens et la Tour (Vaud). Comparée à la majorité des sols de vignobles français, la terre qui nous occupe en ce moment peut être considérée comme très forte. Après la pluie, il faut attendre souvent huit jours avant de songer à la travailler, si l'on veut éviter de la tasser, de la faire se prendre en une masse fermée, pour longtemps peu accessible aux agents atmosphériques ; lorsqu'il a plu, elle adhère fortement aux instruments de travail, aux chaussures.

En temps de sécheresse, ce sol se durcit très fortement et se fendille.

En vue d'une aération suffisante, ce sol demande à être ameubli par des labours fréquents et profonds.[1]

---

[1] Si le sous-sol n'est pas de trop mauvaise nature, il ne faut pas craindre, comme c'est le cas trop souvent chez nous, les défoncements profonds dans ces terres si compactes, de manière à les diviser suffisamment, et permettre un cheminement facile des racines à travers leur masse.

Le cube de terre mis ainsi à la disposition des plantes est considérablement augmenté, mais cette opération ne donnera tous ses fruits que si l'on emploie des fumures en conséquence, de manière à ce que les solutions nutritives contenues dans le sol aient toujours le degré

Cette pièce a été défoncée profondément, la
végétation s'en est quelque peu ressentie jusqu'à ce
que, par des labours répétés, la terre du fond
amenée à la surface ait été suffisamment ameublie
et ait subi l'influence bienfaisante des agents atmosphériques. A l'heure qu'il est, elle donne de fort
bons résultats.

M. Monnier, professeur de chimie à Châtelaine,

de concentration convenable à la végétation. Un approfondissement
de la couche arable équivalant en quelque sorte à une augmentation
de surface.

Nous pensons aussi qu'en ramenant à la surface de la terre provenant d'une grande profondeur, on en ramène une portion qui, si
elle est inerte pour commencer, ne le sera plus dans la suite lorsqu'elle aura été aérée. N'ayant jamais été épuisée par des racines, nous
pensons, sans affirmer (pour en être sûr il faudrait faire des séries
d'analyses à différentes profondeurs), qu'elle doit contenir plus d'éléments fertilisants à l'état brut, vierge en quelque sorte, que les terres
de la surface. Nous parlons ici évidemment en faisant abstraction
momentanée de certains éléments fertilisants que l'homme a pu introduire dans certains terrains par de riches fumures dans la partie
supérieure du sol.

Avec un défoncement profond, ces terres fortes, retenant naturellement l'eau, s'égoutteront avec plus de facilité, les eaux de pluie se
répartissant sur un volume de terre plus grand, satureront moins
rapidement celle-ci.

D'autre part, en temps de sécheresse, ces terres profondément
ameublies conserveront plus longtemps leur réserve en eau, la capil-
larité étant brisée, l'ascension de l'eau des profondeurs vers la surface se fera d'autant plus difficilement.

La vigne y évoluera rapidement, sera mieux nourrie et partant
plus vigoureuse, conséquence d'un système radiculaire bien développé :
elle aura beaucoup moins à souffrir à la fois d'un excès d'eau ou de
sécheresse.

Ce travail de défoncement gagnerait à être fait en automne, sitôt
après l'enlèvement de la dernière récolte, les alternatives de gel et
dégel ameubliraient bien mieux la terre du fond amenée à la surface,
que ne pourrait le faire le travail mécanique le plus énergique. Au
lieu de cela, souvent les propriétaires et vignerons attendent au printemps.

Si le sous-sol est de trop mauvaise nature et qu'il y ait à craindre
de rendre le sol inerte pour de longues années en ramenant celui-là à
la surface, on peut s'assurer des avantages du défoncement profond,
avantages surtout de l'écoulement des eaux, en ameublissant la terre
du fond du minage tout en la laissant en place.

a bien voulu faire l'analyse de ce terrain (sol et sous-sol) :

Echantillon   sol   prélevé   de   0-30 centim.
»   sous sol   »   » 30-60   »

Analyse mécanique	sol	sous-sol
Eléments grossiers > 1 m/m.....	225	115
Terre fine < 1 m/m	775	885
	1000	1000

Analyse physico-chimique	sol	sous-sol
Humidité	2,95 %	3,8 %
Gros sable silicieux.......	10,10 %	8,8 %
Sable silicieux fin........	55,50 %	56,90 %
Argile................	20,79 %	21,62 %
Calcaire	8,61 %	7,38 %
Matière organique	2,05 %	1,50 %

Analyse chimique	sol	sous-sol
Azote total	0,16 %	0,12 %
Acide phosphorique total..	0,11 %	0.13 %
Potasse soluble dans les acides..............	0,12 %	0,09 %
Chaux (CaO)...........	4,82 %	4,15 %

Nous remarquons que le sable fin est en proportion très forte dans cette terre, c'est cet élément qui la rend asphyxiante. La teneur en calcaire est relativement faible et en tout cas sans danger au point de vue de la chlorose.

Pendant la marche de l'expérience, nous avons eu des déboires qui empêchent celle-là d'être comparative en ce qui concerne les différents porte-greffes.

L'année de la plantation, pendant une absence de plusieurs semaines que nous fîmes, notre vigneron, croyant avoir partout affaire à des producteurs directs (à une extrémité de la parcelle il y a en effet de ces derniers), ne fit aucun sulfatage jusqu'au mois d'août. Il en résulta la mort de nombreux pieds.

Vu la difficulté qu'il y a à se procurer des greffes d'espèces peu répandues ce ne fut qu'en 1906 que la plantation put être complétée.

Mais, si les données quantitatives, réunies en tableau à la page suivante, ne sont pas comparatives, nous y trouvons tout de même des indications qui, jointes à l'observation, ne sont pas à négliger.

Dans cette expérience (voir tableaux ci-contre), les seuls résultats intéressants peut-être au point de vue comparatif sont ceux concernant les fendants verts sur 157×11, et 1616, et les fendants roux sur 3309, attendu que ce sont les variétés qui ont eu le moins de manquants la première année.

Et encore, le 3309 est greffé en fendant roux qui, intrinsèquement, rapporte beaucoup moins que les fendants verts.

Le *157 × 11* nous donne le beau poids moyen de 0,527 avec la note 4 comme maturité, nous savions que cette variété poussait à fruit. Etant donné que le Berlandieri est une vigne de pays chauds, nous nous demandions si, d'une façon générale les Berlandieri $\times$ riparia, si précieux par leur haute résistance au calcaire, auraient une bonne affinité avec nos fendants et surtout s'ils réussiraient dans nos terres si argileuses, retenant les eaux de pluie si longtemps.[1] Or nous voyons que

[1] Nous aurions *à priori* la tendance à les réserver pour des terres caillouteuses et sèches.

Résultat des pesées faites dans la pièce dite « Sous l'arpent dur », plantée en 1902

Classement par ordre décroissant	NOMS DES VARIÉTÉS	Nombre de pieds	OBSERVATIONS PAR VARIÉTÉ faites en 1906	Récolte des 3 dernières années			Poids total	Récolte moyenne	OBSERVATIONS GÉNÉRALES
				1906	1907	1908			
1	Fendant vert sur Berlandieri × riparia 157 × 11	13	En 1906 souches assez régulières, cette année bien chargées.	0.638	0.319	0.623	1.580	0.526	Pendant une absence de plusieurs semaines que nous fûmes en été 1902, le vigneron croyait avoir affaire à une plantation de producteurs directs et ne l'a pas sulfatée du tout. Il y a eu de ce fait grand nombre de manquants dès la première année.
2	Fendant vert sur solonis × riparia 1616.......................	75	Variété assez régulière et bien chargée pour l'année.	0.480	0.270	0.736	1.486	0.495	La plus grande partie des manquants a été complétée en plantant des boutures américaines de la variété correspondante qui ont été greffées ensuite sur place, une fois que ces racinés américains étaient suffisamment développés.
3	Fendant roux sur riparia × rupestris 3309..................	51	Variété assez régulière et bien chargée pour l'année.	0.325	0.192	0.619	1.136	0.378	
4	Fendant vert sur riparia × (cordifolia × rupestris de Grasset) 106-8..	86	Dans cette variété il y a des remplacements ; autrement, en 1906, les souches âgées de 4 ans sont chargées à merveille.	0.365	0.173	0.448	0.986	0.328	
5	Fendant roux sur riparia × rupestris 101 — 16...............	54	Presque tous remplacés en 1906.	0.260	0.183	0.518	0.961	0.321	
6	Fendant vert sur rupestris × cordifolia 107 — 11..................	25	Presque tous remplacés en 1906.	0.112	0.096	0.250	0.458	0.152	
7	Fendant vert sur Berlandieri × riparia 420 A....................	101	En 1906, les 3/4 des pieds, autrement les pieds de 4 ans sont fort jolis.	0.100	0.091	0.223	0.414	0.138	

Tableau concernant la maturité de la vendange de la pièce dite « Sous l'arpent dur » plantée en 1902

Classement par ordre décroissant	NOMS DES VARIÉTÉS	Observations par variété	Note de maturité pour		Observations générales
			1907	1908	
1	Fendant vert sur riparia × (cordifolia × rupestris de Grasset) 106 — 8..................	Il y a des remplacements jeunes.	4	5	Il n'a pas été donné de note de maturité en 1906. On ne remarque rien d'anormal pour la maturité chez aucun des porte-greffes de ce champ en ce qui concerne cette année.
2	Fendant vert sur Berlandieri × riparia 157 × 11..............		4	4	
3	Fendant vert sur solonis × riparia 1616..................	Il y a des remplacements jeunes.	4	4	
4	Fendant roux sur riparia × rupestris 3309..................		4	4	
5	Fendant roux sur riparia × rupestris 101 × 14	Remplacem. de 1906.	point récolté	4	
6	Fendant roux sur rupestris × cordifolia 107 × 11.............	» » »	id.	4	
7	Fendant vert sur Berlandieri × riparia 420 A.................	3/4 des pieds remplacés en 1906.	4	4	

c'est question résolue pour le 157 ✕ 11, et que l'aire d'adaptation de ces américo-américains est des plus étendue [1], comme nous l'affirmait du reste M. Bouisset, il y a bientôt dix ans.

Si les autres plantations de ces Berlandieri ✕ riparia faites par nous aux environs de Vevey ne donnent pas toutes des rendements moyens élevés, cela tient, non pas à ce que ces porte-greffes ne sont pas adaptés, mais au fait que plusieurs de nos champs d'expériences de cette contrée n'ont pas réussi comme reprise à la plantation, quels qu'aient été les porte-greffes, parce que celle-là a été effectuée avant que les terres eussent été ressuyées

A cet égard, citons que des *1616* d'une plantation effectuée à Corsier par un temps déplorable, ont eu une reprise bien meilleure que celle d'autres variétés, vu leur résistance connue à l'humidité.

Ici les 1616 nous donnent le joli rendement moyen de 0,495 avec une note de maturité de 4 ; ils paraissent donc, eux aussi, malgré leur proche parenté avec les riparia, se tirer d'affaire dans des terres fortes.

Jusqu'ici nous les avions indiqués pour des terres humides à l'excès, qu'elles soient fortes ou légères. Or, celle de ce champ ne présente ce caractère que lors des fortes pluies seulement, et non d'une manière continue.

---

[1] Nous avons cependant constaté qu'à Veyrier, champ d'expériences N° II, si dans une terre parfois sèche 420 B et C ont donné des résultats satisfaisants, 157 ✕ 11 n'y a pas été brillant.

Si donc nous étions tenté d'accorder aux Berlandieri ✕ riparia une aire d'adaptation étendue nous ne voulons pas encore l'accorder d'une façon certaine au 157 ✕ 11 qui nous paraît indiqué pour nos terre argileuses mais pas, jusqu'à plus ample informé, pour des terres d'alluvions sèches.

Si on examine, par année, les résultats du
3309, nous voyons qu'ils ne sont pas trop mauvais, attendu que ce porte-greffe est greffé en
fendant roux.

Nous pouvons donc conclure que les riparia ✕
rupestris 3309 supportent les terres fortes. Nous les
avions indiqués, en 1899 et en 1904[1], comme pouvant convenir aussi bien à des terres sèches et pier-
reuses qu'à des terres compactes : cette expérience
prouve que c'est exact en ce qui concerne les dites
terres compactes[2].

Quant aux autres porte-greffes mis en expérience
dans ce parchet, s'ils ne nous donnent pas de résultats comparables pour la raison citée plus haut, ils
nous fournissent cependant des indications.

Les riparia ✕ rupestris *101 ✕ 16* greffés en
fendant roux, se sont fort bien comportés ; quand
même ils ont été presque tous remplacés en 1906,
ils ont accusé en 1908 un rendement moyen de
0,518 ce qui est fort joli. D'après M. Bouisset, ce
plant serait plus vigoureux que son proche parent
le 101 ✕ 14, et il semblerait au dire de ce spécialiste convenir à la plupart de nos terres, mais nous
ne le connaissons pas assez pour le juger.

Les *420 A* greffés en fendant vert n'indiquent
pas un fort rendement, ce qui n'a rien d'étonnant

[1] Voir pages 16 et 35 de notre « Réunion de diverses brochures
éditées par la pépinière de Veyrier », (1904).
[2] Quant à leur adaptation aux terres caillouteuses et sèches, nous
pouvons dire que nous n'avons jamais reçu de plaintes des propriétaires de vignes de nos régions, chez lesquels nous avons reconstitué
avec ces plants, *cependant nous serions tentés de ne pas leur attribuer
tout à fait autant de résistance à la sécheresse qu'en 1904.*
Nous verrons pourquoi, plus loin, à l'occasion d'une expérience faite
à Clapiers, près Montpellier. (Expérience No 14).

puisque le $^3/_4$ des pieds ont été remplacés en 1906 mais les quelques pieds échappés au mildew en 1902 se sont toujours montrés très chargés, ce qui nous permet d'avancer qu'ils supportent des fortes terres.

Nous pouvons dire de même du *106*[8] qui serait fort bien adapté à des terres fortes, les quelques souches qui ont échappé au mildew meurtrier de 1902 ont toujours été remarquablement chargées.

Quant au *107 × 11* ses pieds ont été presque tous remplacés en 1906, il nous est donc difficile de conclure. C'est un rupestris × cordifolia que, vu ses racines charnues, on nous avait recommandé d'essayer dans nos fortes terres. Il ne serait cependant pas à laisser de côté au point de vue expérience, attendu qu'à Veyrier il s'est bien comporté[1], en ce qui concerne son classement au point de vue poids du moins.

CHAMP D'EXPÉRIENCES N° IX

A Nant sur Vevey, terrasse dite *l'Arpent dur*. Ce parchet se trouve situé immédiatement au-dessus de celui de l'expérience N° VIII, dit sous l'Arpent dur.

Le terrain est aux points de vue *géologique et nature agricole* de la terre, le même que celui de l'expérience faite au lieu dit *sous l'Arpent dur*, autant du moins qu'on en peut juger sans le faire analyser.

Toutefois, il est encore plus fort que dans la der-

[1] Voir dans la présente brochure, les résultats de l'expérience N° II faite à Veyrier et ceux de l'expérience N° X faite à Paluds près Vevey.

nière expérience, c'est la plus forte terre de celles du vignoble de Nant ; il y a des moments où la meilleure charrue ne peut y mordre.

Rappelons brièvement que, dans l'expérience N° VIII, l'étage géologique est le *tertiaire*, (poudingues du miocène recouverts par le glaciaire).

Les pourcentages calcimétriques, trouvés dans la terre de l'expérience précédente se montaient à 8,61 % sol et 7,38 % sous-sol, tandis qu'à l'*Arpent dur*, champ d'expériences qui nous occupe en ce moment, nous avons trouvé pour deux échantillons, sol et sous-sol mélangés, 25,6 % et 27 %.

Il sera donc nécessaire de faire par la suite l'analyse physico-chimique de ce terrain.

Quoique en coteau, cette vigne est dans une situation plutôt mauvaise car elle est à la limite supérieure de la vigne pour cette région ; en outre, au nord et à l'est, ce parchet est bordé par une rangée de conifères qui, quoique à une certaine distance, lui portent préjudice à cause de leurs racines.

Les variétés plantées ici primitivement, destinées à former des pieds-mères de collection, ont été greffées dans la suite sur place avec des fendants verts et roux en mélange.

Pour chacune des variétés, il a été laissé quelques pieds non greffés afin d'étudier le porte-greffe franc de pied.

Ce greffage sur place exécuté par des greffeurs moins habiles que M. Hugon Ernest, ancien contre-maître, lequel avait exécuté sur place celui du champ d'expériences N° II[1] Veyrier, a manqué en

---

[1] Ce dernier greffage avait fort bien réussi, voir expérience II (pépinière de Veyrier).

bonne partie, il en est résulté une grande irrégularité de reprise et d'âge,[1] irrégularité de reprise augmentée aussi par le fait de la compacité extraordinaire de ce terrain, les bourgeons des greffes ayant beaucoup plus de peine qu'ailleurs à percer les buttes[2].

Il n'y a donc pas grand chose à retirer pour le moment des chiffres du tableau annexé à cette page, l'expérience est trop courte et les facteurs trop défavorables; on peut cependant en retirer quelques petits faits, entre autres la possiblité d'une affinité tout au moins suffisante au point de vue maturité des produits du greffon entre chasselas et *rupestris × Berlandieri 219 A, solonis × (cordifolia × rupestris) 202 × 5; rupestris × Berlandieri 301 B;* ce qui ne veut pas dire qu'elle soit mauvaise avec 301 A et rupestris Ganzin.

(Voir tableau ci-contre).

Une remarque qui se dégage aussi de ces observations « c'est que dans cette terre très forte les pieds d'*Aramon × rupestris ganzin N° 9* sont vigoureux ». Toutefois l'ensemble de l'expérience IX est encore à faire.

Disons quelques mots de ces cépages, car ils sont assez peu connus dans notre région, l'*Aramon rupestris N° 9 excepté.*

Les *rupestris × Berlandieri* sont moins répandus que les *Berlandieri × riparia.* Ils ont été créés dans le but d'avoir des porte-greffes résistants au calcaire, et plus rustiques encore que les *Berlandieri*

---

[1] D'âge, par le fait de remplacements introduits 2 et 3 ans après le greffage primitif.

[2] En outre les loups (rejets) qui repoussent du sujet ont été mal enlevés par le vigneron encore peu habitué à ce travail.

Tableau concernant quelques porte-greffes plantés en boutures et greffés sur place à l'« Arpent dur », Nant

Plantation en 1905. — Greffage en 1907	Nombre de pieds greffés	Poids net de la récolte en 1908	Poids par cep en 1908	Lots de matériel de greffes en 1908	Observations faites fin juin 1910 — En 1909 et 1910 les vides de la plantation ont été comblés par des greffes-boutures racinées des mêmes variétés	Observations faites fin juin 1910 — après de très fortes pluies sur des greffes boutures racinées d'un an et de deux ans des mêmes variétés, plantées à Nant *dans un autre terrain* (mi-fort et calcaire 15 à 40 %) influencé par un ruisseau
...dant vert et roux sur rupestris × Berlandieri *219 A*	14	Kg. 1.250	0.089	4	La reprise au greffage ne semble pas mauvaise les pieds greffés sont en bonne santé.	Reprise des greffes-boutures racinées en place (greffes en fendant) bonne, observées à la deuxième feuille.
.. sur solonis × (cordifolia × rupestris) *202-5*	10 (il y avait primitivem. 13)	1.—	0.100	4	Quelques jolis pieds greffés, pas trop mauvaise reprise, pieds-mères d'une vigueur moyenne.	Greffes-boutures racinées, à leur 3ᵐᵉ feuille assez belles dans un endroit, moins belles dans un autre, un peu de chlorose, mais non loin de là des européens ont aussi une légère chlorose, reprise en place bonne.
.. sur rupestris × Berlandieri *301 B*	7 (primitivem. 14)	0.500	0.071	4	Passablement de manquants aux pieds greffés, deux à trois pieds assez beaux, les pieds-mères qui jusqu'en 1908 inclus ne se comportaient pas mal sont très chétifs ; ils ont été gelés en 1909 et ont sans doute souffert du froid dans la bourre, étant à fleur de terre, en 1910.	Greffes-boutures racinées à leur deuxième feuille un peu chétives, reprise en place bonne.
.. sur cabernet×rupestris 33 A'.	6 (primitivem. 14)				Beaucoup de ratés au greffage, pieds-mères vigoureux	Reprise en place des greffes-boutures racinées bonne, greffes de deuxième feuille se portant bien. A un autre endroit pieds greffés à leur troisième feuille, jolis mais un peu pâles.
.. sur rupestris × Berlandieri *301 A*	11 (primitivem. 14)	0.500	0.045	1	Pieds greffés assez jolis, quelques raisins, pieds-mères rabougris ont sans doute gelé, car avant 1909, ils végétaient bien.	Reprise en place de greffes-boutures racinées bonne, santé des greffes de deuxième feuille, bonne.
.. sur monticola × riparia *554-5*	6 (primitivem. 22)	—	—		Greffes manquées, quelques-unes réussies ont fructifié, pieds-mères assez vigoureux.	Reprise en place des greffes-boutures racinées bonne, santé des pieds greffés à leur deuxième feuille, bonne. Quelques feuilles un peu pâles.
.. sur Aramon×rupestris Ganzin Nº 9	5 (primitivem. 16)	—	—		Pieds-mères très vigoureux, paraissant réellement convenir à cette terre. Greffage manqué.	Reprise en place des greffes-boutures racinées bonne, santé des pieds greffés à leur deuxième feuille, bonne.
.. sur rupestris × Berlandieri *219 A*	4 (primitivem. 5)	—	—		Pieds greffés pas vilains, pieds-mères chétifs, probablement à cause de la gelée. Avant 1909 ils végétaient bien.	
.. sur rupestris Ganzin	5 (primitivem. 18)	0.250	0.019	1	Greffage manqué sauf 3 pieds qui sont vigoureux et qui fructifient. 3 pieds-mères, dont un 1 assez vigoureux, 2 autres chétifs. La gelée en est peut-être cause car avant 1909, ne ils végétaient pas mal.	Reprise en place des greffes-boutures racinées, bonne, pieds greffés à leur deuxième feuille, un peu plus chétifs que ceux des variétés ci-dessus.

$\times$ *riparia*. Ils ont donné de bons résultats dans les Charentes, mais même là et malgré leur valeur, ils semblent se répandre beaucoup moins, ou même pas du tout dans la pratique.

Toutefois, étant donné que la résistance à la chlorose de beaucoup de variétés de rupestris pur, n'est, au dire de plusieurs auteurs[1], guère plus élevée, si ce n'est moins[2] que celle du riparia il en résulte que la résistance à la chlorose des rupestris $\times$ Berlandieri serait peut-être inférieure[3], légèrement inférieure, à celle des Berlandieri $\times$ riparia.

Dans son remarquable livre[4], M. Gervais dit :

« En alliant le sang des rupestris à celui des
« Berlandieri, on a cherché à créer des hybrides
« encore plus rustiques, plus résistants à la séche-
« resse et aux sols caillouteux que les Berlandieri
« riparia. Les rupestris $\times$ Berlandieri sont peu
« répandus, il faut aller dans les Charentes, chez
« M. Verneuil, à Conteneuil, chez M. Bethmont, à la
« Grève et au champ d'expériences de Marsville
« pour les juger comparativement au Berlandieri $\times$
« riparia : il semble que dans les années sèches,
« ils s'y soient montrés égaux à ces derniers, et

---

[1] Voir « Les porte-greffes et producteurs directs 1902, page 250, par L. Ravaz, Montpellier. Coulet et Fils, éditeurs, Grand'Rue

[2] Ne pas confondre ces variétés de rupestris purs avec le rupestris du Lot, qui, lui, est fort probablement un hybride, et qui résiste au calcaire. Or, jusqu'à ce jour les rupestris $\times$ Berlandieri avaient été hybridés avec des rupestris autres que le rupestris du Lot.

[3] En ce moment, 30 juin 1910, les jeunes greffes de fendant sur rupestris Berlandieri 219 A, 301 A et B. que nous avons plantés ailleurs qu'à l'Arpent dur, dans une terre mi-forte (15-40 % de calcaire), influencée par un ruisseau ne sont pas chlorosées malgré de très fortes pluies, alors que les monticola riparia 554 $\times$ 5 cabernet $\times$ rupestris 33 A, solonis $\times$ cordifolia $\times$ rupestris, 2025 et même des viniféra francs (chasselas) ont quelques feuilles pâles.

[4] Etudes pratiques sur la reconstitution du vignoble, page 47, Prosper Gervais, Montpellier. Coulet et Fils, éditeurs, Grand'Rue, 5.

« peut-être même légèrement supérieurs. La
« démonstration pour ma part ne m'a pas paru
« manifeste. »

M. Ravaz, M. Guillon, qui les ont étudiés dans
les Charentes, les ont indiqués tous deux, il y a
quelques années, pour des calcaires pierreux et
secs[1] de préférence aux Berlandieri $\times$ riparia.

Les *rupestris* $\times$ *Berlandieri* les plus méritants
sont jusqu'ici les 301 A et 219 A de la collection
de MM. Millardet et Grasset.

A un moment donné, M. Guillon a observé à
Marsville, champ d'expériences de la Station viticole
de Cognac, que 301 A était un hybride des plus
intéressants, c'était, à ce moment-là, celui qui se
comportait le mieux avec le Berlandieri $\times$ riparia
34 E M. Pendant deux ans, placé dans ce champ
d'expériences à côté du Berlandieri $\times$ riparia 420 B,
le rupestris $\times$ Berlandieri 301 A, après avoir été
inférieur à 420 B les premières années, a affirmé une
supériorité bien marquée sur celui-ci, et cette supériorité semblait être due à l'élément rupestris pur
qui, durant ces deux années sèches, donnait à la
plante plus de rusticité et de vigueur.

Depuis, M. Guillon a bien voulu nous écrire en
date du 19 mars 1910, que, dans ses expériences
d'une durée actuellement plus grande, le rupestris
$\times$ Berlandieri 301 A, s'était montré supérieur au
rupestris $\times$ Berlandieri 301 B mais que le riparia $\times$
Berlandieri 420 A lui était supérieur[2] et que ce
dernier était lui-même meilleur que Berlandieri $\times$

---

[1] Il ne s'agissait cependant pas de terrains secs à sous-sol impénétra-
ble, mais de terres ayant dans le sous-sol des réserves d'humidité suffisantes sans être excessives.
[2] Ceci dit dans un sens général.

riparia 34 E M, ceci au champ d'expériences de Marsville où le calcaire atteint 60 %.

Si de l'impression de M. Gervais qui dit que pour sa part la *démonstration de la supériorité sur les riparia × Berlandieri dans les années sèches, ne lui a pas paru manifeste,* nous rapprochons le fait que, plantées à Clapiers, près Montpellier, dans un terrain assez sec, très calcaire[2] assez caillouteux, par endroits assez profond, des greffes sur *riparia × Berlandieri 420 B.* malgré une dose très forte de calcaire et malgré des années sèches, n'ont à *aucun point de vue* laissé à désirer, nous nous demandons si réellement les *rupestris × Berlandieri* sont supérieurs comme résistance à la sécheresse aux riparia × Berlandieri.

Il était de coutume autrefois d'affirmer, *tel un aphorisme,* que le riparia craignait la sécheresse vu ses racines superficielles et grêles, et qu'il fallait le réserver à des terres profondes, meubles et fraîches. De là à conclure que naturellement les *Berlandieri × riparia* résisteraient moins à la sécheresse à cause de leur parenté avec le riparia, il n'y avait qu'un pas.

Nous avons vu plus haut (expérience N° III) qu'on peut accorder, sans exagération bien entendu, au *riparia gloire* une résistance à la sécheresse plus élevée qu'on ne l'aurait cru.

D'autre part, en 1905, M. Ravaz, a bien voulu nous dire que la demande en *riparia gloire* de la part des propriétaires des environs de Montpellier, avait augmenté par suite du fait que cette année-là, encore, les riparia avait mieux *supporté la sécheresse que les rupestris du Lot.*

---

[2] Calcaire moins chlorosant que celui des Charentes.

L'année dernière, quelqu'un qui a habité le St-Emilionais (département de la Gironde), nous disait qu'à son avis les riparia s'étaient aussi bien, si ce n'est mieux comportés que les rupestris dans des terrains assez caillouteux de cette région. Il nous disait cela à Sion (Valais), et un Valaisan présent, qui s'intéresse à la question des porte-greffes, et qui la connaît bien, ayant entendu émettre plus d'une fois, la théorie des terres à riparia, non seulement meubles et profondes, mais fraiches, se récria, alors que l'habitant du St-Emilionais, s'il exagérait ne se trompait somme toute qu'à moitié, si même il se trompait.

De plus, suivant les terrains dans lesquels on place les plants ces derniers savent, plus qu'on ne le croit, s'adapter au milieu qu'on leur offre, ceci jusqu'à un certain point.

Dans les pépinières de nos contrées et vu le climat peu sec, les riparia ont toujours des racines traçantes, perpendiculaires au fil à plomb; mais ceux que nous recevons du midi ont une allure beaucoup plus pivotante, à tel point qu'une fois même nous avons fortement douté d'avoir affaire à des riparia, l'observation des rejets nous prouva par la suite qu'il s'agissait bien de ce plant-là.

Il nous a été donné d'examiner chez M. le commissaire phylloxérique royal Vassalo, à Port-Maurice (Ligurie-Italie), une photographie d'un pied de riparia gloire ayant poussé dans des terres d'alluvions des environs de Vintimille (Ligurie-Italie), dont les racines à allures pivotantes avaient atteint une profondeur phénoménale.

C'était une question de climat. Tout est relatif,

et il faut se garder de généraliser et d'exagérer. Toutefois, les *rupestris* $\times$ *Berlandieri* mériteraient d'être *expérimentés* plus en grand quand même, nous le répétons, nous croyons qu'ils ne valent pas les *riparia* $\times$ *Berlandieri* en général, mais si réellement ils accusaient une rusticité supérieure, nombreux sont les terrains assez cailllouteux, secs en apparence seulement et perméables, dans la Haute-Savoie (Arthaz, la vallée de l'Arve en général, coteau du Salève, Frangy), où ils pourraient trouver place ; dans le Valais, ils auraient peut-être aussi leur application (terrains recouverts de brisés).

Nous croyons, en effet, que ce sont là les terres qui leur conviendraient plutôt[1]. A Nant, jusqu'à présent, dans les terrains glaciaires forts, ils n'ont pas l'air plus indiqués que les rupestris eux-mêmes.

Nous jugeons imprudent ou du moins plutôt inutile de les substituer pour le moment, même dans des terres moins fortes, fussent-elles même un peu plus cailllouteuses et plus sèches, aux *riparia Berlandieri 420 A, 420 B* et aux *chasselas* $\times$ *Berlandieri 41 B*.

Ce dernier, *le 41 B,* paraît devoir convenir à des terrains à hybrides de Berlandieri assez secs et assez cailllouteux, perméables. Mais nous nous demandons encore jusqu'à quel point 41 B pourrait résister à la sécheresse si elle est profonde. A Clapiers

---

[1] Disons en passant que M. Richter, pépiniériste à Montpellier, crée et expérimente deux rupestris $\times$ Berlandieri nouveaux venus, l'un hybride de Berlandieri et rup. du Lot et l'autre un hybride de Berlandieri et rup. Martin. Les rupestris du Lot et Martin étant beaucoup meilleurs que la plupart des rupestris qui ont servi à l'hybridation des hybrides de Berlandieri et rupestris connus jusqu'à ce jour : ces deux nouveaux venus pourraient donc devenir bien plus intéressants que les hybrides de Berlandieri $\times$ rupestris connus jusqu'à ce jour.

près Montpellier, dans des terres plus sèches que les nôtres, mais profondes et riches, somme toute il nous a donné d'excellents résultats, mais à Veyrier (champ d'expériences N° II), sans être mauvais, dans un terrain assez sec, il n'est classé que 20me sur 33, alors que 420 B est classé 7me et 420 C 13me.

A Nant, ailleurs qu'à l'Arpent dur, en terre forte et mi-forte, *219 A* et *301 A*, jusqu'à présent paraissent se tirer un peu mieux d'affaire que *301 B*, dont les greffes sont un peu plus chétives. Aucun de ces trois numéros ne s'est chlorosé en Juin 1910, malgré de nombreux cas passagers de chlorose dans la contrée dus, il est vrai, aux fortes pluies continues et exceptionnelles.

Dans ce tableau, page *146 bis*, nous voyons un *solonis* × *(cordifalia* × *rupestris)*, c'est le N° *202-5 Millardet et Grasset*, qui serait intéressant à essayer chez nous; M. Millardet dit[1] que les 239[2] et 202 paraissent convenir de préférence *aux sols argileux* ou légèrement marneux. Vu sa parenté avec le Solonis, il est recommandé par M. Gervais pour les sols souffrant d'un léger excès d'humidité.

Vu la bonne contenance des hybrides de cordifolia *(le 106*[8] *entre autres)* dans nos fortes terres, l'essai de ce *202-5* dans nos terres fortes serait à faire, sans, pour le moment encore, le répandre dans la pratique. En 1908, les greffons sur *202-5* ont obtenu le chiffre 4 comme note de maturité en terre très forte, à l'Arpent dur ils s'y comportent bien.

---

[1] Page 7 de l'ancien catalogue de M. F. Bouisset, viticulteur à Montagnac (Hérault).

[2] Le 239 est un hybride de (cinerea × rupestris de Grasset) × riparia.

Dans une autre terre, mi-forte (pourcentage de
15 à 40), nous avons observé un peu de jaunisse
ce qui semblerait indiquer qu'il ne résisterait pas
à de fortes doses de calcaire [1].

Concernant le *cabernet × rupestris 33 A*, M. Millardet dit, page 8 de l'ancien catalogue de M. F.
Bouisset, que la haute résistance phylloxérique du
33 n'est pas niée.

D'après l'enquête que M. Gervais [2] a faite au sujet
de ce porte-greffe, il résulterait que si ce dernier
n'a pas toujours une très haute résistance à la chlorose (quoique supérieure à celle d'autres porte-
greffes), il aurait une qualité à ne pas négliger,
celle de résister à la sécheresse, à *la pauvreté du
sol;* il ne serait pas mal placé dans des terres compactes.

Maintes fois nous avons été embarrassé de conseiller un porte-greffe pour des terres très pauvres,
très superficielles, caillouteuses, et avons regretté
que le cabernet × rupestris ne soit pas plus étudié
chez nous, car nous aurions risqué le 33 A[1][3] dans
ces cas-là, concurremment à ceux que nous recom-
mandions en 1904.

A Nant, dans cette terre très forte de l'*Arpent
dur,* si le greffage sur place n'a pas bien réussi
pour ces 33 A[1], les pieds-mères de cette variété sont
vigoureux. Ailleurs, en terrain mi-fort, ces greffes
à leur deuxième et troisième feuille, ont bonne
façon, quelques-unes d'entre elles (par 15 à 40 %

[1] Cette observation a été faite en juin 1910.
[2] Voir « Etude pratique sur la reconstitution », page 61, par
P. Gervais, C. Coulet et fils, éditeurs, 5, Grand'Rue, Montpellier.
1900.
[3] Car c'est sur les 33 le 33 A[1] dont la sélection a prévalu.

de calcaire) étaient un peu pâles, le 27 juin 1910.
M. Guillon a bien voulu nous écrire qu'à Marsville[1]
(près Cognac), 33 A résistait bien au phylloxéra,
qu'il y portait des greffes fructifères, mais qu'il
n'égalait pas les franco $\times$ rupestris employés cou-
ramment.

A l'Arpent dur, nous trouvons également le
monticola $\times$ riparia 554-5, on a peut-être eu tort
de ne pas essayer ce porte-greffe qui au fond n'est
pas[2], à dire vrai, un monticola riparia pur, mais
un æstivalis-monticola[3] $\times$ riparia-rupestris.

Un de ses parents, d'après la littérature viticole,
résiste à la sécheresse et ensuite à la chlorose,
autant que le Berlandieri[4]. En Amérique, à l'état
sauvage, on trouve (d'après Munson) le monticola
en très grande abondance sur tous les plateaux du
crétacé (ce qui serait intéressant pour Neuchâtel).

Le monticola $\times$ riparia serait intéressant à expérimenter dans les terrains secs et calcaires du Valais,
de la Haute-Savoie, de Neuchâtel et de quelques terrains qui sont dans ce cas, secs ou pas, des cantons
de Vaud et de Genève. Le greffage sur place de
554 $\times$ 5 à l'Arpent dur a manqué également, les
pieds-mères sont assez vigoureux. En terrain mi-fort
(15 à 40 % de calcaire), terrain influencé par un
ruisseau, les pieds greffés à leur deuxième feuille,
sont en bonne santé, mais quelques pieds, ce qui

---

[1] Le terrain de Marsville est très calcaire.
[2] Voir Gervais, ouvrage précité « Etudes pratiques sur la reconstitution ». 1900. C. Coulet & Fils, éditeurs, Montpellier, pages 43-45.
[3] Il s'agit ici du vitis-monticola et non du rupestris monticola ou
rupestris du Lot; pour ce dernier, l'appellation rupestris monticola ne
devrait plus être employée, car elle prête souvent à confusion avec le
dit vitis monticola.
[4] D'après M. Ravaz.

nous a étonné, sont un peu pâles (cette dernière observation du 27 juin) ce qui semblerait indiquer que la résistance à la chlorose de ce porte-greffe, ne sera probablement pas aussi forte que celle des *riparia* × *Berlandieri* ou *chasselas* × *Berlandieri*, des *rupestris* × *Berlandieri*, voir même *1202* ou *Aramon* × *rupestris Ganzin N° 1*. Mais, comme nous l'avons dit en note de la page 147, les pieds de chasselas non greffés, non loin de là, sont aussi par places assez pâles. Toutefois, il ne nous a pas encore été donné de voir des *41 B*, des *riparia* × *Berlandieri* ou des *rupestris* × *Berlandieri* pâles. Il est bon d'ajouter que cette année (1910), outre les pluies de ces jours derniers, les vignes ne sont pas dans d'excellentes conditions, elles se ressentent encore de la forte gelée de 1909, et sans qu'il ait gelé en 1910, la température n'a pas été des plus favorables. De plus, il y a eu aussi de fortes pluies en automne 1909.

L'*Aramon* × *rupestris Ganzin N° 9*, avait été lancé, il y a quelques années, comme devant probablement remplir le même but que l'Aramon × rupestris Ganzin N° 1, mais dans l'espoir aussi que la reprise au greffage (le gros défaut de l'Aramon × rupestris N° 1) serait meilleure.

Ce cépage est en expérience à la Station Viticole du Champ de l'Air, qui en greffe chaque année quelques-uns. D'après les renseignements qu'à bien voulu nous donner M. le Dr Faës, il semble qu'il réussira dans les mêmes terrains que l'Aramon rupestris N° 1 et qu'il reprend mieux à la greffe, mais il veut bien ajouter, dans une lettre à nous adressée, que ces expériences sont encore courtes et menées sur une échelle trop petite.

Notre expérience sur ce numéro-là est encore plus courte et plus restreinte que celle du Champ de l'Air. D'après M. Baltzinger, directeur de la pépinière de Veyrier, N° 9 reprendrait, ou du moins semblerait en effet reprendre mieux à la greffe que le N° 1. En ce moment, juin 1910, il y a une rangée de greffes faites ce printemps, avec le n° 9, dans la pépinière de Nant qui sort mieux que celles faites avec le N° 1 ne le font en général[1].

A l'Arpent dur, le greffage (fait dans de mauvaises conditions, il est vrai) sur place du N° 9 en fendant a manqué, par contre, dans cette terre très forte, véritable mastic, trois pieds-mères de ce numéro sont très vigoureux, confirmant ainsi (quand même une expérience de trois pieds n'est pas suffisante) l'opinion du Dr Faës, que l'Aramon $\times$ rupestris Ganzin, comme le 1202, a une faculté intrinsèque de végétation dans les très fortes terres glaciaires.

Si donc la reprise au greffage du N° 9, était non pas bonne, mais simplement moins mauvaise que celle du N° 1, la question de la reconstitution des très fortes terres aurait fait un pas de plus. La résistance au calcaire de ce nouveau numéro restera à déterminer. *On croit* qu'elle sera voisine de celle du N° 1, mais la littérature viticole étant pauvre en renseignements à son sujet, nous réservons notre opinion sur ce point! Les essais du Champ de l'Air semblent nous indiquer jusqu'à présent que cette résistance à la chlorose serait voisine de celle du N° 1.

---

[1] M. Albert Paschoud, pépiniériste à Corsy sur Lutry, a bien voulu également nous dire qu'il estimait, d'après ses essais, que la reprise au greffage était, avec le N° 9, supérieure à celle avec le N° 1.

Nous avons vu plus haut qu'à Nant, en terrain mi-fort, calcaire 15-40 %, influencé par un ruisseau, alors que quelques pieds en juin 1910 de 554-5 (monticola $\times$ riparia), de 202-5 (solonis $\times$ cordifolia-rupestris) de 33 A (cabernet $\times$ rupestris) sont un peu pâles, des greffes en fendant d'Aramon $\times$ rupestris Ganzin N° 9, comme celles du rupestris $\times$ Berlandieri, ne le sont pas.

Le *rupestris Ganzin*, avec le rupestris Martin, possède une résistance très élevée au phylloxéra, frisant presque l'immunité, au dire de MM. Ravaz et Gervais.

D'après les uns, cette variété est très rustique, et donne de belles greffes, mais on l'a abandonnée parce qu'on possède des variétés plus vigoureuses (Ravaz).

D'autres lui reprochent le fait que les greffes vont en déclinant et que la reprise au greffage est mauvaise. Ces affirmations semblent indiquer qu'il serait peu intéressant d'expérimenter ce porte-greffe chez nous et qu'il est inutile de le citer, cependant il nous faut revenir sur la question, car en 1899, nous écrivions [1] :

« Le rupestris Ganzin se contente des sols les plus divers, le rupestris Martin est encore plus vigoureux que le Ganzin » et plus loin [2] : « Si l'on avait affaire à un sol sec superficiel, ou en général superficiel, le rupestris Ganzin serait indiqué ». Nous nous basions alors sur les théories en cours, et nous voyions M. Ravaz dire [3] que cette variété est très

---

[1] Page 8 de notre réunion de diverses brochures 1904, éditée par la pépinière de Veyrier.

[2] Page 9 de la réunion de brochures 1904, pépinière de Veyrier.

[3] Page 116 de Vignes américaines, etc. *Ravaz* chez Coulet et fils éditeurs, Montpellier.

rustique. Nous ne maintenons pas ce que nous avons dit en 1899, quoiqu'il se peut fort bien que le rupestris Ganzin puisse végéter dans les terres pauvres et superficielles, mais nous conseillerons la prudence, sa mauvaise reprise probable au greffage le rend, du reste, assez peu intéressant pour la pratique directe.

En tout cas, nous n'oserions plus affirmer qu'il se contente de sols divers. Ici, également, le greffage sur place à manqué, sauf pour 3 pieds (sur 18) qui eux sont vigoureux ; sur les 5 pieds-mères, 1 est assez vigoureux et 2 chétifs. Ailleurs, en terrain mi-fort (calcaire 15 à 40 %), influencé par un ruisseau, la reprise en place de greffés-soudés et racinés, a été bonne, mais les pieds à leur deuxième feuille sont un peu plus chétifs que ceux des autres variétés, *sans être pâles* toutefois.

Ce porte-greffe ne paraît donc pas devoir faire merveille dans nos terres argileuses, mais il nous est impossible de conclure à son sujet, ayant trop peu de données.

CHAMP D'EXPÉRIENCES N⁰ X

Parchet dit « Paluds » situé à 1 ¹/₂ kilomètre au nord-est de Vevey. Les vignes de ce quartier sont plantées en grosse terre, produisent franches de pied plutôt beaucoup, mais presque chaque année elles ont à souffrir de la cochylis, vu qu'entourées de mamelons elles forment cuvettes.

Etage géologique, miocène inférieur, molasse rouge,

le glacier du Rhône a recouvert cet étage, mais on constate, semble-t-il, plus nettement, l'influence des roches de la molasse, que dans d'autres endroits où les roches sont constituées par des poudingues recouverts également par le glacier.

Nature agricole du sol : serait qualifiée dans notre région de forte, à classer par rapport aux terres vaudoises plutôt entre les terres fortes et très fortes, car il y en a de plus fortes dans ce canton.

Du reste, toutes les terres de la molasse rouge sont fortes, quelques unes d'entre elles constituent même les terres les plus fortes du canton de Vaud.

Par rapport à la plupart des vignobles de France, cette terre serait qualifiée de très forte. Elle est profonde. Lorsqu'il pleut, elle retient l'eau avec force, on ne peut la travailler, et lorsqu'il y a des périodes de sécheresse, elle devient dure, se fendille et se sèche même. On peut presque appliquer à cette terre les expressions locales, suivantes : quand il pleut « *on ne peut plus dehors* » ; lorsqu'il fait sec « *la terre fait ressort* » ; c'est une de ces terres auxquelles les retersages au fossoir (binages) faits en août (avant la véraison), habitude qui se perd à tort vu la difficulté de trouver de la main d'œuvre, feraient grand bien [1].

Pourcentages calcimétriques

sol (après défoncement) c'est à dire ancien sous-sol		9,5
sous-sol » » ancien sol		4,5

[1] Lorsque de plus grands espacements ou des échanges parcellaires permettront dans des vignes d'une plus grande surface d'employer des charrues ou des houes, cela sera un bienfait car les travaux du sol passés au second plan de nos jours pourront s'effectuer alors que c'est presque impossible aujourd'hui, vu la pénurie de main d'œuvre.

En 1903, MM. Lagatu et Sicard ont bien voulu
nous adresser un rapport d'analyses commentées sur
un échantillon de cette terre. Le dit rapport N° II
figure in extenso à l'appendice, à la fin de ce livre,
mais nous en donnons ici les chiffres d'analyse
suivants :

Cailloux et Gravier

Pour 1000	Cailloux	Gravier	Total
Palud sol...............	127	67	194
Palud sous-sol..........	45	63	108

Constitution mécanique

Pour 1000	Sable gross.	Sable fin	Argile	Humus
Serait pour une terre franche type.......	600-700	200-300	60-100	10
Palud sol	292,1	491,2	218,8	7,9
Palud sous-sol	271,7	454,6	291,5	2,2

Citons ici un fragment du texte du dit rapport :
« Le sable grossier est l'organe de division, aération,
« perméabilité.

« Le sable est l'organe de tassement et d'asphyxie.

« L'argile fin est l'organe de plasticité pour la
« terre humide, de cohésion pour la terre sèche.

« L'humus est un améliorant mécanique pour
« tous les sols.

« Nous voyons que dans le sol comme dans le
« sous-sol il y a grande insuffisance de sable gros-
« sier, grand excès de sable fin, énorme excès

« d'argile (surtout dans le sous-sol). L'humus en
« quantité notable dans le sol, est en quantité insi-
« gnifiante dans le sous-sol.

« Nous sommes donc en présence de terres très
« fortes, plastiques, argileuses. La plasticité ou la
« cohésion qui résulte de l'argile sont particulière-
« ment accentuées dans le sous-sol qui est bien plus
« argileux, moins humifère et, ainsi que nous le
« verrons plus loin, moins calcaire que le sol..... »

Constitution minéralogique

Lot silicieux

Pour 1000	S. D. grossier	S. fin	Argile	Total
Terre type......	600	200	70	870
Palud sol.......	219,7	408,7	218,8	847,2
Palud sous-sol...	257,6	409,0	291,5	958,1

Lot ferrugineux

Le fer total dans le sol est dans la proportion de
27,75 ; dans le sous-sol dans les proportions de
34,61 pour 1000, le sous-sol est donc plus ferrugineux.

Le dosage spécial du fer dans l'argile a donné les
résultats suivants pour le calcul de l'argile véritable :

Pour 1000 de terre fine	Fer dans l'argile brut	Oxyde ferrique correspondant	Argile brut	Argile véritable
Palud sol....	11,20	16,0	218,8	202,8
Palud sous-sol	15,12	21,6	291,5	269,9

11

Lot calcaire

Pour 1000	S. grossier	S. fin	Total
Terre type	50	50	100
Palud sol.	9,5	77,5	86,5
Palud sous-sol.	4,5	17,0	21,5

Lot organique

Pour 1000	Débris	Humus	Total
Terre type.	10	10	20
Palud sol	6,0	7,9	13,9
Palud sous-sol.	6,5	2,2	8,7

Pour 1000 de terre fine	Alcalinité en AzH^3
Palud sous-sol	0,71

Valeur alimentaire

Pour 1000	Azote	Ac. ph.	Potasse	Magnésie	Chaux
Richesse satisf.	1	1	2	1	50
Palud sol.	0,95	0,10	0,62	2,68	39,2
Palud sous-sol.	0,78	0,68	1,13	5,74	10,74 [1]

[1] Quoique le but de ce chapitre ne soit pas de traiter des questions de drainage, de fumures, disons en passant que les précieuses indications contenues dans cet exposé peuvent s'appliquer en ce qui concerne ces deux dernières questions, *jusqu'à un certain point*, à toutes les terres de la région situées entre la Tour de Peilz et Blonay et entre Blonay et Burier, jusque près de Clarens ; ces terres-là sont situées sur la molasse rouge (voir carte géologique f^{lle} XVII), celles de Palud, de Sully, de la Doge, dont nous parlerons plus loin, en font partie).

Nous retenons de ce rapport que M. Lagatu qualifie la terre de Palud de *très forte*, il en est même frappé.

Ce terrain l'est, en effet, par rapport à la plupart des terres françaises et, lorsque nous sommes revenus chez nous après avoir fait nos études en France, *la première chose qui nous a frappé, c'est la force, la compacité de nos sols.*

Comme on le voit par les tableaux ci-joints, l'expérience que nous avons faite dans cette terre a fort malheureusement manqué parce que dans cette terre si compacte et asphyxiante, la plantation a été faite presque sous la pluie, ce qui était une grosse erreur, mais l'équipe des planteurs était venue de Genève, et on n'avait pas osé la renvoyer.

D'autre part, et nous en avons déjà parlé à propos de l'expérience N° VII, même exécutées par le beau temps, dans de si fortes terres, les plantations

A notre avis nous indiquerions parmi les plants qui peuvent réussir dans cette terre de Palud le *101* × *14*.

En 1904 nous avions cité dans notre réunion de brochures que ce porte-greffe donnerait de bons résultats dans nos terres très fortes. Or, M. le Dr Faës nous fit observer en 1904, à la Société d'agriculture de la Suisse romande, que nous avions dû faire une légère erreur et que nous ne voulions pas sans doute parler de nos terrains les plus forts où, à son avis, les *Aramons* × *rupestris N° 1* et les *mourvèdres* × *rupestris 1202* paraissaient plus indiqués vu la force de pénétration de leur racines. A ce moment-là le (cordifolia × rupestris) × riparia 106[8] et les Berlandieri × riparia qui peuvent aussi réussir dans ces terres n'étaient pas encore sortis chez nous du domaine de l'expérience.

En ce qui concerne cette question de compacité, il suffit en somme de savoir à quel point de vue on se place. Dans notre brochure de 1904, nous voulions parler en général de nos sols forts, recouverts de glaciaire, les trouvant très forts par rapport à des terres d'autres pays et ne visions pas les terrains les plus forts de cette région, à Blonay, Burier, La Tour, domaines de Sully et de la Doge entre autres. M. Faës ne se trompait pas en conseillant l'Aramon et le 1202 pour les sols les plus forts, l'expérience l'a prouvé, et en outre, nous nous exprimions mal au point de vue local.

Cependant, même en 1902, nous avions planté du 101 × 14 en confiance dans les terres les plus fortes, au point de vue vaudois, de cette région de la molasse rouge, à Sully-sous-Blonay entre autres.

Or, nous pouvons dire aujourd'hui que si Aramon × Ganzin N° 1 et 1202 ont donné de bons résultats dans ces terres très fortes ; 101 × 14 en a donnés aussi. en outre, ce que nous avons vu un peu partout dans nos régions au sujet de la bonne conduite de 101 × 14 qui paraît fort bien adapté à notre climat nous engagerait à l'employer souvent de préférence (si le calcaire le permet), même dans de très fortes terres. Il a aussi, pour notre habitude de tailler court, un avantage, celui de ne pas avoir besoin, la plupart du temps, d'une taille beaucoup plus généreuse que le système employé dans le canton de Vaud.

Tableau concernant les pesées faites « en **Paluds** » (pièce d'en haut et pièce d'en bas)

NOMS DES VARIÉTÉS	Nombre de pieds	OBSERVATIONS PAR VARIÉTÉ	1906 Kg.	1907 Kg.	1908 Kg.	Poids total par cep Kg.	Récolte moyen. Kg.	Observations générales
Fendant vert sur Berlandieri×riparia *157×11*	31	Vieux pieds qui se ressentent, du moins quelques-uns de la mauvaise plantation. En 1908 ces pieds sont devenus normaux, deux ont produit chacun 1.050 kg. et un autre 1 kg..	0.216	0.102	0.476	0.794	0.265	Cette plantation a été faite en 1902 par un très mauvais temps. Il y a eu beaucoup de manquants dans toute la plantation. – (Voir les observations par variété).
Fendant roux sur riparia×rupestris *101×14*..	34	Assez complet...........	0.095	0.104	0.442	0.611	0.204	
Fendant vert sur solonis×riparia *1616*	44	Id.	0.115	0.132	0.329	0.576	0.192	
Fendant roux sur riparia×rupestris *101×16*..	101	Il y a eu des remplacements en 1906	0.321	0.053	0.168	0.542	0.181	
Fendant vert sur riparia gloire	37	Variété assez régulière, mais un peu faible...	0.135	0.072	0.324	0.531	0.177	
Fendant roux sur riparia × rupestris *3309* ...	22	Assez complet...........	0.091	0.077	0.341	0.509	0.169	
Fendant roux sur riparia × rupestris *3306* ...	20	» »	0.040	0.146	0.262	0.448	0.149	
Fendant vert sur Berlandieri×riparia *420 A*..	135	Les ceps de cette variété sont un peu faibles, les deux tiers ont été remplacés en 1906 ...	0.071	0.076	0.168	0.315	0.105	
Fendant vert sur chasselas × Berlandieri *41 B*	24	Avec beaucoup de remplacements en 1906 ...	0.050	0.002	0.100			
Fendant roux sur riparia grand glabre.......	13	Beaucoup de remplacements en 1906	0.077	0.175	0.269			
Fendant vert sur Berlandieri × riparia *420 B*.	1	Remplacé en 1905	0.000	0.000	0.500			
Fendant roux sur Berlandieri × riparia *420 C*.	99	Presque complètement remplacés en 1906, huit-dixièmes de remplacement...........	0.037	0.023	0.108			
Fendant roux sur Berlandieri × riparia *420 B*	92	Les trois-quarts env. ont été remplacés en 1906	0.014	0.027	0.125			
Fendant roux sur rupestris Martin	10	Beaucoup de remplacements en 1906........	0.070	0.002	0.100			
Fendant vert sur riparia×(cordifolia×rupestris de Grasset) *106×8*	32	Tous remplacés en 1906, quelques-uns déjà en 1905...........	0.000	0.000	0.037			1 pied sur *106×8* a rapporté 0,400 kg. en 1908.
Fendant vert sur solonis × riparia *1616*	51	Régulière comme végétation, mais pas remarquable comme production...........	0.133	?	?			

Tableau concernant les observations de maturité du champ d'expériences N° X, de Paluds

(pièce d'en haut et pièce d'en bas)

	NOMS DES VARIÉTÉS	Nombre de pieds	1907	1908
1	Fendant vert sur Berlandieri × riparia 157 × 11....................	31	4	4
2	» roux sur riparia × rupestris 101 × 14....................	34	4	4
3	» vert sur solonis × riparia 1616........................	44	4	4
4	» roux sur riparia × rupestris 101 × 16	101	4	4
5	» vert sur riparia gloire........................	37	4	4
6	» roux sur riparia × rupestris 3309	22	4	4
7	» roux sur riparia rupestris 3306........................	20	4	4
8	» vert sur Berlandieri × riparia 420 A	135	4	4
9	» vert sur chasselas Berlandieri 41 B....................	24	—	4
10	» roux sur riparia grand glabre........................	13	4	4
11	» vert sur Berlandieri × riparia 420 B....................	1	4	4
12	» vert sur Berlandieri × riparia 420 C....................	99	4	4
13	» roux sur Berlandieri × riparia 420 B	92	4	4
14	» roux sur rupestis Martin	10	4	4
15	» vert sur riparia × (cordifolia × rupestris de Grasset) 106×8.	32	4	4
16	» vert sur solonis × riparia 1616........................	51	4	—

sont beaucoup plus lentes à évoluer et surtout à fructifier. [1]

Nous avons beaucoup hésité avant de publier les résultats de cette pitoyable expérience, où tous les carrés foisonnent de remplaçants, parfois étouffés par les voisins les plus vieux. Toutefois, nous le faisons tout de même, d'abord parce que les notes de maturité sont intéressantes étant *toutes bonnes*, ensuite ce tableau, examiné dans ses détails, indique que certains porte-greffes ont pu, malgré cela, montrer que leur greffons fructifiaient convenablement, et à ceux-ci on peut réserver droit de cité chez nous, dans nos terres fortes, presque très fortes même.

Nous prions nos lecteurs de ne pas conclure que ceux qui n'ont pas donné de poids sont mauvais. Cependant, nous remarquons que le 107×11 n'a guère fait merveille, et que, dans l'expérience sous l'Arpent dur N° 7, il en a été à peu près de même, nous ne voulons pas dire par là qu'il n'est pas capable de donner de bons résultats dans nos fortes terres. A

---

[1] Ceci est un motif en faveur des défoncements faits de bonne heure, en automne, des fossoirs faits de bonne heure au printemps, des œuvres profondes, des rétersages au fossoir.

Or, c'est le contraire qui se fait chez nous *le rétersage, entre autres, devient un souvenir à classer dans la partie historique du vignoble vaudois*. On répond à cela : « On ne peut pas, on a eu trop de *travail*, on met le froid dans la terre, si on fossoye ou défonce trop tôt ». Oui c'est très difficile, il y a de réelles excuses, mais parfois on pourrait faire mieux, et d'autre part, *jamais nous n'avons proposé de travailler par le mauvais temps, il faut soigneusement l'éviter*, et nous prétendons qu'en automne, pour défoncer, il y a autant de beaux jours qu'au printemps en ce qui concerne les fossoirs, on peut fort bien trouver en mars, février, des jours sans pluie, au lieu de cela on attend en ce qui concerne les défoncements au printemps, moment où le vigneron est bousculé, pour les fossoyages on attend parfois fin mai. D'autres travaux de toutes sortes arrivent en même temps, même des sulfatages, s'accumulant ainsi à un moment où les ouvriers sont chers.

Veyrier (terre pas forte), il a donné au point de vue rendement de bons résultats, mais sa note de maturité n'y a été que de 2,89. Nous ne voulons pas conclure et nous pensons qu'il est encore à observer. Remarquons que là et sous *l'Arpent dur*, son greffon obtient la note de maturité 4.

D'après tout ce qui a été dit contre le *riparia gloire*, il aurait pu donner un résultat plus mauvais attendu qu'il est ici dans une terre qui, vu sa compacité, n'est pas celle lui convenant. Il a donné, en 1908 0 kg. 324 par pieds.

Le *riparia grand glabre*, dont une foule de pieds ont été remplacés en 1905 et 1906 a donné 0^{kg}269, à l'âge de 2 et 3 ans. Le *101 × 14*, greffé en fendant roux, donne, en 1908, *0 kg. 412* par pied, alors que le *3309* (indiqué par beaucoup comme pouvant supporter une compacité plus grande que le 101 × 14) a donné cette année-là 0 kg. 341, et et le *3306* 0 kg. 262.

Le *101 × 14*, ne craindrait donc pas tant la compacité.

Dans un des carrés, le fendant vert sur *1616* se tire d'affaire comme le *riparia gloire*, c'est-à-dire pas trop mal, 0 kg. 329 en 1908, tandis que dans le second carré, il ne fait pas merveille. On ne peut pas juger le *riparia × rupestris 101 × 16*, parce qu'il y a eu de nombreux remplacements en 1906, si ses pieds ne sont pas beaux pour 1907 et 1908, constatons qu'en 1906, il a donné 0 kg. 321 par pied, donc pas mauvais.

Cette expérience ne nous permet aucun jugement au sujet des *cordifolia × rupestris 106*[8], ils ont tous été remplacés en 1906, mais ce que nous avons vu à leur sujet à l'Arpent dur, forte terre, expérience

VII, nous suffit. Certains pieds à Paluds sont en outre suffisamment chargés pour permettre de lui accorder confiance dans nos terres argileuses compactes, ainsi qu'aux Berlandieri × riparia, *157 × 11* et *420 B*, de préférence aux autres hybrides de Berlandieri jusqu'à plus ample informé.

Le *Berlandieri × riparia 420 A* est placé dans de trop mauvaises conditions et a trop souffert de l'humidité pendant la plantation pour qu'on puisse conclure. Toutefois, nous pensons qu'il est à même de rendre des services dans ces terres, à condition que celles-ci ne souffrent pas d'un excès d'humidité et que la plantation soit effectuée par un temps sec.

Nous serions tentés (*à vérifier dans la suite*) d'accorder chez nous au *Berlandieri riparia 157 × 11* une résistance à l'humidité[1] et aux terres asphyxiantes un peu plus forte, puisque plantés dans des conditions de cette nature, ils ont trouvé moyen de donner en 1908, 0 kg. 476 par pied et que cette année-là, 2 pieds de cette variété ont produit chacun 1 kg. 050.

Le *420 B*, complètement remplacé en 1905, a donné à sa troisième feuille (il s'agit d'un pied seulement) 0 kg. 500. Nous le croyons apte à donner des résultats dans des terres compactes.

Le *420 C*, porte-greffe dans lequel nous avons confiance, n'a pas fait merveille, mais les conditions de ce milieu lui sont trop contraires pour qu'on puisse le taxer pour cela de mauvais porte-greffe. Nous pouvons dire la même chose de *41 B*[2].

---

[1] Sans lui accorder la résistance à l'humidité du 1616 ou du 3306.

[2] Cependant nous avons l'impression que ce dernier plant est plutôt indiqué pour des terres plus meubles et surtout retenant l'eau moins longtemps.

Au sujet des *rupestris Martin*, nous ne pouvons conclure pour des terres de cette nature, vu les circonstances spéciales.

EXPÉRIENCE N⁰ XI

Chantemerle, Commune de Corsier s/ Vevey

Expérience faite sur deux parchets attenant l'un à l'autre, parchet du haut, parchet du bas.

Etage géologique. Tertiaire, miocène inférieur. Nature agricole du sol et observations agro-géologiques, faites par M. I. Anken :

« Altitude 468 mètres : inclination, Ouest-Est, surplombant le cône de déjection de la Veveyse.

« Dans la profondeur, poudingues et grès du miocène inférieur (tertiaire moyen).

« Sol assez profond (0,70-1,10 environ). Argile glaciaire, *terre mi-forte,*, graveleuse, avec quelques éléments de poudingues, et quelques fragments de grès. Sous-sol humide, mais eau non stagnante, formant des sources non permanentes aux points où la couche sous-jacente imperméable affleure. »

Toutefois, au point de vue pratique, nous ne traiterions pas cette terre d'humide à l'excès, quoiqu'une vigne au-dessous de l'endroit examiné, ait dû être drainée ; le sol est sain[1]. La terre serait peut-être

---

[1] Si les solonis ✕ riparia 1616 s'y sont présentés les premières années comme nettement supérieurs en végétation c'est que là, de nouveau, la plantation la plus âgée (Chantemerle le bas), a été effectuée à tort par un temps très humide.

forte si elle n'était divisée par de petits cailloux, comme le sont du reste toutes les terres qui sont autour de ce parchet[1]. Néanmoins, elle n'adhère pas aux chaussures et aux outils après de fortes pluies.

Analyse physique et chimique

Nous n'avons pas fait faire l'analyse de ce parchet autrement qu'au point de vue calcimétrique, mais nous possédons une analyse d'un parchet voisin, de même formation géologique et même nature de terre au point de vue agrologique, exécutée par M. Monnier et qui a donné les résultats suivants : sol et sous-sol jusqu'à 0,60 en mélange.

N° 18 sol. En Chantemerle.

Analyse mécanique

Eléments grossiers. . . . . $>$ lm/m 417
Terre fine . . . . $<$ lm/m 583
                                                  —————
                                                       100

Analyse physico-chimique

Humidité . . . .   2,00 %
Argile. . . . .   16,88 %
Calcaire . . . .   5,12 %
Gros sable siliceux . . . .   9,00 %
Sable siliceux fin . . . .   65,50 %
Matières organiques . . . .   1,50 %
                                                  —————
                                                    100,00

[1] La Vipère, Chantemerle, la Cure d'Attalens, probablement grâce à ces cailloux et à la bonne exposition produisent d'excellents vins qui mériteraient un peu plus de réclame.

Analyse chimique

Azote . . . .   0,119 %

Acide phosphorique . . . .   0,151 %

Potasse totale . . . .   0,97 %

Pourcentages calcimétriques. Echantillons préle-vés dans *les lignes de riparia gloire* :

		Sol	Sous-sol
Nº 2 Haut-Chantemerle		21 %	
Nº 5 » »		8,5 %	12,8
Nº 6 » »		12,8 %	10,2
Nº 7 Bas de Chantem^{le}		9,2	12.—
Nº 8 » »		10,2	13,6

D'autres échantillons prélevés dans d'autres points de la vigne ont accusé :

Sols de. . . . .   15,5 à 16,5 %

Sous-sols de . .   20   à 30 %

Malgré ces pourcentages, atteignant en un point 21, dans la ligne de riparia, nous n'avons point constaté de chlorose. En classant par ordre décrois-sant les observations faites au sujet du rendement et de la maturité dans la parcelle du bas de Chante-merle plantée en 1902, par un temps humide, et celles du haut plantée en 1903 dans de bonnes conditions, nous avons établi divers tableaux que nous annexons à cette page et auxquels nous prions le lecteur de se reporter.

Dans la parcelle du bas, les poids ne peuvent, de nouveau à cause du mauvais temps qu'il faisait lors de la plantation, pas être comparatifs, vu qu'on a été obligé de remplacer beaucoup de pieds.

Tableau concernant les pesées faites à « Chantemerle » (Partie d'en haut)

Plantation de 1903

NOMS DES VARIÉTÉS	Nombre de pieds	OBSERVATIONS PAR VARIÉTÉ faites en 1906 et 1907	Récolte moyenne par cep des années					OBSERVATIONS GÉNÉRALES
			1906	1907	1908	Poids total	Récolte moyenne	
Plants blancs								Cette vigne est taillée en gobelet. Il n'a pas été ajouté de longs bois, *pissevins*, *pistolets* pour les rup. du Lot, les Ganzins, les 1202. Le nombre de bras et coursons (*cornes et porteurs*) sont à peu près les mêmes pour toutes les associations.
Fendant vert sur riparia × rupestris 101 × 14	7	Raisins jolis pas si serrés que sur Lot.	0.300	0.642	0.857	1.799	0.599	
Fendant vert sur Aramon × rupestris Ganzin Nº 1	80	Grappes très serrées assez mûres en 1906, en 1907, la récolte d'une souche était de 2 k. 500.	0.355	0.590	0.687	1.632	0.544	
Fendant vert et roux sur mourvèdre × rupestris *1202*	18	Variétés assez régulières.	0.185	0.680	0.567	1.432	0.477	La récolte n'a pas été pesée en 1909 mais elle était d'une bonne moyenne.
Fendant roux sur riparia × rupestris *101 × 14*	16	Pieds réguliers mais un peu faibles.	0.175	0.375	0.866	1.416	0.472	
Fendant vert et roux sur riparia gloire	5	Pieds faibles en 1906.	0.200	0.500	0.633	1.333	0.444	
Fendant vert et roux sur rupestris du Lot	11	Quelques pieds remplacés en 1906, raisins serrés.	0.260	0.477	0.577	1.314	0.438	
Fendant vert et roux sur rupestris du Lot	3	Pieds assez forts en 1906.	0.000	0.083	0.933	1.016	0.338	
Fendant vert et roux sur riparia grand glabre	16	Quelques pieds remplacés en 1906.	0.205	0.187	0.319	0.711	0.237	
Raisins rouges								
Béquignol sur riparia × rupestris *3309*	13	Observation de 1906, récolte très mûre, variété recommandable.	0.675	1.023	0.981	2.679	0.893	
Merlot sur riparia × rupestris *3309*	4	Deux pieds ont été remplacés en 1906.	0.013	0.437	0.562	1.012	0.337	

Tableau concernant les pesées faites en « Chantemerle ». (Plantation d'en-bas)

Plantation en 1902

Classement par ordre décroissant	NOMS DES VARIÉTÉS	Nombre de pieds	Observations par variété faites en 1906 et 1907	RÉCOLTE MOYENNE PAR CEP DES ANNÉES				
				1906	1907	1908	Poids total	Récolt moyenn
1	Fendant vert sur solonis × riparia *1616*	50	Souches régulières, grappes grosses et serrées.	0.560	0.260	0.695	1.515	0.50
2	Fendant vert sur mourvèdre × rupestris *1202*	49	Souches régulières en 1906, grappes jolies, beaucoup de remplacements en 1905, souches normales, très belles grappes serrées.	0.290	0.622	0.516	1.428	0.47
3	Fendant vert sur chasselas × Berlandieri *41 B*	52	En 1906, pieds un peu faibles, beaucoup de remplacements.	0.185	0.745	0.490	1.420	0.47
4	Fendant vert sur riparia gloire..	50	En 1906 souches un peu faibles, grappes pas si serrées que dans les autres variétés ; végétation faible en 1907.	0.310	0.330	0.517	1.157	0.38
5	Fendant vert sur Berlandieri × riparia *420 A*	45	Souches assez régulières, grappes jolies.	0.295	—	0.644	0.939	0.31
6	Fendant roux sur Berlandieri × riparia *420 B*	72	1/2 remplacements en 1905. Dans cette variété il y a eu beaucoup de remplacements, grappes grosses et bien serrées.	0.140	0.239	0.296	0.675	0.22
7	Fendant vert sur Berlandieri × riparia *420 C*	21	Beaucoup de remplacem. en 1906	0.075	0.285	0.274	0.634	0.21

Tableau concernant la maturité de la vendange de Chantemerle, plantation faite en 1903
(Partie d'en haut)

Classement par ordre décroissant	NOMS DES VARIÉTÉS	Note de maturité pour			OBSERVATIONS
		1906	1907	1908	
	RAISINS BLANCS				
1	Fendant vert sur riparia × rupestris 101 × 14..........	—	4	4	
2	Fendant vert et roux sur mourvèdre × rupestris *1202*.....	—	4	4	
3	Fendant vert et roux sur riparia × rupestris 101 × 14....	—	4	4	
4	Fendant vert et roux sur riparia gloire.................	—	4	4	
5	Fendant vert et roux sur rupestris du Lot..............	—	4	4	
6	Fendant vert et roux sur rupestris du Lot..............	—	4	4	
7	Fendant vert et roux sur riparia grand glabre...........	—	4	4	
8	Fendant ver et roux sur Aramon × rupestris Ganzin Nᵒ 1..	3	4	4	
	RAISINS ROUGES				
1	Béquignol sur riparia × rupestris 3309................	5	5	4	
2	Merlot sur riparia × rupestris 3309....................	—	5	4	

Tableau concernant les appréciations de maturité faites à Chantemerle
(Pièce d'en bas)

Classement par ordre décroissant	Nombre de pieds	NOMS DES VARIÉTÉS	Plantation de 1902 Notes de maturité pour	
			1906	1907
1	49	Fendant vert sur mourvèdre × rupestris *1202*	5	4
2	52	Fendant vert sur chasselas × Berlandieri *41 B*........................	5	4
3	21	Fendant vert sur Berlandieri × riparia *420 C*........................	5	4
4	50	Fendant vert sur solonis × riparia *1616*	4	—
5	45	Fendant vert sur Berlandieri × riparia *420 A*........................	—	4
6	72	Fendant vert sur Berlandieri × riparia *420 B*........................	4	4
7	50	Fendant vert sur riparia gloire	4	4

Les notes de maturité sont toutes bonnes à la parcelle du bas de Chantemerle; constatons en passant que les *Berlandieri* × *riparia 420 C*, les *chasselas* × *Berlandieri 41 B* et le *1202* ont obtenu en 1907 la note maximum *5*. On aurait pu douter de ce résultat il y a une dizaine d'années, étant donné que le *Berlandieri* est une espèce des régions chaudes.

Or, il n'y a pas à craindre d'adopter les hybrides de cette espèce chez nous, à ce point de vue, surtout dans les bonnes positions[1]. On a beaucoup dit, et nous-même, que le *1202* retarderait plutôt la maturité, vu sa parenté avec le *rupestris* et le *mourvèdre*, ce dernier étant un cépage méridional.

Nous constatons, que là du moins, cela n'est pas le cas, et ce fait nous ferait avancer que, quoique nous ne les nions pas *a priori*, les faits d'influence du porte-greffe sur le greffon n'ont pas à tous les points de vue[2], l'importance pratique que certains auteurs, dont nous admirons cependant les recherches, seraient tentés de leur attribuer.

Dans les tableaux de rendement le *Solonis* × *riparia 1616* se classe 1er pour la parcelle du bas. Le *1202* s'est fort bien comporté quand bien même on lui reproche assez souvent de pousser à bois plutôt qu'à fruit, mais encore une fois entre la bascule et l'*impression, les on dit*, il y a une certaine marge. Nous ne prétendons pas dire par là que cela se passe partout ainsi.

Constatons cependant que si le *1202* n'avait pas eu des remplacements nombreux (parcelle du bas),

---

[1] Celle-ci est une des meilleures de la contrée.
[2] Ils en ont cependant une au point de vue de la végétation.

il eut fait produire encore davantage à son greffon.

Le 41 B suit de fort près le *1202* dans la parcelle du bas, malgré de nombreux remplacements.

Le *riparia Gloire*, n'est pas mal classé, le fait que ses pieds ne sont pas aussi vigoureux que ceux des autres variétés, n'a pas une très grande importance, car vigueur n'est pas toujours synonyme de fructification.

Le *420 A* Berlandieri $\times$ riparia ne s'est pas mal comporté et son rendement sera encore plus régulier dans la suite. En 1907, sa récolte a manqué sans que nous puissions en indiquer la cause. En 1908, le rendement moyen par pied 0,644 kg. est fort beau.

Nous ne pouvons pas juger des *420 B,* et *C* d'après les résultats qu'ils ont donné ici, car ils ont trop de remplacements. Si on tient compte de ceci, on voit que leurs pieds ne sont pas mauvais étant donné qu'en réalité leur récolte totale devrait être divisée par le nombre de pieds en production seulement.

En ce qui concerne la parcelle du Haut-Chantemerle, plants blancs, les notes de maturité sont toutes bonnes.

L'*Aramon* $\times$ *rupestris Ganzin* N° *1*, qui passe pour retarder plutôt un peu la maturité (caractère héréditaire) a là une note que nous qualifierons de bonne, quand même en 1906, alors que beaucoup d'autres obtiennent la note 5, il n'obtient que 3, assez bien, mais en 1907 et 1908 il obtient 4.

Quant au poids, toutes les variétés ont donné de bons, je dirai même de fort bons résultats, sauf cette fois le *riparia grand glabre* qui est resté en arrière; il porte la mention : quelques pieds remplacés.

Le *101* × *14* pour un carré est premier et pour l'autre 4me. Le 2me est l'*Aramon* × *rupestris Ganzin* N° *1* :

Le 3me est le *1202* ; constatons encore une fois qu'entre l'œil et la bascule, il y a de la marge.

Le 5me est le *gloire* (greffé comme le 1202 partie avec du fendant roux). Le *Lot* qui, généralement taillé court, donne un rendement faible est bon là (6me et 7me) il est vrai que c'est un terrain indiqué pour les rupestris, terre mi-forte, caillouteuse et sous-sol frais, terre assez profonde. Nous sommes persuadé que conduit à la taille longue (Guyot), il aurait encore beaucoup mieux été. C'est probablement parce que nous avons affaire à un terrain de cette nature qu'*Aramon* et *1202* ont si bien réussi.

Quant aux rouges greffés sur *3309*, l'expérience est surtout intéressante parce qu'elle révèle la production énorme que peut atteindre le *Béquignol*[1]. Les notes de maturité de ce greffon (5, 5, 4) montrent une fois de plus que le *3309* hâterait plutôt la maturité.

EXPÉRIENCE N° III

faite à Plattex près Corseaux

Étage géologique, miocène inférieur, poudingues et grès de cet étage dans la profondeur ; glaciaire et alluvions à la surface..

---

[1] Voir ce que nous disons au sujet de ce plant : dans l'expérience N° III Veyrier, dans ce tome II, et dans l'*Essai d'ampélographie vaudoise* par I. Anken et J. Burnat. (Tome I de la Contribution à l'étude de la reconstitution).

Nature agrologique du terrain, formant terrasse sous un affleurement assez important de poudingues mêlés de grès grossiers (même âge que ceux de l'expérience précédente).

La parcelle est contournée par un ruisseau d'allure torrentielle, sol léger, très graveleux. Alluvions du ruisseau. Au sous-sol, à partir de 70 cm. gros cailloux roulés réunis pour former drainage (ciments et débris de tuiles).

Nous avons là trois sortes de terre :

1º Argile glaciaire blanche, dite *terre à bourdon*.

2º Terre marneuse et tuffeuse, dite *terre marais* provenant sans doute des intercalations de marnes dans les poudingues miocènes.

3º Terre graveleuse, alluvions du ruisseau.

Dans la présente expérience, c'est à cette dernière que nous avons affaire.

Malgré l'apparente facilité de l'écoulement des eaux, le sous-sol est humide et froid [1].

En résumé, ce sol paraît formé de tous les éléments des terrains d'argile glaciaire situés plus haut dans la direction de Chardonne.

Pour diverses raisons déjà indiquées plus haut, nous n'avons pas fait faire l'analyse physico-chimique de ce terrain.

Toutefois, nous citons ici une analyse faite par M. Monnier, professeur de chimie à l'Ecole de Châtelaine près Genève, d'un terrain, sol et sous-sol mélangés, situé non loin de là et qui a été soumis autrefois à l'action du même ruisseau. Par contre.

---

[1] Quoiqu'il ne s'agisse pas d'une terre à eau stagnante, il y a cependant souvent influence d'eau.

nous avons procédé aux analyses calcimétriques de
ce sol. Les résultats figurent ci-dessous.

Analyse mécanique

Eléments grossiers > 1 mm. 591 %
Terre fine....... < 1 mm. 409 %

Analyse physico-chimique

Humidité .... 3,00 %
Argile .... 10,83 %
Calcaire .... 23,71 %
Sable siliceux grossier 12,17 %
Sable Siliceux fin.... 48,85 %
Humus........... 1,44 %

Analyse chimique

Azote........... 0,25 %
Acide phosphorique.. 0,11 %
Potasse totale ...... 1,35 %

Pourcentages calcimétriques

	sol	sous-sol
Plattex pièce d'en bas	14,8	15,2
» »	12,2	14,4

	sol et sous-sol mélangés
Plattex pièce d'en haut	27,2 %
» »	25,6 %

Nous n'avons point constaté de chlorose.

Le rendement et les observations sur la maturité ayant trait à cette expérience, sont consignés dans les tableaux qui accompagnent cette page.

L'examen de ces tabelles nous montre que la plantation a été lente à se mettre en train, quand bien même il s'agit de terre d'une force plutôt moyenne.

Les résultats accusent une supériorité très forte du *101 × 14* sur le *riparia*.

Les poids de 1908, concernant cette première variété peuvent être considérés comme très élevés, étant donné notre système de taille.

Les *riparia gloire*, quoique greffés en *blanchette* (variété de chasselas plus productive que les fendants), sont restés en retard, très en retard même. Nous ne croyons pas que le terrain puisse être incriminé, quoique l'eau ait pu avoir peut-être une mauvaise influence.

S'agit-il ici d'un cas exceptionnel? Les greffons n'étaient-ils pas bons? Est-ce l'acariose qui en est la cause, car elle n'a cessé de faire, par places irrégulières, du mal dans le parchet? Y-a-t-il faute de la part du porte-greffe? Nous ne voulons pas conclure et réservons notre opinion pour plus tard.

Le *101 × 14* s'accomoderait-il mieux d'une dose passagère d'humidité que le gloire, supporterait-il mieux une terre où l'influence d'un ancien marais[1] se fait peut-être sentir? :

(Voir tableaux ci-contre pages 180-182).

Nous ne mettons pas le calcaire en cause puisque la chlorose n'a pas été constatée.

---

[1] Des terres situées non loin de là s'appellent La Crottaz. (marais en patois).

Tableau concernant les pesées faites à Platex sous Corseaux
(pièce d'en bas)

Classement par ordre décroissant	NOMS DES VARIÉTÉS	Nombre de pieds	OBSERVATIONS	Récolte moyenne pᵉ cep des années			Moyenne des 3 années par cep
				1906	1907 [1]	1908	
1	Fendant roux sur riparia×rupes-tris 101×14...............	9	Souches assez régulières en 1906....	0.220	0.222	1.083	0.508
2	Fendant roux sur riparia 101×14	61	Id.	0.240	0.131	0.738	0.369
3	Fendant vert s. rip.×rup. 101×14	66		0.175	0.193	0.731	0.366
4	Plant de Bordeaux sur 101×14..		Quelques remplaçants en 1906......	0.100	0.299	0.575	0.325
5	Fendant roux s. rip.×rup. 101×14	97	Souches faibles mais régulièr. en 1906	0.089	0.170	0.570	0.276
6	Blanchette sur gloire...........	44	Faibles et quelques remplac. en 1906	0.156	0.103	0.360	0.206
7	Malbeck sur rip. gloire (rouge)...		En 1906, souches assez régulières, ce plant n'est pas un gros producteur	0.056	0.111	0.345	0.171
8	Fendant vert s. riparia gloire....	2	Cette variété est jolie mais n'avait pas beaucoup de raisins en 1906.....	—	—	0.100	—

[1] En 1907, cette parcelle d'expérience a été grêlée.

Tableau concernant les pesées faites à Platex sous Corseaux
(pièce d'en haut)

Classement par ordre décroissant	NOMS DES VARIÉTÉS	Nombre de pieds	OBSERVATIONS	Récolte moyenne p^r cep des années			Moyenne des 3 années par cep
				1906	1907 [1]	1908	
1	Fendant vert sur rip. × rup. 101 × 14	20	1906, souches régulières mais très peu de fruits. 1908, plantation normale sans remplacement.	0.087	0.062	0.437	0.19
2	Fendant vert sur rip. × rup. 3309	57	1906, souches faibles. 1908, plantation normale sans remplacement. .	0.055	0.048	0.364	0.15
3	Gamay de Vaux sur riparia × rupestris 101 × 14 (rouge)	34	En 1906, souches faibles et beaucoup de remplacements de cette année .	0.088	0.075	0.243	0.13
4	Blanchette sur riparia gloire	47	En 1906, la majeure partie a été remplacée cette année-ci	0.014	0.022	0.112	0.04

[1] En 1907, cette parcelle d'expérience a été grêlée.

Tableau concernant la maturité de la récolte à Platex sous Corseaux. Partie d'en haut

	NOMS DES VARIÉTÉS	1906	1908
1	Fendant vert sur riparia × rupestris 101×14......................	4	4
2	Fendant vert sur riparia × rupestris 101 × 14......................	4	4
3	Gamay de Vaux sur riparia × rupestris 101 × 14.................	4	4
4	Blanchette sur riparia gloire........	4	4

Tableau concernant la maturité de la récolte à Platex sous Corseaux. Partie d'en bas

	NOMS DES VARIÉTÉS	1906	1908
1	Plant de Bordeaux sur rip. × rup. 101 × 14......................	5	5
2	Malbeck sur riparia gloire..........	5	5
3	Fendant vert sur riparia gloire	—	5
4	Fend. roux sur rip. ×rup. 101×14.	4	4
5	» »	4	4
6	» »	4	4
7	Blanchette sur riparia gloire	4	4

On sait du reste depuis longtemps que le *101* $\times$ *14* a une aire d'adaptation plus étendue que le *riparia gloire*, mais là, pour le moment, on ne peut que réserver tout jugement car l'expérience est trop courte.

La maturité a été bonne partout.

CHAMP D'EXPÉRIENCES N⁰ XIII

à Nant-sur-Vevey

Producteurs directs de Couderc.

Ce parchet est situé non loin de la pièce dite « Sous l'Arpent dur » où a été faite l'expérience N° VIII.

L'exposition, l'altitude sont les mêmes, mais alors que le champ d'expériences N° VIII est situé loin des bois et limité au nord par un mur qui chauffe toute la pièce, ce n'est pas le cas de la pièce No XIII qui, à sa partie nord, est à 20 mètres d'un bois. Ce voisinage abaisse quelque peu la température de ce parchet, bien que ce dernier soit en coteau à inclinaison moyenne et exposé au sud-sud-est ; le bois favorise en outre les incursions d'animaux tels que blaireaux, etc.

Etage géologique. Tertiaire, poudingues du miocène.

Observations agro-géologiques. A une profondeur de 0 m. 60 à 0 m. 70, on rencontre les grès des poudingues, des grès durs et des grès tendres. Les vignerons de la contrée, comme nous l'avons déjà vu, désignent improprement ces derniers sous le nom de *marnes*, ces bancs de grès tendres ramenés à la surface se désagrègent assez facilement sous l'influence du gel et dégel. Le tout est recouvert par un dépôt glaciaire. Le terrain est fort, compact, toutefois un peu moins que celui du parchet « sous l'Arpent dur ».

Nous n'avons pas soumis à l'analyse physico-chimique la terre de ce champ; cependant les résultats trouvés dans un échantillon de terre prélevé « Sous l'Arpent dur » par M. le professeur Monnier pourront servir ici, en ce qui concerne l'analyse physique tout au moins, d'indication, vu la grande analogie de ces deux sols.

Nous avons prélevé cependant des échantillons à deux endroits différents en vue de la détermination de leur teneur en calcaire.

	Sol et sous-sol mélangés
Echantillon N° 1	32 % de calcaire
» N° 2	30,8 % »

La plupart des producteurs directs expérimentés dans ce parchet ont été plantés en 1901.

Ce sont principalement des hybrides obtenus par M. G. Couderc et conduits sur fil de fer en cordons doubles Guyot. Ils sont tous francs de pieds.

Alors qu'au champ d'expériences N° VI, à Veyrier, les producteurs directs ont reçu parfois quelques sulfatages, ils n'ont subi aucun traitement anti-cryptogamique dans l'essai qui nous occupe en ce moment.

Comme pour les producteurs directs en expérience à Veyrier, nous avons réuni les résultats

ÉCOLE NATIONALE D'AGRICULTURE DE MONTPELLIER
STATION DE RECHERCHES CHIMIQUES ET D'ANALYSES AGRICOLES

Nº 5294   Graphique de l'attaque au Calcimètre Houdaille — Température 14 degrés

Terre de : *M. Lagatu, Roche.* **Trou nº 2.**

Nature du calcaire : *Marne à 0,60 — prélevée près de la route, alluvions du Lez.*

Le Directeur du Laboratoire :   Le Chimiste-chef :
            (Sig.) H. LAGATU.

Acide carbonique CO_2 pour cent de terre fine *32.*

Carbonate de chaux correspondant
(en admettant l'existence de ce seul carbonate) } $32 \times 2,27 = 72,64.$
                        Dans 1000 de terre fine sèche   Dans 1000 de terre complète sèch

Cailloux et gravier :

Calcaire :

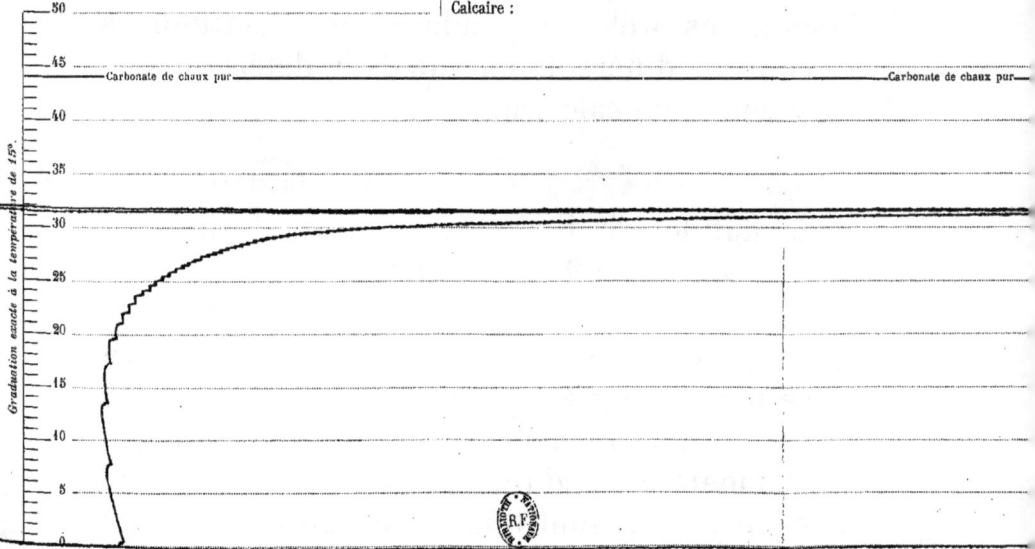

VARIÉTÉS	1904	1905	1906	1907	1908	Note moyenne générale	N° de classement	Observations du 8 juillet 1910
Couderc 267 × 27 noir............	5	5	5	5	5	5	1	quelques feuilles pâles.
» 3905 »	5	5	5	—	5	5	1	
» 4306 »	5	5	5	5	5	5	1	
» 5407 »	5	3	5	5	5	4.6	2	
» 71 × 61 »	5	4	—	—	—	4.5	3	
Plan des Carmes (Champ de l'Air)...	5	3	5	5	4	4.4	4	
Couderc 117 × 4 noir............	3	3	5	5	5	4.2	5	quelques sarments ont l'extrémité un peu pâle.
» 272 × 60 blanc...........	5	3	5	5	3	4.2	5	
» 96 × 32 noir............	5	1	5	5	5	4.2	5	
» 503 noir................	5	3	—	—	—	4	6	
Couderc 7502 »	5	3	—	—	—	4	6	
» 109 × 4 noir	5	3	—	—	—	4	6	
» 7301 »	3	3	5	—	4	3.8	7	
» 84 × 10 »	3	1	5	5	5	3.8	7	un pied rabougri, un peu pâle, mais pas plus que les européens du voisinage.
» 302 × 60 »	3	1	5	5	5	3.8	7	pieds faibles, un peu clair mais pas de chlorose.
» 74 × 17 blanc...........	3	1	5	5	4	3.6	8	
» 247 × 125 »	3	1	5	5	3	3.4	9	rabougrissement qui ne paraît pas dû à l'acariose, pas de chlorose.
» 87 × 32 »	3	1	5	5	3	3.4	9	
» 7104 noir................	3	1	5	5	3	3.4	9	
» 7106 »	3	1	5	5	3	3.4	9	
» 82 × 12 blanc...........	3	1	5	—	4	3.3	10	passablement chlorosé.
» 126 × 8 noir...........	1	1	5	5	3	3	11	
» 28 × 112 »	5	1	5	—	1	3	11	rabougris, sans chlorose.
» 198 × 89 »	3	1	5	—	3	3	11	pas très vigoureux, extrémité des sarments un peu pâle.
» 89 × 23 blanc...........	1	1	5	5	3	3	11	chétifs, mais sans chlorose.
» 6301 noir................	0	1	5	—	5	2.8	12	
» 126 × 21 noir...........	3	1	—	—	—	2	13	
» 198 × 21 »	3	1	—	—	—	2	13	un peu pâles, mais sans chlorose.
» 199 × 88 blanc	3	1	—	—	—	2	13	légèrement jaunes.
» 252 × 14 »	0	1	5	—	0	1.5	14	très verts, très fructifères bien qu'un peu faibles.
» 82 × 32 »	0	1	—	—	—	0.5	15	
» 117 × 3 »	0	1	—	—	—	0.5	15	très verts, sur trois pieds, un pied a six raisins, un autre trois, le troisième point, assez beaux, pas de chlorose.
» 136 × 4 noir............	0	1	—	—	—	0.5	15	

Les autres numéros pour lesquels il n'y a rien de mentionné aux observations du 8 juillet 1910 étaient tous bien portants et la plupart très vigoureux.

5 = indemne, 4 = très peu attaqué, 3 = peu attaqué, 2 = assez attaqué, 1 = très attaqué, 0 = fortement attaqué.
Les numéros 198 × 21, 3503, 7502, 199 × 88 sont plantés « Sous l'Arpent dur », champ d'expériences N° VIII.

Tableau de rendement de l'expérience N° XIII. — Producteurs directs

Classement par ordre décroissant

VARIÉTÉS	I[1]	Récolte moyenne annuelle par cep en :					Moyenne générale	II[2]	OBSERVATIONS
		1904	1905	1906	1907	1908			
Couderc noir N° 3905........	7	0.107	0.193	—	1.978	1.691	0.992	1	
» » N° 267 × 27....	7	0.107	0.869	0.657	1.440	0.571	0.729	2	
» » N° 96 × 32.....	5	0.220	0.250	0.500	1.300	1.200	0.694	3	
» » N° 198 × 89....	9	0.167	0.044	—	0.833	1.333	0.594	4	
» » N° 117 × 4.....	7	0.221	0.286	0.536	1.407	0.500	0.590	5	1906 variété recommandable.
» » N° 4306........	7	0.036	0.114	0.586	1.071	1.071	0.576	6	
» » N° 5407........	7	—	0.214	0.469	0.500	0.719	0.476	7	A partir de 1906, 8 pieds.
» » N° 7104........	8	0.056	0.056	0.289	0.750	1.111	0.452	8	A partir de 1906. 9 pieds 1906. Variété assez recommandable.
» » N° 84 × 10.....	7	—	0.042	0.071	0.785	0.785	0.421	9	1906 peu de récolte.
» blanc N° 272 × 60....	2	0.050	0.025	0.025	0.625	1.250	0.395	10	1906 souches faibles, goût foxé.
» » N° 82 × 12.....	9	0.011	—	—	0.555	0.500	0.355	11	
» » N° 74 × 17.....	7	0.071	0.071	0.393	0.428	0.571	0.307	12	
» noir N° 7301........	10	—	0.035	—	0.200	0.650	0.295	13	
» » N° 7106........	9	—	—	0.083	0.166	0.555	0.268	14	
» » N° 503........	10	0.200	0.260	—	—	—	0.230	15	
» blanc N° 252 × 14....	8	0.034	0.025	—	0.300	0.500	0.215	16	A partir de 1907 : 10 pieds.
» » N° 87 × 32.....	4	0.063	0.150	0.100	0.350	0.400	0.213	17	A partir de 1906 : 5 pieds.
» » N° 82 × 32.....	6	—	—	nulle	0.058	0.400	0.153	18	
» noir N° 7502........	7	0.036	0.250	—	—	—	0.143	19	
» » N° 126 × 8.....	9	0.028	0.003	0.054	0.194	0.417	0.139	20	
» blanc N° 247 × 125...	8	—	0.019	0.006	0.017	0.500	0.136	21	
» noir N° 28 × 112....	10	0.025	0.085	—	0.250	0.175	0.134	22	
» » N° 71 × 61.....	7	0.129	—	—	—	—	0.129	23	
» » N° 302 × 60....	5	—	0.006	0.008	0.166	0.333	0.128	24	A partir de 1906 : 6 pieds.
Plant des Carmes provenant du Champ-de-l'Air..........	6	—	0.008	nulle	0.100	0.220	0.109	25	A partir de 1906 : 5 pieds.
Couderc blanc N° 89 × 23....	5	0.010	—	nulle	0.050	0.200	0.087	26	
» noir N° 6301.......		—	—	—	0.055	0.055	0.055	27	
» » N° 126 × 21.....	7	0.071	0.007	nulle	0.025	0.143	0.049	28	
» » N° 136 × 4.....	5	0.020	0.016	0.100	—	—	0.045	29	
» » N° 109 × 4.....	6	0.008	0.058	—	—	—	0.033	30	
» » N° 198 × 21....	4	—	0.013	—	—	—	0.013	31	
» blanc N° 199 × 88...	10	—	0.005	—	—	—	0.005	32	
» » N° 117 × 3.....	3	—	—	nulle	—	—	0.000	33	

Les numéros 198 × 21, J. 503, 7502, 199 × 88 sont plantés « Sous l'Arpent dur », champ d'expériences N° VIII.
[1]I = Nombre de pieds en expérience.
[2]II = Numéro de classement.

Champ d'expériences N° XIII. — Tableau des observations de maturité
Classement par ordre décroissant

VARIÉTÉS	1904	1905	1906	1907	1908	Note moyenne	N° de classement
Couderc 126 × 21 noir.................	5	3	—	4	5	4.3	1
» 198 × 21 »	5	3	—	—	—	4	2
» 252 × 14 blanc	5	4	—	3	3	3.8	3
» 7301 noir.................	5	3	—	4	3	3.8	3
» 503 »	4	3	—	—	—	3.5	4
» 6301 »	—	—	—	4	3	3.5	4
» 247 × 125 blanc	3	3	—	4	3	3.3	5
» 7106 noir.................	—	—	4	3	3	3.3	5
» 267 × 27 noir	4	3	3	4	2	3.2	6
» 7104 noir.................	3	1	5	3	3	3	7
» 272 × 60 blanc	5	1	4	3	1	2.8	8
» 117 × 4 noir	3	1	5	3	1	2.6	9
» 82 × 32 blanc.................	—	—	—	3	2	2.5	10
» 126 × 8 noir	3	1	3	3	2	2.4	11
» 87 × 32 blanc	3	1	4	3	1	2.4	11
Plant des Carmes.................	—	1	—	3	3	2.3	12
Couderc 3905 noir.................	4	3	—	1	1	2.3	12
» 136 × 4 noir	3	1	3	—	—	2.3	12
» 74 × 17 blanc	3	1	3	2	2	2.2	13
» 82 × 12 »	—	—	—	2	2	2	14
» 84 × 10 noir	3	1	2	2	0	2	14
» 89 × 23 blanc	—	—	—	3	1	2	14
» 302 × 60 noir	—	1	1	3	3	2	14
» 96 × 32 »	—	1	2	2	3	2	14
» 7502 »	3	1	—	—	—	2	14
» 109 × 4 »	3	1	—	—	—	2	14
» 71 × 61 »	3	1	—	—	—	2	14
» 198 × 89 »	3	1	—	3	0	1.8	15
» 4306 »	2	1	1	2	2	1.6	16
» 28 × 112 »	3	1	0	2	0	1.5	17
» 199 × 88 blanc.................	2	1	—	—	—	1.5	17
» 5407 noir..	—	1	1	1	0	0.75	18

Les numéros 198 × 21, J. 503, 7502, 199 × 88 sont plantés sous l'« Arpent dur ». Champ d'expérience N° VIII.

Tableau de classement des cépages de l'expérience XIII

en tenant compte des trois éléments de comparaison : Rendement, Maturité, Résistance aux maladies

Classement)

Classement	VARIÉTÉS plantées en boutures en 1900	Rendement		Maturité		Résistance		Note[1] finale
		N° de classement	Moyen. par cep	N° de classement	Moyen.	N° de classement	Moyen.	
1	Couderc 267 × 27 noir.........	2	0.729	6	3.2	1	5	3
2	» 3905 »	1	0.992	12	2.3	1	5	4.66
3	» 117 × 4 »	5	0.590	9	2.6	5	4.2	6.33
4	» 96 × 32 »	3	0.694	14	2	5	4.2	7.33
5	» 4306 »	6	0.576	16	1.6	1	5	7.66
5	» 272 × 60 blanc.........	10	0.395	8	2.8	5	4.2	7.66
5	» 7301 noir............	13	0.295	3	3.8	7	3.8	7.66
6	» 7104 »	8	0.452	7	3	9	3.4	8
7	» 503 »	15	0.230	4	3.5	6	4	8.33
8	» 5407 »	7	0.476	18	0.75	2	4.6	9
9	» 7106 »	14	0.268	5	3.3	9	3.4	9.33
10	» 198 × 89 noir	4	0.594	15	1.8	11	3	10
10	» 84 × 10 »	9	0.421	14	2	7	3.8	10
11	» 74 × 17 blanc	12	0.307	13	2.2	8	3.6	11
11	» 252 × 14 »	16	0.215	3	3.8	14	1.5	11
12	» 87 × 32 »	17	0.213	11	2.4	9	3.4	11.33
13	» 247 × 125 »	21	0.136	5	3.3	9	3.4	11.66
13	» 82 × 12 »	11	0.355	14	2	10	3.3	11.66
14	» 7502 noir.........	19	0.143	14	2	6	4	13
15	» 71 × 61 noir	23	0.129	14	2	3	4.5	13.33
16	Plant des Carmes provenant du Champ-de-l'Air	25	0.109	12	2.3	4	4.4	13.66
17	Couderc 126 × 8 noir.........	20	0.139	11	2.4	11	3	14
17	» 126 × 21 »	28	0.049	1	4.3	13	2	14
18	» 6301 »	27	0.055	4	3.5	12	2.8	14.33
18	» 82 × 32 blanc	18	0.153	10	2.5	15	0.5	14.33
19	» 302 × 60 noir	24	0.128	14	2	7	3.8	15
20	» 198 × 21 »	31	0.013	2	4	13	2	15.33
21	» 109 × 4 »	30	0.033	14	2	6	4	16.66
21	» 28 × 112 »	22	0.134	17	1.5	11	3	17
22	» 89 × 23 blanc	26	0.087	14	2	15	0.5	18.66
23	» 136 × 4 noir	29	0.045	12	2.3	13	2	20.66
24	» 199 × 88 blanc	32	0.005	17	1.5		0.5	
	» 117 × 3 blanc	33	nul	—	—	—	—	

Les numéros 198 × 21, J. 503, 7502, 199 × 88 sont plantés « sous l'Arpent dur », champ d'expérience N° VIII.

[1] La note finale est obtenue en ajoutant les numéros de classement concernant le rendement, la maturité, la résistance, et en divisant le total obtenu par 3. Exemple : Le Couderc 267 × 27 noir obtient le second numéro de rendement, le sixième numéro de maturité, le premier numéro de résistance. Ajoutons ces numéros 2 + 6 + 1 = 9. divisons ce chiffre par 3, nous obtenons la note finale 3. Donc, moins le chiffre de cette note finale est élevée et mieux l'hybride est classé.

constatés ici dans plusieurs tableaux, que nous faisons figurer aux pages suivantes.

Dans le premier de ces tableaux, les cépages sont classés suivant l'ordre décroissant de leur résistance aux maladies cryptogamiques [1].

Dans le second tableau, nous donnons les rendements annuels moyens par cep.

Le troisième tableau concerne les observations de maturité.

Dans un quatrième tableau enfin, nous avons classé les cépages en tenant compte des numéros de classement obtenus par chacun d'eux dans les tableaux précédents.

A l'examen de ces tableaux, l'on voit d'abord que nous n'avons pas fait intervenir, comme dans des expériences précédentes, un rendement fictif de 0 kg. 150 par cep et une note de maturité de 2 pour 1909.

Au point de vue de la résistance moyenne aux maladies, nous remarquons que beaucoup de ces cépages ont eu ici une résistance suffisante.

Suivant qu'il y a lieu ou non de traiter préventivement ces cépages, en vue de la lutte contre les maladies, nous pourrions les grouper en trois catégories :

La première comprendrait tous ceux qui peuvent pratiquement se passer de tout traitement, sauf dans les années de grande invasion, où il serait prudent de leur appliquer un sulfatage.

Nous y ferions rentrer tous ceux qui, ici, ont obtenu les notes 5 à 4 du tableau résistance.

---

[1] C'est surtout au point de vue mildew que nous avons observé ces résistances.

La deuxième catégorie grouperait tous les cépages qui peuvent se contenter d'un ou deux traitements préventifs et, à la rigueur, s'en passer.

Nous y ferions rentrer ceux qui ont obtenu les notes 3,8 à 3,3.

Dans la troisième catégorie, nous classons tous les cépages ayant obtenu ici des notes inférieures à 3,3, et qu'il vaut mieux sulfater plusieurs fois. Ces cépages, pour la plupart, ont une résistance aux maladies plus grande que les vinifera purs.

Quelles sont les variétés qu'on pourrait essayer pratiquement plus en grand dans notre région en tenant compte de leur annotation sur les divers tableaux ?

En exigeant une limite de rendement de 0 kg. 295 par cep, un minimum de 3 comme note de maturité et une note minimale de 3 pour la résistance aux maladies, on pourrait admettre

le 267 × 27 Couderc noir, poids 0,729, mat. 3,2, résist. 5.
7301.   »   »   »   0,295,   »   3,8,   »   3,8.
7104.   »   »   »   0,452,   »   3 ,   »   3,4.

En tenant compte de la situation défavorable de ce champ d'essai, on pourrait admettre une note minimale de maturité plus basse, 2,3 par exemple ; les variétés, à essayer plus en grand, seraient alors les suivantes :

1)	Couderc 267×27 noir	poids 0,729	mat. 3,2	rés. 5.
2)	» 3905 »	» 0,992	» 2,3	» 5.
3)	» 117×4 »	» 0,590	» 2,6	» 5.
4)	» 272×60 blanc	» 0,395	» 2,8	» 4.2.
5)	» 7301 noir	» 0,295	» 3,8	» 3.8.
6)	» 7104 »	» 0,452	» 3,0	» 3,4.

Disons en passant, quand bien même nous reviendrons, dans notre tome III, sur chacun des numéros qui se sont le mieux comportés, que lorsque nous avons goûté, en 1908, les raisins de 272×60, nous leur avons trouvé un goût foxé; c'est dommage, car cet hybride serait séduisant pour nous. Cela ne veut pas dire toutefois que le goût foxé doive se retrouver dans le vin, surtout si celui-ci est utilisé pour des coupages.

Dans les numéros que nous venons de citer, nous n'avons pris que ceux qui ont été observés pendant cinq ans. Est-ce à dire que les numéros non cités tout à l'heure doivent être rejetés sans autre ? Nous ne le croyons pas ; car, si nous avions sulfaté de temps à autre, il y a des variétés qui auraient obtenu une toute autre note de classement, probablement non seulement comme poids mais comme maturité.

Rappelons, comme nous l'avons fait à propos de l'expérience des hybrides Seybel, que nous n'avons pas pu faire des essais sur le rendement en jus par variété, et que ce rendement, s'il est beau pour beaucoup de variétés, serait souvent beaucoup moins fort, comparé au poids de la vendange, que pour les fendants [1].

Le *117 × 3* Couderc blanc qui, si l'on en croit la littérature viticole (celle du moins des partisans des producteurs directs) mérite d'être essayé (nous disons *essayé*) malgré sa petite production, à cause de la qualité de son vin, figure dans notre tableau comme ayant donné un rendement nul.

---

[1] Ce que nous disons à ce sujet à propos de l'expérience VI de Veyrier, peut se rapporter aussi à beaucoup d'autres hybrides cultivés dans le champ d'expériences N° XIII.

Mais ses trois pieds sont placés au bas du parchet, ce qui fait qu'il est régulièrement inondé de boue très argileuse provenant du ravinement et empêchant ainsi l'aération de la terre dans laquelle il est planté. Remarquons cependant en passant, et sans conclure, qu'il a obtenu une bien mauvaise note de résistance.

Ce *117 × 3* a bien donné quelques raisins, mais ceux-ci ayant été mangés par les blaireaux n'ont pas pu être pesés[1].

D'autres, figurant dans nos tableaux, n'ont été expérimentés que 2 ou 3 ans seulement, c'est le cas du Couderc 503 noir qui n'est pas réputé mauvais producteur.

Nous prions aussi nos lecteurs de ne pas adopter ou rejeter un de ces producteurs directs sans avoir consulté à leur sujet soit la littérature viticole, soit ce que nous disons d'eux dans l'ouvrage qui suit celui-ci au chapitre : **Producteurs directs.**

EXPÉRIENCE N° XIV

faite à Clapiers, près Montpellier (Hérault) dans deux terres très calcaires et plutôt sèches dans lesquelles les vignes européennes ont autrefois succombé au phylloxéra.

Les plantations ont été effectuées au printemps 1901, soit en racinés, soit en boutures, greffés

---

[1] Voir ce que nous disons plus loin, au tome III, chapitre « Producteurs directs » au sujet du 117×3. Dans un autre parchet nous avons quelques pieds de 117×3 greffés. En juin 1910, nous avons constaté que

un ou deux ans après, sur place, dès que le porte-greffe était assez vigoureux.

Nom des champs d'expériences et situation. Terre de l'Aire et *Terre du Hangar*, distantes de 200 mètres l'une de l'autre, toutes deux situées à l'entrée du village de Clapiers en venant ʾde Castelnau. Ces deux champs d'expérience font partie de la propriété des héritiers de Mᵐᵉ Vᵛᵉ A. Leenhardt.

Étude géologique. M. Lagatu, professeur de chimie agricole à l'École nationale d'agriculture de Montpellier, et M. Delage, professeur de géologie à la Faculté des sciences de la même ville, ont bien voulu se rendre sur les lieux pour nous éclairer sur ce point. Nous les remercions ici des renseignements suivants, qu'ils ont bien voulu nous communiquer par l'organe de M. Lagatu.

« Vos deux champs d'expériences de l'Aire et du « Hangar appartiennent à la même formation, par- « tie inférieure du tertiaire lacustre de Montpellier, « correspondant à la base de l'étage du *lutétien* ou « *parisien*, marqué C_1 C_{1111} sur la carte du service « géologique de France.

« Les calcaires blancs, qui font falaise au nord « du champ du Hangar sont du même étage lutétien « et constituent une couche géologiquement supé- « rieure à la formation où sont plantées les deux « vignes d'expérience.

« Au-dessous du calcaire marneux blanchâtre « des champs d'expériences, il y a un grès grossier,

ces jeunes pieds, à leur deuxième et troisième feuille avaient des raisins. Il ne faut donc pas conclure d'une seule expérience. Pendant tout l'été 1910 les grappes de 117×3 se sont bien comportées par rapport au mildiou.

« étage l_{111} — l_{111} de la carte géologique détaillée.
« Cette formation s'observe en affleurement le long
« de la route qui descend de Clapiers vers Castel-
« nau.

   « J'ignore si ces grès se trouvent en sous-sol dans
« vos champs. Ce fait serait possible dans le champ
« de l'Aire. S'il était observé, il en faudrait tenir
« compte dans les observations relatives à l'adapta-
« tion des porte-greffes [1] ».

[1] Nous avons depuis fait faire en quelques endroits des creux de sondage. MM. Lagatu et Delage ont eu l'extrême obligeance de procéder en 1911 à un second examen, dont le résultat a été le suivant :

Montpellier, 18 mars 1911.

Indications géologiques sur le champ d'expériences dit de l'Aire et sur la terre voisine « Les Nèfles ». Domaine de Clapiers.

Du côté de la route de Montpellier à Teyran se trouve un mamelon constitué par des grès et graviers presque exclusivement quartzeux : c'est sur ce terrain que vivent des pins, des chênes-verts et quelques chênes-liège. Cette formation appartient à l'assise dite à Lophiodon ; elle est considérée comme synchronique des grès de Carcassonne, des grès de Cesseras (tertiaire éocène lacustre).

Du côté du village de Clapiers et supportant le village se trouve une petite colline calcaire, dite assise à Bulimus Hopei. Cette assise est immédiatement inférieure à la précédente et appartient également au tertiaire éocène lacustre.

Les deux champs de vignes sont compris entre ces deux petites collines et ils se trouvent constituer une dépression dont la terre arable superficielle est à peu près partout la même, mais où le sous-sol est très complexe, ainsi que l'ont montré les quatre trous creusés pour nos observations.

En effet, ces fouilles ont rencontré non seulement le *calcaire à Bulimus Hopei* et les *marnes blanches ou versicolores auxquelles il passe par endroits;* mais encore une *assise d'argile rutilante* très compacte et imperméable, qui n'affleure pas dans la région, mais qui est le soubassement, c'est-à-dire la couche la plus inférieure, de l'éocène lacustre, par conséquent au-dessous du calcaire à Bulimus Hopei. Les trous Nos 2 et 3, voisins de la route, ont aussi rencontré une couche peu épaisse, mais parfaitement caractérisée, d'*alluvions quaternaires*, avec fossiles animaux et végétaux, déposés par le Lez.

Emplacement des échantillons.

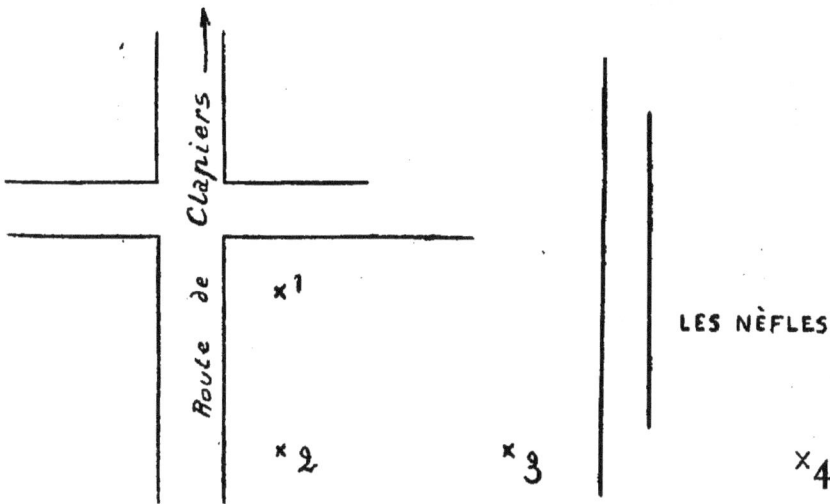

Détail des fouilles.

Fouille nº 1.

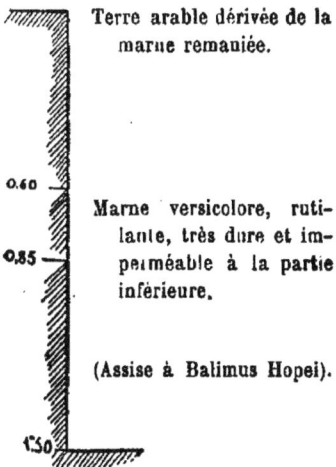

Terre arable dérivée de la marne remaniée.

Marne versicolore, rutilante, très dure et imperméable à la partie inférieure.

(Assise à Balimus Hopei).

Fouille nº 2.

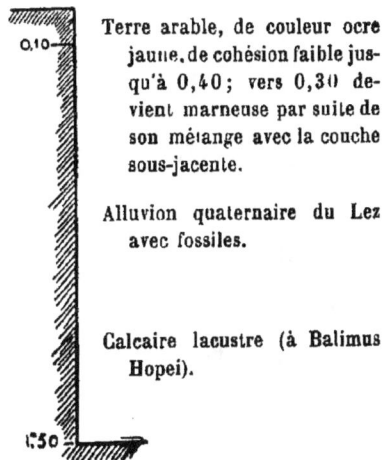

Terre arable, de couleur ocre jaune, de cohésion faible jusqu'à 0,40 ; vers 0,30 devient marneuse par suite de son mélange avec la couche sous-jacente.

Alluvion quaternaire du Lez avec fossiles.

Calcaire lacustre (à Balimus Hopei).

La terre de l'Aire est en plaine. Il en est de même de celle du Hangar (seule sa partie nord-est très légèrement inclinée du nord-ouest au sud-est et adossée à des calcaires blancs formant falaise).

Nature agricole du sol. Nous avons affaire à des surfaces de terrains plus étendues que pour les expériences faites par nous en Suisse et dans la Haute-Savoie, soit à environ deux hectares en tout.

Ces terres, qui appartiennent à la même formation géologique, varient cependant au point de vue agricole. Examinées dans leur ensemble, elles peuvent être divisées en trois catégories de sols, si on fait abstraction du pourcentage calcimétrique.

Dans *champ du Hangar*, contre les falaises calcaires du lutétien et sur une largeur nord-ouest sud-est de 60 mètres environ, nous avons affaire à une terre caillouteuse, même très caillouteuse par endroits et pas toujours très profonde. Passé ces 60 mètres et jusqu'au chemin d'exploitation nous

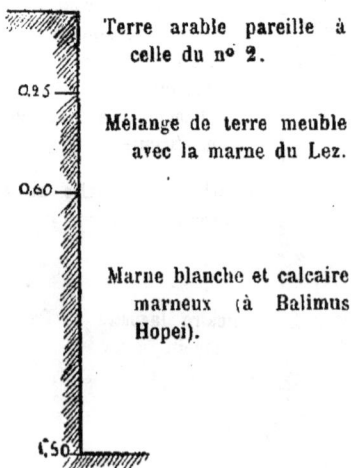

FOUILLE N° 3.

Terre arable pareille à celle du n° 2.

0.25

Mélange de terre meuble avec la marne du Lez.

0.60

Marne blanche et calcaire marneux (à Balimus Hopei).

1.50

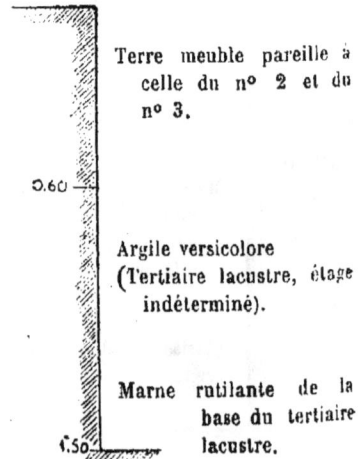

FOUILLE N° 4.

Terre meuble pareille à celle du n° 2 et du n° 3.

0.60

Argile versicolore (Tertiaire lacustre, étage indéterminé).

Marne rutilante de la base du tertiaire lacustre.

1.50

Nº 5295   Graphique de l'attaque au Calcimètre Houdaille — Température 14 degrés

de : *M. Lagatu, Roche*. Trou nº 3.

du calcaire : *Calcaire lacustre tertiaire à Balimus Hopei prélevé plus loin de la route que nº 2.*

Le Directeur du Laboratoire :   Le Chimiste-chef :

   (*Sig.*) H. LAGATU.

Acide carbonique CO_2 pour cent de terre fine *36,5*

Carbonate de chaux correspondant
(en admettant l'existence de ce seul carbonate)
Dans 1000 de terre fine sèche

$36,5 \times 2,27 = 82,85.$

Dans 1000 de terre complète sèche.

Cailloux et gravier :

Calcaire :

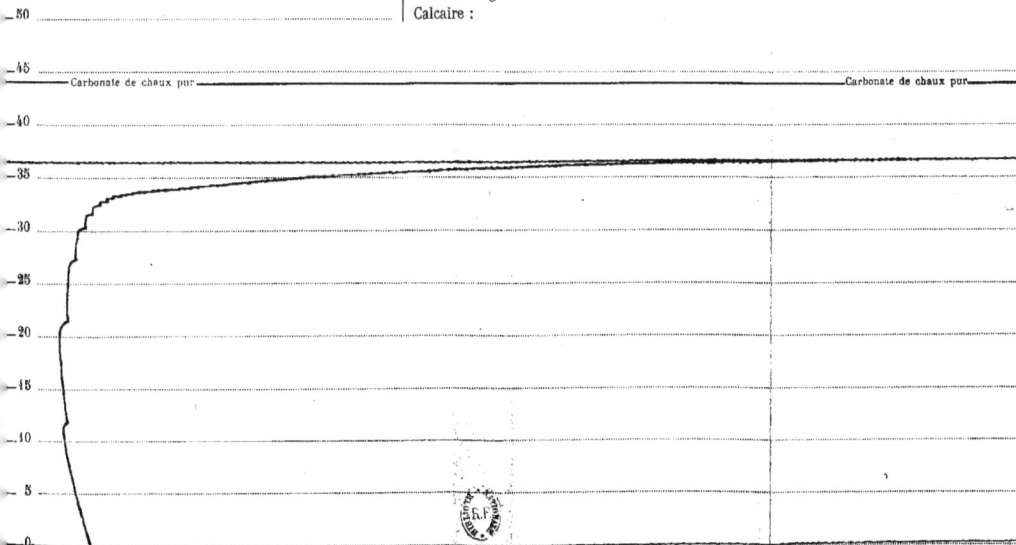

ÉCOLE NATIONALE D'AGRICULTURE DE MONTPELLIER
STATION DE RECHERCHES CHIMIQUES ET D'ANALYSES AGRICOLES

N° 5296   Graphique de l'attaque au Calcimètre Houdaille — Température 14 degrés

Terre de : *M. Lagalu, Roche.* **Trou n° 4.**

Nature du calcaire : *Marne tertiaire lacustre (étage indéterminé)*

Le Directeur du Laboratoire :   Le Chimiste-chef :

Acide carbonique CO_2 pour cent de terre fine *13,5*

Carbonate de chaux correspondant
(en admettant l'existence de ce seul carbonate) $\}$ $13,5 \times 2,27 = 30,64.$
        Dans 1000 de terre fine sèche   Dans 1000 de terre complète sèche

Cailloux et gravier :

Calcaire :

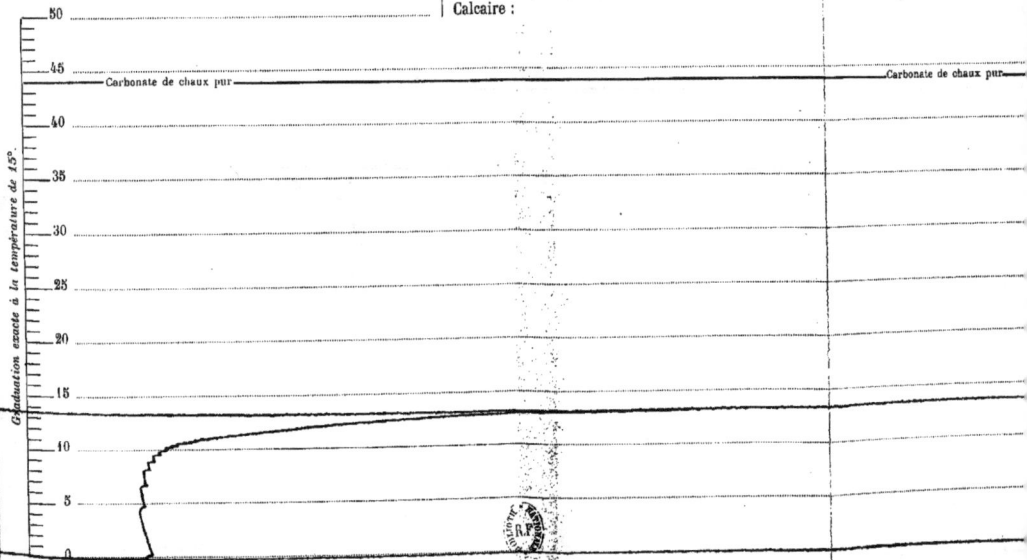

Graduation exacte à la température de 15°

Carbonate de chaux pur

Carbonate de chaux pur

trouvons une terre profonde, pas forte comparativement à beaucoup de sols de la Haute-Savoie[1] et
des cantons de Vaud et de Genève, contenant
encore assez de cailloux avec cependant une forte
proportion de terre arable dans le sol et sous-sol.

Dans la partie nord-est *du champ d'expérience de
l'Aire*, le sol assez superficiel est composé d'environ
50 centimètres de bonne terre reposant sur un
fond de cailloux.

Dans le reste de la dite pièce, de l'Aire, le sol
est profond, plus ou moins caillouteux, avec une
forte proportion de bonne terre, suivant les
endroits, rappelant en général la terre du Hangar
dans la partie profonde qui est en même temps la
plus grande de la pièce. A l'analyse, ces terrains
ont donné de *très forts pourcentages de calcaire*.

TERRE DU HANGAR

Nous allons examiner chaque carré d'expérience
l'un après l'autre.

Carrés I et V Aramon sur rupestris du Lot

Terre très meuble et profonde, dans laquelle
tous les plants prospéreraient, ni sèche ni humide
(plus sèche cependant que les terres suisses). Dans
la partie nord, contre les falaises, le sol devient plus

---

[1] Plus particulièrement arrondissement de Thonon, partie de celui
de St-Julien, environs immédiats de Bonneville.

cailouteux et, tout en restant très profond et suffisamment pourvu de bonne terre, par endroits seulement sa profondeur diminue quelque peu.

A l'analyse, nous avons trouvé des pourcentages
de calcaire, qui somme toute ne sont pas élevés
pour Clapiers et ne le seraient pas pour certaines
régions comme les Charentes, mais qui le sont
beaucoup par comparaison avec les terres du bord
du lac Léman.

Echantillon n° 3 46 % sol et sous-sol mélangés
»   »   4 46 % prélevés jusqu'à 0,60 m.
»   »   5 45 % de profondeur
»   »   6 46 %
»   »   7 45 %
»   »   8 49 %
»   » 15 48 %

En 1910, de nouvelles analyses ont donné

	sol	sous-sol
Dans le carré V Echantillon n° 1	51,6 %	53,5 %
» » » n° 2	48,8 %	59,6 %
Dans le carré I » n° 3	64,8 %	75,6 %

La plantation de ce carré a été effectuée avec des
racinés, qui dans la suite ont été greffés sur place.
Il s'agit d'environ 2000 pieds.

Nous aurions dit autrefois que cette plantation se
comportait très bien, aujourd'hui nous nous bor-
nons à lui donner la note bien, à cause de la supériorité bien marquée qu'ont eue sur elle les plantation faites à côté avec des 41 B, des 420 B, et même
avec des 1202 et des Aramons × rupestris Ganzin

n° 1, alors que ces deux derniers ne semblaient pas devoir, *à priori*, dépasser le rupestris du Lot dans cette terre profonde, qui, si pour le midi elle n'est pas très sèche, l'est cependant davantage que celles que l'on trouve à Lunel, Mauguio, Lattes et d'autres localités de l'Hérault.

Nous n'avons pas constaté de chlorose sur ces greffes de rupestris du Lot, toutefois, dans de certaines années, les feuilles paraissent pâles comparativement à celles surtout des *420 B* et *41 B*, qui sont vert foncé, et comparativement à celles aussi des *1202* et des *Aramon* $\times$ *rupestris Ganzin N° 1*.

Ces deux derniers Aramon $\times$ rupestris 1 surtout, sont vert moins foncé tout en n'étant absolument pas chlorosés, que *41 B* ou *420 B*.

A notre grand regret, nous n'avons pas pu effectuer les pesées de la récolte dans ces champs d'expérience, parce que ceux-ci sont situés trop loin de chez nous, mais les fréquentes visites que nous y avons faites, la conscience avec laquelle MM. Caussel, maire de Clapiers, régisseur, et Fabre, chef de culture, ont procédé aux observations, nous permettent, quoique rien ne vaille les pesées, de conclure sans arrière-pensée.

Carré N° 2. Aramon sur chasselas $\times$ Berlandieri 41 B

Même genre de terre profonde et meuble, ni sèche ni humide (pour le midi), mais qui chez nous serait taxée d'assez sèche. Excessivement calcaire à certains endroits.

Pourcentage de calcaire trouvé en 1902 sur deux échantillons sol et sous-sol mélangés :

$$N^o 13 \quad 60\ ^o/_o$$
$$\text{» } 14 \quad 86 \text{ »}$$

De nouveaux dosages en 1910 ont accusé :

	Sol	Sous-sol
N° 1	56 $^o/_o$	56 $^o/_o$
» 2	57,4 »	58,8 »

M. Dusserre a bien voulu faire pour nous l'analyse d'un échantillon de terre prélevé dans cette pièce.

Les résultats ont été les suivants :

Echantillon N° 1		Sol	Sous-sol
Analyse mécanique	gravier > 1 mm.	158 gr.	221 gr.
	terre fine < 1 »	842 »	779 »
Analyse physico-chimique de la terre fine	Eau retenue	44,9	42,1
	Matière organique	27,5	26,8
	Calcaire	551,8	553,7
	Sable siliceux	232,0	243,0
	Argile colloïdale	143,8	134,6
Analyse chimique de la terre fine	Azote total	1,61	1,24
	Acide phosphor.	0,50	0,51
	Potasse totale	7,74	5,57

Ce carré est composé de 500 souches.

La plantation a été effectuée au moyen de racinés, greffés sur place par la suite.

Cette plantation s'est comportée à merveille et, ce qui ne nous a jamais étonné du reste, est toujours restée d'un vert très foncé. A tous les points de vue, production, verdeur, végétation, elle s'est toujours montrée supérieure à sa voisine, faite sur rupestris de Lot.

Cette supériorité est telle que les ouvriers qui viennent la travailler, lorsqu'ils voient à la taille un rejet au sujet le coupent et l'emportent chez eux.

Carré N° 3

Greffés en Aramon sur Aramon $\times$ rupestris Ganzin N° 1, 810 souches.

Dans sa majeure partie, la terre est meuble et profonde, ni sèche ni humide (pour le midi), et serait chez nous taxée de meuble et d'assez sèche; la partie près des falaises est plus caillouteuse et par endroits moins profonde, sans être superficielle cependant.

En 1902, nous avons analysé trois échantillons de cette terre, qui ont accusé la teneur en calcaire suivante :

Le N° 10   33 °/o sols et sous-sols mélangés ;
» 11   51 »   le tout prélevé
» 12   56 »   jusqu'à 60 centimètres.

En 1910, de nouveaux dosages ont donné :

	Sol	Sous-sol
N° 1	51,5 °/o	56,2 °/o
» 2	57,4 »	58,2 »

Ces greffes sur *Aramon* $\times$ *rupestris Ganzin* N° 1 se sont toujours bien comportées et, quoiqu'elles

n'aient pas égalé la production, ni présenté la coloration vert plus foncé des greffes sur *chasselas* ×
Berlandieri 41 B et *Berlandieri* × *riparia 420 B,*
nous n'avons jamais constaté de chlorose ni de fai-
blissement de souche dans ce carré.

Cette plantation a été faite en racinés (ayant poussé
à Veyrier près Genève), greffés ensuite sur place.

En résumé, nous pouvons donner une bonne
note à ce franco-américain. Il s'est aussi montré
supérieur au Lot. On aurait pu craindre que le terrain, tout en étant profond, ne soit pas assez frais
pour ce plant, que nous aurions *a priori* cru plus à
sa place ailleurs que dans des régions très chaudes
et dans des terrains somme toute assez secs.

Carré N° 4

Greffes d'Aramon sur mourvedre × rupestris 1202

Terre meuble profonde, ni sèche, ni humide. La
partie qui est au pied des falaises est plus caillouteuse, mais ne manque pas de bonne terre; sans
être jamais superficielle, elle est parfois un peu
moins profonde.

L'analyse de trois échantillons au calcimètre nous
a donné les résultats suivants :

Echantillon N° 1 sol	56 %	
sous-sol	64,8 »	
» » 2 sol	57,4 »	Analyses
sous-sol	60 »	faites
» » 3 sol	56 »	en 1910
6 sous-sol	4,5 »	

En 1902, un autre échantillon, N° 9, sol et sous-sol mélangés, nous avait donné 46 °/₀ de calcaire. Cette plantation, faite en 1902 en racinés, greffés sur place par la suite, nous a donné toute satisfaction ; légèrement inférieure à celles sur *chasselas* $\times$ *Berlandieri 41 B* et *Berlandieri* $\times$ *riparia 420 A*, elle est cependant fort belle.

Ici aussi on aurait pu se demander si ce plant ne semblait pas destiné à des terrains plus frais, jusqu'à présent, il ne semble pas que cette station lui soit contraire.

Remarquons encore en passant qu'*Aramon* $\times$ *rupestris Ganzin N° 1, mourvèdre* $\times$ *rupestris 1202* arrivent justement dans la partie de la terre du hangar située aux pieds des falaises, et que cette partie, tout en ayant suffisamment de terre végétale, est cependant plus caillouteuse, sans être superficielle [1].

---

[1] Nous n'avons pas fait d'examen phylloxérique, mais il est *à présumer* qu'il y a du phylloxéra dans ces terres, puisque dans toute la contrée il a fallu arracher autrefois les vignes européennes.

Au moment où nous allons envoyer ce volume à l'imprimerie, nous lisons dans le *Progrès agricole*, n° du 16 octobre 1910 (dirigé par L. Degrully, rue Albisson 1, Montpellier), que M. le professeur Chappaz a constaté, à Vertus, Marne, un cas de dépérissement phylloxérique du 1202.

M. Chappaz, qui, avec le bon sens qui le caractérise, n'a jamais exagéré les questions, n'attribue pas une bien grande importance à ce cas isolé, quand même il estime que lorsqu'on le peut il vaut mieux employer un américo-américain ou un américain pur, il n'en continue pas moins à considérer le 1202 comme un porte-greffe de valeur.

Nous sommes absolument de l'avis de M. Chappaz. Nous le répétons, il s'agit là d'un cas isolé, et à côté de ce cas-là il y a foule de cas où le 1202 donne satisfaction et ne faillit pas. Il n'a, selon nous, pas démérité, mais nous continuerons cependant à dire que lorsqu'on a le choix il vaut autant adopter un américo$\times$américain, ou même un américain pur.

Carré N° 6. Aramon sur Berlandieri × riparia 420 B

La plantation a été faite en boutures (bûches) ayant poussé à Veyrier et greffées sur place par la suite.

Terre meuble, profonde, un peu caillouteuse à cause du voisinage des falaises, contenant suffisamment de bonne terre, présentant à quelques endroits un peu moins de profondeur, sans que celle-ci soit jamais inférieure à 0,50 m. En Suisse, cette terre serait taxée de presque sèche.

En 1902, deux échantillons de cette terre nous avaient donné les pourcentages de calcaire suivants : 46 et 52,4 %.

En 1910, de nouveaux dosages ont accusé :

	Sol	Sous-sol
N° 1	44,4 %	41,2 %
» 2	59,2 %	58 %

Un échantillon de cette terre, que MM. Dusserre et Chavan ont bien voulu soumettre à une analyse complète, présentait la composition suivante :

‰	Echantillon N° 4	Sol	Sous-sol
Analyse mécanique	Gravier > 1 mm.	158	42
	Terre fine < 1 mm.	842	958
Analyse physico-chimique de la terre fine	Eau retenue	56,0	61,7
	Mat. organiques	44,7	17,8
	Calcaire	524,0 (52,4 %)	523,7 (52,3 %)
	Sable silicieux fin	254	242
	Argile colloïdale	121,6	154,8
Anal. chim. de la terre fine	Azote total	1,63	1,20
	Acid. phosphor. total	0,46	0,44
	Potasse totale	5,26	4,68

Ces *Berlandieri* $\times$ *riparia 420 B*, quoique plantés en *bûches* (ce qui est en général préjudiciable pour l'uniformité de la plantation et en tout cas le premier développement) ont, comme les *chasselas* $\times$ *Berlandieri 41 B*, de suite attiré l'attention de ceux qui les travaillent, ainsi que celle de M. Caussel, Fabre, et la nôtre.

Si les *41 B* se sont montrés réellement supérieurs et à toute épreuve, me disait l'automne dernier M. Fabre, les *420 B* ont été remarquables, aussi les raisins de leurs greffons, par leur régularité et maturité, ont fait concurrence à ceux du *41 B*.

Terre de l'Aire

Carré I

Bonne terre dessus, plutôt superficielle reposant sur un fond de cailloux à partir de 40-60 cm., terrain dans son ensemble un peu maigre et tuffeux par endroits.

Cépage expérimenté : le *riparia* $\times$ *rupestris 3309* greffé en carignane.

Pourcentage de calaire trouvé en 1902.

Echantillon N° 1 34 % sol et sous-sol mélangés.

     »   » 2 35 %

Un échantillon de terre prélevé dans ce carré, en 1909, analysé par MM. Dusserre et Chavan, a accusé la composition suivante :

Analyse mécanique			
Gravier > 1m/m. .	159	321
Terre fine < 1m/m	841	679

Analyse physico-chimique de la terre fine	Eau retenue	34,4	27
	Mat. organique . .	20,3	6,3
	Calcaire	499,3 (49,9 %)	687,6 (68,8 %)
	Sable siliceux fin .	302,0	162
	Argile colloïdale. .	144,0	117,1
Analyse chimique de la terre fine	Azote total	1,30	1,15
	Ac. phospho. total	0,66	0,46
	Potasse totale . . .	5,44	4,35

Si en 1902 nous avons indiqué de préférence le *riparia* ✕ *rupestris 3309*, comme devant convenir à ce sol, c'est que nous nous basions sur les pourcentages de calcaire suivants accusés par l'analyse de deux échantillons de terre 34 et 35 % et que dans notre brochure *sur l'adaptation des différentes espèces américaines aux différents sols* (J. Burnat 1899, 1901 et 1904), nous indiquions que les riparia ✕ rupestris pouvaient résister à des pourcentages de calcaire variant suivant l'assimilabilité de ce sel de 25 à 35 %.

D'autre part, nous attribuons au 3309 une résistance à la sécheresse plus élevée qu'au 3306 et 101 ✕ 14[1].

En outre, les auteurs qui avaient étudié de près la question et dans lesquels nous avons aujourd'hui comme auparavant la plus grande confiance, étaient tentés, tout en faisant remarquer qu'en terrains superficiels les essais étaient peu nombreux, d'essayer (je dis essayer), parmi d'autres plants, le 3309 dans des terres sèches et superficielles. *Remarquons à ce sujet combien il est délicat de donner*

---

[1] Actuellement nous croyons encore que la résistance intrinsèque à la sécheresse du 3309 est plus forte que celle 3306; mais nous ne sommes pas éloignés d'attribuer au 101 ✕ 14, à peu près le même degré de résistance intrinsèque.

des conseils concernant l'adaption au sol, en se basant
seulement sur une ou deux analyses calcimétriques faites
dans un laboratoire, même s'il s'agit d'un carré res-
treint (1000 plants seulement), puisque sur deux échan-
tillons en 1902 on trouve 34-35 et sur un autre en
1909 on trouve sol 49,9 sous-sol 68,7.

Nous l'avons déjà dit et répété plus haut, les
pourcentages de calcaire varient souvent d'un point
à un autre, comme chacun le sait[1].

Si nous avions eu l'échantillon dans lequel
M. Dusserre a trouvé 49,9 % pour le sol et 68,7 %
pour le sous-sol, au lieu des deux qui nous ont
accusé 34 et 35 % seulement, nous n'aurions pas
conseillé le 3309.

Nous n'avons cependant pas remarqué de
chlorose dans ce carré, et si les 3309 n'ont
pas été merveilleux à cet endroit nous l'attribuons en partie du moins à d'autres causes, telles
que mauvaise nature du sous-sol, peu de profondeur du sol.

Il est probable que ces pourcentages de 49,9 et
68,7 n'y sont pas fréquents et que la teneur
moyenne en calcaire est plutôt 34 à 35 %.

Puisqu'il n'y a pas eu dechlorose, nous en pouvons conclure que le 3309 est certainement capable de résister à au moins 20-35 % suivant la
situation.

Le 3309 n'a pas été mauvais cependant (en 1909
il a même été bon). Sans vouloir généraliser on
peut dire qu'il a une résistance intrinsèque à la
sécheresse un peu moins élevée que celle que l'on

---

[1] Nous avions déjà attiré l'attention des viticulteurs à ce sujet
dans : Réunion de diverses brochures de la *pépinière de Veyrier*,
1904. Voir page 32 entre autres de la dite brochure.

était, nous même comme d'autres, tentés de lui attribuer[1].

Une autre cause d'infériorité est attribuable au fait que le 3309 a été planté en *bûches,* et que longtemps la plantation à été irrégulière, les remplaçants nombreux ont eu de la peine à prendre le dessus. Remarquons cependant en ce qui concerne ce carré que, dans les endroits maigres et tuffeux, ils ne sont pas inférieurs à ce qu'ils sont dans les endroits où le sol est plus profond.

Si le *3309* se comporte moins bien que le *rupestris du Lot,* il va cependant un peu mieux que les *riparia* qui y étaient avant. Le *3309* n'a jamais été là vert poireau, comme les *41 B,* mais sa teinte plus pâle n'allait cependant *pas* jusqu'au *jaune.*

En, racinés cela n'aurait pas mal marché, toutefois nous maintenons nos réserves et avons l'impression que le *3309* n'est pas tout à fait à sa place dans ce terrain.

Carré II

En partie terre blanche, mélangée de cailloux au fond, superficielle (40, 50 à 60 cm. seulement), par endroits, meuble et profonde à d'autres; plutôt sèche de nouveau un peu maigre et tuffeuse ici et là.

Pourcentages de calcaire trouvés.

Echantillon N° 3   55 %
»   N° 4   43 %
»   N° 13 41 %

---

[1] Il est toutefois juste de lui faire encore crédit de quelques années.

L'analyse de M. Dusserre faite sur un échantillon prélevé dans le carré précédent peut donner des indications pour ce carré aussi.

Le cépage expérimenté est l'*Aramon* $\times$ *rupestris ganzin N° 1* [1]; planté en boutures en 1902, greffé par la suite. Les manquants ont été nombreux. Là où les boutures n'ont pas manqué, les souches sont très belles, supérieures au 3309. Nous sommes ainsi tentés d'attribuer à l'*Aramon* $\times$ *rupestris Ganzin N° 1* une résistance intrinsèque à la sécheresse plus élevée que nous le pensions et nous nous rallierions volontiers au sentiment exprimé par M. le Dr Faës dans la Chronique agricole du canton de Vaud, il y a quelques années, d'essayer pour les terres superficielles[2] l'*Aramon* $\times$ *rupestris Ganzin N° 1*, pour ce qui concerne du moins le canton de Vaud, alors que nous même n'indiquions que l'*aramon* $\times$ *rupestris Ganzin N° 2* avec d'autres plants.

Carré III

Sol un peu mélangé de cailloux dans une partie ; profond et meuble dans l'autre, nulle part superficiel.

Pourcentage de calcaire trouvé en 1902 :

Echantillon N° 14   29 °/₀
          »   N° 15   83 °/₀

[1] Greffé en carignane.
[2] Nous le proposerions à titre d'essai, car les essais en terres superficielles, surtout *superficielles* et *très sèches* sont peu nombreux si l'on considère l'ensemble des pays où l'on a reconstitué.

Cépage employé *chasselas* $\times$ *Berlandieri 41 B,* *greffé en carignane,* planté en beaux racinés, greffés 2 ans après la plantation.

Manifeste une supériorité évidente sur les plantations voisines à tous les points de vue.

Carré IV

Sol profond, caillouteux mais offrant une très bonne proportion de bonne terre, ni sec, ni humide, (comparativement à nos conditions suisses, il serait assez sec suivant certains moments de l'année).

Pourcentages de calcaire trouvés en 1992.

Echantillon N° 9 74 % sol et sous-sol mélangés.
» N° 10 73 %

Planté en racinés beaux et vigoureux de chasselas $\times$ *Berlandieri 41 B, greffés, 2 ans après en carignane.*

Le *41 B* y a donné toute satisfaction, il s'est là de nouveau montré manifestement supérieur aux autres cépages employés dans la même expérience, sans excès de vigueur, ce dernier point est un avantage dans les régions où l'on taille court surtout.

Carré V

Bonne terre profonde mélangée de cailloux.

Pourcentages de calcaire trouvés en 1902 :

Echantillon N° 11   36 %
» N° 12   32 %
» N° 5   46 %

Cépage expérimenté, (1500 souches) le *rupestris du Lot* planté en racinés, greffé par la suite sur place en *gros noir*, sauf 100-150 souches en mourrastel (dit mourrastel Fourat). L'analyse complète d'un échantillon faite à l'Etablissement fédéral de Lausanne a donné les résultats suivants :

		Sol	Sous-sol
Analyse mé- canique	Gravier > 1 mm .	277	288
	Terre fine < 1mm	723	712
Analyse physico chi- mique de la terre fine	Eau retenue . . .	39,7	32,7
	Mat. organique .	18,7	33,2
	Calcaire	368,4 (36,8 %)	383 (38,3 %)
	Sable siliceux fin	416	397
	Argile colloïdale.	161,5	154,4
Analyse chi- mique de la terre fine	Azote total. . . .	1,45	1,16
	Ac. phospho. tot.	0,65	0.45
	Potasse totale . .	4,75	2,89

Ces rupestris du Lot ont bien marché, suivant les dires de MM. Caussel et Fabre, et comme nous avons pu nous en rendre compte lors de nos visites à ce champ d'expérience.

Cependant, nous avons remarqué qu'en 1909, à partir du 5 octobre, les feuilles du *gros noir* sur *rupestris du Lot* tombaient, alors que celles du *carignane* sur *Aramon* × *rupestris Ganzin N° 1, 41 B, 3309*, de *chasselas* sur *divers* porte-greffes ne tombaient pas encore.

Une forte récolte toutefois était pendante encore à cette date sur ces greffes de *rupestris du Lot*. Les raisins flattaient agréablement l'œil et étaient de bon goût.

M. Fabre estime que si les feuilles tombent, cela doit être attribué au gros noir et non au fait que c'est greffé sur rupestris du Lot. C'est fort possible, car à Clapiers, où il y a beaucoup de rupestris, nous n'avons pas encore constaté ce phénomène, toutefois, il a pu nous échapper car nous ne l'avons pas recherché.

Sans l'affirmation de M. Fabre qui connaît mieux les variétés méridionales que nous, nous aurions attribué cette chute de feuilles uniquement à un effet de non résistance à la sécheresse du rupestris du Lot, malgré la profondeur du terrain. Nous pensons que les deux facteurs ont [1] dû agir à la fois.

VI Entre le Carré 4, 41 B en carignane et le Carré 5, rupestris dn Lot, avec gros noir, se trouve une bande de terrain plantée avec des greffes de *chasselas doré* var. *fendant vert* sur les porte-greffes suivants (cinq greffes pour chaque porte-greffe) :

Riparia Gloire.
Riparia × rupestris 3306.
Riparia × rupestris 3309.
Riparia × rupestris 101 × 14, rupestris du Lot.
Solonis × riparia 1616.
Mourvèdre × rupestris 1202, rupestris Martin.
Aramon × rupestris Ganzin N° 1, riparia tomenteux.
Berlandieri × riparia 157 × 11.
Chasselas × Berlandieri 41 B.
Solonis × Riparia 1615, rupestris × riparia 108 × 103, riparia × rupestris 101 [16].

---

[1] M. Ravaz, page 107 de son livre « Vignes américaines, porte-greffes et producteurs directs » constate que le rupestris du Lot perd hâtivement les feuilles de la base de ses rameaux, même dans les régions tempérées de la France, et que le même caractère existe aussi plus accentué encore chez les variétés de v. vinifera greffés sur rupestris.

Berlandieri $\times$ riparia 420 C, riparia du Colorado ε.

Aramon $\times$ rupestris Ganzin N° 2, gamay Couderc.

Solonis.

Puis 5 greffes de chaque.

De *chasselas doré* (var. *fendant roux*) sur les porte-greffes suivants :

Riparia $\times$ rupestris 3306.
Riparia $\times$ rupestris 3309.
Riparia $\times$ rupestris 101 $\times$ 14.
Riparia gloire.
Rupestris du Lot.
Aramon $\times$ rupestris Ganzin N° 1.
Mourvèdre $\times$ rupestris 1202.
Riparia $\times$ rupestris 101[16].
Solonis $\times$ riparia 1616.
Solonis.

Puis 5 greffes de chaque.
De *chasselas doré* (Var. *Blanchette*) sur :

Riparia $\times$ rupestris 101 $\times$ 14.
Aramon $\times$ rupestris Ganzin N° 1.
Rupestris du Lot.
Riparia $\times$ rupestris 101[16].
Riparia grand glabre.

Le terrain de cette bande est composé de **bonne** terre mélangée de cailloux, profonde, mais très blanche par endroits, cette coloration provient d'un tuf.

Les pourcentages de calcaire n'y ont pas été

14

relevés, mais étant donné que cette bande est située au milieu des autres carrés, on peut soupçonner que ces pourcentages varient de 32 à 85 %, avec une moyenne d'environ 40-50 %.

Un croquis fait primitivement, a malheureusement été égaré. Des écriteaux portant le nom des plants, placés primitivement par M. Fabre, ont été enlevés par les ouvriers lors des labours, etc.

Bref, à distance, nous n'avons pas pu surveiller cela comme nous aurions voulu.

La récolte n'ayant pas été pesée, nous ne pouvons établir de conclusions pour quelques pieds seulement.

Nous avons pu cependant constater que s'il y a eu par places des cas de chlorose, celle-ci a atteint sur fort peu de pieds le rabougrissement complet et pour aucun des porte-greffes il n'y a eu de cottis, sur les cinq pieds.

Nous sommes étonnés que, malgré des pourcentages de calcaire pareils (des plus élevés par rapport à la majorité de nos terres des cantons de Vaud, Genève et de l'arrondissement de Thonon), la chlorose n'ait pas été plus intense encore et cependant, d'après les graphiques obtenus avec l'appareil Houdaille, ce calcaire serait aussi assimilable que celui du Salève.

D'après l'expérience que nous avons des terres du pied du Salève (Bossey-Collonges) certainement, avec de pareils pourcentages, plusieurs de ces porte-greffes y auraient souffert encore bien plus.

A Bossey, d'après M. Gustave Baltzinger, parfois déjà à 40-50 % on se plaint de l'*Aramon* $\times$ *rupestris Ganzin N° 1* au point de vue chlorose. Qu'en conclure ? Probablement ce qu'on sait déjà, c'est que dans un climat pluvieux la chlorose est plus dangereuse et qu'une fois de plus il est bon de localiser lesexpériences.

En automne 1909, là où il y avait encore des poteaux, nous avons relevé ce qui suit :

Fendants verts sur Berlandieri $\times$ riparia 157 $\times$ 11 (plus verts que les voisins).

Fendants verts sur rupestris $\times$ riparia 108-103 (pas très vigoureux).

Fendants verts sur Berlandieri $\times$ riparia 420 C (assez bons).

CONCLUSIONS

DE L'EXPÉRIENCE N° XIV

Clapiers (Hérault)

En ce qui concerne ces terres on peut, d'après leur mérite, classer dans l'ordre suivant ces cépages essayés (en faisant abstraction des plants greffés en chasselas).

	Pourcentages trouvés aux endroits essayés :
Chasselas $\times$ Berlandieri 41 B . .	de 56 à 86 %
Berlandieri $\times$ riparia 420 B . .	» 46 » 59,2 %
Mourvèdre $\times$ rupestris 1202 . .	» 46 » 64,5 %
Aramon $\times$ rupestris Ganzin N° 1	» 33 » 60 %
Rupestris du Lot	» 32 » 75 %
Riparia $\times$ rupestris 3309	» 34 » 68,7 %

Cette expérience semble nous indiquer qu'on peut sans crainte, en ce qui concerne le calcaire, employer (puisque la question de l'affinité du fendant avec les 41 B et Berl. $\times$ rip. est résolue par l'affirmative), les 41 B et les Berlandieri $\times$ riparia dans le Valais et même les 1202 et Aramon $\times$ rupestris Ganzin N° 1, mais de préférence à ce dernier le 1202 en ce qui concerne la résistance au calcaire du moins.

Ajoutons qu'à côté du champ d'expérience du Hangar, à l'est, se trouve un sol *très peu profond, très caillouteux*, de même formation géologique où on a greffé sur rupestris (rup. Martin, au dire de M. Fabre).

La vigne qui a une vingtaine d'années n'est généralement que peu ou pas et par places seulement chlorosée.

Les pourcentages de calcaire trouvés sont :

	Sol	Sous-sol
N° I	64,8 %	75,6 %
N° II	48,8 %	59,6 %

En admettant une erreur de la part de M. Fabre, au point de vue de savoir si réellement le rupestris dont il s'agit est le rupestris Martin, il ne s'agit en tout cas pas uniquement du rupestris du Lot. Nous nous demandons donc si des rupestris autres que le Lot résistent aussi peu au calcaire qu'on le dit car, dans ce terrain, le riparia se serait chlorosé. Il y aura lieu d'élucider les dires de M. Fabre, qui cependant connaît bien ses porte-greffes, en décapitant quelques souches afin de savoir exactement à quel rupestris on a affaire.

Si nous ne sommes pas plus affirmatif, c'est que nous n'avons pas *vu* planter et qu'il y a vingt ans on était moins difficile en matière d'authenticité de cépages d'aujourd'hui.

Toutefois, si l'on songe qu'en juin 1910, à Nant-sur-Vevey (voir expérience N⁰ IX), après de très fortes pluies (terrain ayant 15-40 % de calcaire), des européens francs et des 554 × 5 (riparia-rupestris × æstivalis-monticola) avaient des feuilles pâles et que les rupestris × Berlandieri y étaient verts, on se demande, vu que les rupestris × Berlandieri ne sont pas hybridés avec le rupestris du Lot, si réellement les rupestris en général ne résistent pas plus au calcaire qu'on ne le croyait.

EXPÉRIENCE N⁰ XV

Concernant la possibilité d'adopter d'autres systèmes de taille que celui pratiqué dans le canton de Vaud, dans certains cas spéciaux, tels que : culture à la charrue, nécessité d'allonger la taille à cause de la trop grande vigueur du porte-greffe, (rupestris ou franco-rupestris par exemple).

Notre taille, consistant à faire partir du même point 3 bras (cornes) et à laisser sur chaque bras un courson sur lequel la taille ménage un seul bourgeon et le *borgne*, terme vaudois signifiant (bourillon faux bourgeon, bourgeon latent), est considérée, l'était jusqu'à présent du moins, par le vigneron vaudois à juste titre comme l'*arche sainte*. Elle est également en honneur sur toute l'étendue des rives du Léman, à Genève, dans la Haute-Savoie (arrondissement de Thonon, St-Julien, Bonneville), à Neuchâtel et dans le Valais.

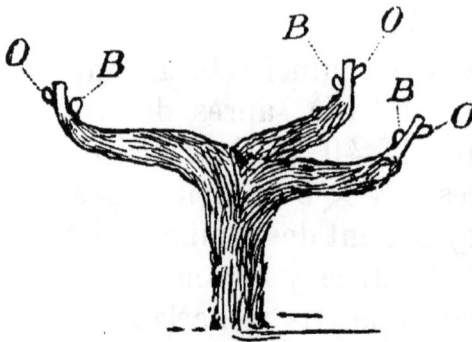

FIG. 5. — Souche élevée à la vaudoise. O = œil (bon bouton); B = faux bourgeon (borgne en vaudois), bourillon en Languedoc), Provence, etc.

Une particularité de ce système consiste à conserver toujours le porteur situé desssus. Sur cette particularité, le vigneron vaudois ne transige pas.

Prenons la figure 6. Dans les pays où on cultive à la charrue, dans ceux où on laisse deux yeux et le bourillon, on établirait la taille, nous dirons presque de préférence, sur le bois *n* suivant les sections *y z*, *y′ z′*, tandis qu'un vigneron de nos contrées taillera sur *m* suivant *C D* et *A B*.

Il y a une quinzaine d'années, lorsque nous venions de terminer nos études viticoles à Montpellier, nous estimions que c'était là de l'exagération, que cette terreur du vigneron de tailler un peu plus long en laissant un œil de plus, surtout pour le *plant du Rhin*, de

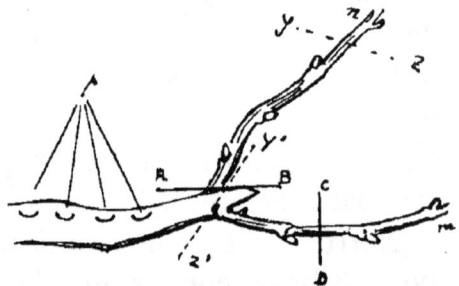

FIG. 6. — Taille d'une corne, suivant *A B* et *CD* taille du pays ; *P* = plaies de taille qui avec ce procédé sont toujours au-dessus.

choisir le porteur sur la branche de dessus n'avait pas sa raison d'être et que ce mode de faire n'offrait pas les dangers qu'on nous disait.

Depuis, nous avons reconnu que tout cela avait sa
raison d'être et qu'avant de changer trop brusquement une coutume, il faut au moins *chercher à
savoir* le *pourquoi* de sa pratique.

Pendant longtemps, les vignerons nous donnaient
comme seule raison de prendre le porteur dessous,
la nécessité absolue qu'il y avait à ce que les plaies
de taille se trouvent toujours et seulement à la partie supérieure, tandis qu'en taillant à ras la branche de dessous on saignerait (sic) la souche !

Le motif des trois cornes partant du même point
était dû à la nécessité
de donner bonne façon
au cep, or, comme on
exagère la façon chez
nous, quitte à trop
dépenser et à perdre
du temps, nous trou-
vions ce motif insuffi-
sant. Saigner la souche

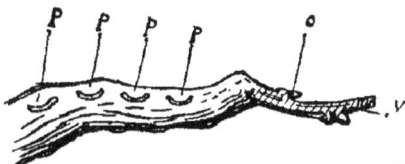

Fig. 7. — Corne ayant sa taille
achevée. *O* = faux bourgeon ;
V = porteur du bois de l'année ;
P = plaies de taille.

nous apparaissait à juste titre une absurdité. Fina-
lement un vigneron de Corsier, M. Joseph Pesse,
nous dit « *si les cornes partent du même point, le cep
est plus étalé et aéré* ».

Nous comprîmes alors que c'était *là la raison prin-
cipale* de cette taille, dont toute *l'ingéniosité* éclata à
nos yeux. Faire partir les 3 cornes du même point
en les écartant l'un de l'autre le plus possible,
choisir en outre le porteur (courson) dessous, de
manière à donner au sarment une courbure qui fait
fructifier et corrige la taille trop courte, a en outre
l'avantage que le maximum d'aération et de lumière
est atteint.

D'autre part, si le vigneron tient à tailler court,

c'est qu'en laissant un bourgeon (œil) de plus, on
arriverait peut-être, à un amoindrissement de qualité, mais surtout, et nous le savons par expérience
à un allongement de bras si rapide que l'on ne pourrait bientôt plus circuler dans la vigne.

C'est pour cette raison que dans les pays où on
tient à passer avec la charrue et où le plus souvent
la nature du cépage exige une taille plus longue, on
ménage plutôt le sarment du haut et opère les sections suivant $y z, y' z'$ (voir figure 6).

Nous nous sommes du reste fort bien rendu
compte des qualités de la taille vaudoise, dans notre
champ d'expérience N° II à Veyrier où les souches
ont été formées par des ouvriers greffeurs venant
d'autres régions. Ils n'ont pas fait partir les cornes
du même point ni étalé celles-ci et encore moins
ménagé les *porteurs dessous*.

Maintenant, les cornes chevauchent les unes sur
les autres, les bras étant trop courts, les feuilles et
les raisins se touchent souvent, en outre les sarments ne présentent pas à leur base la courbure
caractéristique qu'on obtient en prenant le porteur
dessous, qu'on considère avec raison comme devant
exciter la fructification et corriger ce que la taille
vaudoise a de trop court.

Mais, nous dira-t-on, avec les greffés, surtout avec
certains d'entre eux poussant à bois (rupestris,
franco-rupestris et parfois riparia $\times$ rupestris) il
faut tailler plus long. Comment faire si on ne laisse
pas un œil de plus ? On peut alors tourner la difficulté en formant un plus grand nombre de cornes
4-5 ou même 6 au lieu de 3 et puis on peut laisser
des *pistolets* (pisses vin, longs bois) alternativement
sur une corne ou l'autre.

Nos expériences nous ont prouvé qu'en taillant sur le porteur de dessus *on ne saignait pas du tout la souche,* elle n'en rapporte pas moins, seulement les raisins sont rapprochés, souvent se touchent, le cep comme nous l'avons déjà dit est mal aéré et mal éclairé.

Cependant il y a des cas où on sera obligé d'abandonner notre taille : culture à la charrue impossible avec des cornes longues ; là où on a affaire à un cépage européen nécessitant par lui-même une taille longue parce qu'il fructifie mieux sur des bourgeons éloignés du vieux bois ; là où on a été obligé de greffer sur un porte-greffe trop vigoureux, qu'il a fallu adopter par suite des exigences du terrain.

Souvent dans ces cas, le système de laisser quatre cinq cornes et même un long bois ne vaudrait pas la *taille Guyot* qui, nous en sommes persuadés, prendra toujours plus d'importance.

Ce sont ces considérations qui nous ont décidé à établir un champ d'expériences avec différents systèmes, de taille. Malheureusement, la vigne n'est pas des mieux située, car elle est à la limite supérieure du vignoble et près d'un bois (à Nant-sur-Vevey).

Nous y avons expérimenté sur des cépages non greffés les tailles énumérées sur le tableau que nous annexons à cette page ; tableau qui renseigne sur le nombre de pieds, le poids total de la récolte, le poids moyen par pied et le degré de maturité, observations de poids faites seulement pendant les 1906, 1907 et 1908. De maturité en 1908 seulement.

La situation de la vigne, nous le répétons, n'est pas très favorable et les différentes parties du parchet n'ont pas toutes la même exposition, en outre

RÉSULTATS DU CHAMP D'EXPÉRIENCES DE TAILLE, A NANT

SYSTÈMES DE TAILLES A L'ESSAI	Cépages utilisés francs de pieds	Nombre de pieds	1906		1907		1908		Maturité en 1908	Moyenne générale de rendement par cep	OBSERVATIONS
			Rende-ment total	Rende-ment moyen par cep	Rende-ment total	Rende-ment moyen par cep	Rende-ment total	Rende-ment moyen par cep			
Taille sur cordons avec coursons	Fendant et gros Rhin	26	11.300	0.435	16.000	0.615	28.000	1.077	4	0.709	bon, régulier.
» Guyot simple	»	22	13.700	0.620	18.000	0.818	18.000	0.818	4	0.752	bon, régulier.
» en tête de saule	fendant	6	1.100	0.180	0.	0.	—	—	—	0.090	(pesé 2 ans) mauvais.
» Portugal	»	3	0.150	0.050	0.700	0.233	0.750	0.250	4	0.177	irrégulier, médiocre.
» du pays à cinq cornes	»	3	0.250	0.080	0.	0.	0.600	0.200	4	0.093	irrégulier, mauvais.
» Guyot recourbée	gros Rhin	22	17.350	0.825	29.000	1.380	23.800	1.082	4	1.096	forte production, régulier arriverait peut-être à un épuisement.
» du pays à trois cornes en éventail	fendant	1	0.150	0.150	0.100	0.100	—	—	—	0.125	mauvais, irrégulier (pas assez de ceps pour conclure)
» » » avec un porteur plus long (deux yeux de plus)	gros Rhin	6	1.850	0.305	0.350	0.058	2.150	0.358	4	0.240	médiocre.
» Guyot recourbée- Charmont	»	17	11.150	0.655	29.250	1.720	32.000	1.882	4	1.419	forte production, arriverait peut-être à un épuisement
» du pays à quatre cornes	fendant	10	3.750	0.375	4.000	0.400	1.150	0.115	4	0.297	serait passable sans le mauvais résultat de 1908.
» » » à trois » en éventail	»	6	1.600	0.265	0.750	0.125	4.000	0.666	4	0.352	irrégulier.
» » » avec un bourgeon de plus par corne	»	20	10.650	0.530	7.250	0.362	18.100	0.905	4	0.599	bon, assez régulier.
» » » éventail	»	7	2.250	0.320	1.800	0.257	3.750	0.536	4	0.371	pas mauvais, assez régulier.
» mais porteur en dessus	gros Rhin	15	14.050	0.930	6.800	0.453	30.000	2.000	4	1.128	forte production, n'a certes pas été saignée
» Cazenave	fendant	12	5.100	0.425	10.500	0.875	20.000	1.666	4	0.989	bon.
» du pays sans modification	»	6	0.500	0.085	0.100	0.016	12.000	2.000	4	0.700	irrégulier, moyenne forte à cause de la production exceptionnelle en 1908.
» Sylvoz	gros Rhin	16	25.100	1.475	44.250	2.600	38.000	2.375	4	2.150	très fort, n'épuiserait pas parce que souches très éloignées, et forte charpente.
» du pays avec cornes superposées.	fendant	2	0.700	0.350	0.050	0.025	2.200	1.100	4	0.492	bon, mais plus irrégulier que sur Guyot.
» Guyot double	»	6	3.450	0.575	3.000	0.500	13.000	2.166	4	1.080	fort régulier, serait utile avec certains porte-greffes n'atteindrait peut-être pas âge avancé.
» du pays } sans modification	»	4	2.000	0.500	0.700	0.175	—	—	—	0.338	observé deux ans seulement.
» du pays }	»	12	1.600	0.135	0.850	0.070	24.000	2.000	4	0.735	production faible en 1907, mais forte en 1908.
» en Chaintre	gros Rhin	2	8.750	4.375	6.150	3.075	8.750	4.375	4	3.942	très forte production, vu l'éloignement grand, n'atteindrait probablement pas l'épuisement.

certaines tailles comprennent des sylvaner (gros Rhin) parmi les fendants, il est vrai en petite quantité et toujours en mélange. Il y a cependant quelque chose à retirer, soit de ce tableau, soit de l'expérience acquise, bien que les chiffres n'aient pas une grande rigueur. En 1908, toutes les tailles ont obtenu la même note de maturité. Nous rendons cependant nos lecteurs attentifs au fait qu'une observation d'une année n'a pas grande valeur.

Dans son ensemble, le tableau nous donne la conviction que le chasselas ne craint pas les tailles longues du tout. Evidemment nous ne pouvons pas préjuger de l'âge que peuvent atteindre les vignes ainsi conduites, mais à priori nous croyons pas qu'on arriverait à l'épuisement qu'on croit.

Sans vouloir affirmer ce que nous avons dit plus haut, nous remarquons les bons résultats de la taille en cordons avec coursons (pratiquée du reste depuis longtemps chez nous avec les chasselas cultivés en treille).

Les tailles Guyot simple ou double ou aussi recourbées ont donné de bons résultats, la dernière donne une production peut-être trop forte.

Il serait réellement intéressant de répandre un peu plus la taille Guyot simple chez nous.

Les tailles *Sylvoz, Cazenave* très généreuses, celles arborescentes telles que les *chaîntres*, ont donné des résultats fort intéressants sur lesquels il serait bon de revenir à l'occasion.

La taille du pays sans modification a donné, dans deux cas sur trois, de forts beaux résultats.

Les ceps de cette vigne d'essai sont francs de pied, âgés de douze ans environ.

Notre vigneron, M. Pesse, interrogé sur le travail

que donneraient ces diverses tailles, les unes relativement aux autres, pratiquées plus en grand,
nous a répondu qu'à part la taille de tête de saule
et celle du Portugal, ce serait celle du pays qu'il
exécuterait le plus rapidement; elle exige plus
d'expérience à la taille sèche[1], mais c'est encore
elle qui demande le moins de temps pour les travaux en cours de végétation (ébourgeonnement et
surtout attache ou accolage, rognage). S'il lui fallait
adopter une autre taille, il donnerait alors la préférence à la Guyot simple ou double, simple pour
nos vignes non greffées et pour les américains
porte-greffes ne poussant pas trop à bois.

Avec la Guyot, les sulfatages sont plus rapidement faits, tous les pampres étant dans un même
plan et les ceps moins enchevêtrés, les travaux de
la terre seraient également facilités, on y circule
mieux, surtout au printemps avant la lève, à ce
moment on peut sulfater sans être gêné.

Toutefois, les fils de fer empêchent de passer au
travers des lignes.

A l'examen des résultats consignés dans le
tableau, nous nous demandons si le fait de laisser
le porteur dessous a autant d'importance. Toutefois, et pour le moment, nous estimons qu'il vaut
mieux le faire et même que d'autres régions que la
nôtre devraient adopter ce mode d'opérer.

Ce tableau montre aussi qu'il ne faudra pas craindre d'appliquer des tailles plus longues aux fendants
après la reconstitution, et que si parfois on veut
raccourcir un bras, on peut, sans encourir la mort
du cep, établir la taille sur le porteur de dessus.

---

[1] Mais cette expérience est dans le sang de nos vignerons.

D'autre part, l'expérience est bien trop courte pour qu'il nous soit permis d'en tirer autre chose que des indications.

Si nous examinons les résultats donnés par les tailles du pays modifiées, nous voyons que sur huit cas, quatre n'ont pas été très brillants, ce sont les cas :

1° *De la taille du pays à 3 cornes (1 œil et le borgne), mais où celles-ci sont disposées en éventail, dans le même plan ;*

2° *de la taille du pays avec un porteur plus long (2 yeux de plus) ;*

3° *de la taille du pays à 4 cornes ;*

4° *d'un second essai de taille du pays à 3 cornes dirigées en éventail dans le même plan.*

Les quatre autres cas n'ont pas donné de mauvais résultats, ce sont les suivants :

1° *Taille du pays avec un bourgeon de plus par corne.*

2° *Un autre cas de taille du pays avec cornes disposées en éventail.*

3° *Taille du pays avec courson pris dessus.*

4° *Taille du pays avec cornes superposées* (c'est-à-dire ne partant pas du même point).

La taille en tête de saule ne laissant aucun bois, par conséquent la plus courte qui existe (pratiquée à l'île de Chypre et en Saintonge), ne convient pas plus à notre chasselas que la taille du Portugal, autant du moins qu'on en peut juger par un essai d'aussi courte durée.

Conclusion. Nous conseillons pour le moment de conserver la taille du pays à un œil et le *borgne,* tout en augmentant le nombre de cornes, et de laisser, s'il le faut, des pistolets (longs bois), quand même ce dernier expédient n'est pas l'idéal. Il ne faudrait pas avoir aussi peur de laisser dans certains cas un œil de plus, et parfois même, mais tout à fait exceptionnellement, le porteur dessus.

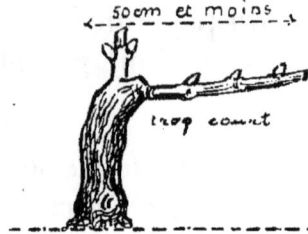

FIG. 8. — Tailles du pays avec cornes en éventail

La taille du pays *avec cornes en éventail* mériterait d'être expérimentée plus longuement, car elle permettrait le passage de la charrue et avec elle il n'y aurait pas nécessité de recourir aux fils de fer.

Pour le moment, si on a affaire à une vigne qu'on peut travailler a la charrue ou à des porte-greffes tels que rupestris du Lot, franco-rupestris, ne pas hésiter d'adopter la taille Guyot, vraiment excellente à tous les points de vue et très facile à manier. On peut régler le nombre des bour-

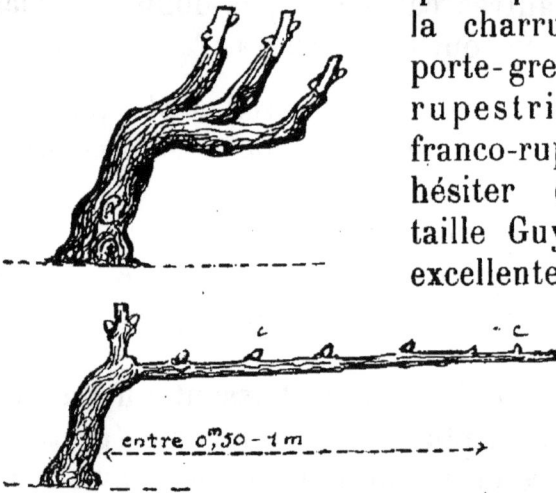

FIG. 9.

geons comme on veut. Il ne faut pas tailler la branche à fruit trop courte, car les bourgeons seraient trop rapprochés, mais la tailler entre 0,50 à 1 mètre de long et supprimer un certain nombre de bourgeons c' ou pas, suivant qu'on veut plus ou moins le charger [1].

On peut supprimer les bourgeons soit à la taille, soit aux effeuilles, mais mieux vaut les supprimer à la taille déjà, et repasser aux effeuilles.

Mais nous le répétons, nous estimons qu'il est inutile de changer notre taille vaudoise et de trop charger si cela n'est pas nécessaire. Au moment où nous allons envoyer ces lignes à l'imprimerie, il nous semble (conférence de Rolle, décembre 1910) que beaucoup auraient une tendance à appliquer à tous les américains une surcharge de taille.

Il ne peut pas y avoir de règle, c'est à celui qui taille à juger, et nous ne voyons pas, nous le répétons, la nécessité de changer les habitudes de nos vignerons s'il n'y a pas lieu.

Ainsi que l'a fort judicieusement fait observer M. le Dr Faës, à Rolle, les riparias, les riparia $\times$ rupestris et plusieurs autres américo $\times$ américains, peuvent fort bien être taillés comme nous l'avons fait jusqu'à présent, et si parfois un pied est plus vigoureux le vigneron saura le voir et donner une ou deux cornes de plus, un bouton de plus, un pistolet. C'est surtout les rupestris et les franco-rupes-

---

[1] Somme toute, il ne faudra guère laisser pour la Guyot simple plus de six bourgeons, y compris ceux du courson destinés à donner la branche à bois, dans le cas où le porte-greffe ne pousse pas trop à bois, et plus si on emploie des rupestris du Lot et des franco-américains. En cas de Guyot double, on peut laisser 7 à 10 bourgeons et plus, seulement s'il s'agit de porte-greffes s'emballant à bois. Donner une règle est impossible, c'est à celui qui taille à juger du cas pour chaque cep.

Si on laissait tous les bourgeons, on arriverait à avoir une masse de raisins, mais des grapillons et une mauvaise qualité ; c'est l'erreur que commettent presque tous ceux qui essayent la taille longue pour la première fois.

tris qui auraient, estimons-nous, besoin d'une modification de taille.

Nous donnons ci-après une description sommaire de quelques-unes de ces tailles, en nous basant sur le livre de G. Foex, Cours complet de viticulture [1].

Taille système Guyot

L'écartement adopté est 1 m. en tous sens. Au pied de chaque souche est planté un échalas *d* de 1 m. 20 à 1 m. 30 ; au milieu de l'intervalle qui sépare deux ceps et dans la ligne, on enfonce un piquet *e*, de manière à ce qu'il sorte de terre de 0 m. 35 ; un fil de fer FF est tendu horizontalement, suivant la ligne passant par le niveau supérieur des petits piquets.

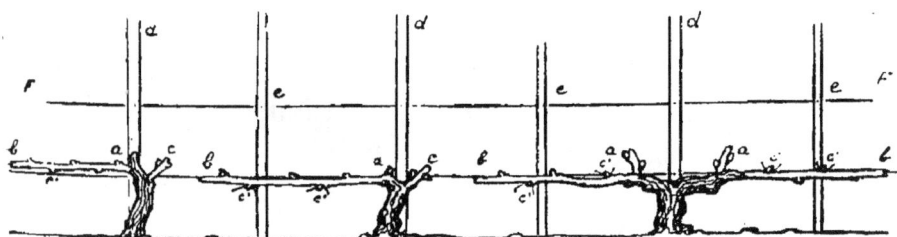

FIG. 10. — Taille Guyot. *c' c' c'* = bourgeons à supprimer en plus ou moins grand nombre à la taille ou aux *effeuilles* (épamprages).

Chaque cep est taillé avec un long bois *a b*, destiné uniquement à la production du fruit, et avec un courson *c* qui fournit plus spécialement des sarments de remplacement. Le long bois est couché

[1] 1895, Coulet, lib.-éd., Grand'rue, Montpellier.

horizontalement et lié au piquet *e*. Les rameaux issus de ce sarment sont épamprés avec soin, on ne conserve que ceux qui portent des fruits [1], on les fixe verticalement contre le fil de fer FF, on les pince enfin à deux petites feuilles au-dessus de la deuxième grappe, et au-dessus de la cinquième ou sixième feuille s'il n'y a qu'une grappe.

Une modification de la taille Guyot simple ou double est celle qui nous a été indiquée par M. Char-mont, pépiniériste à St-Clément-les-Mâcon, et qui consiste à donner une arcure à la branche à fruit, de manière à favoriser la mise à fruit.

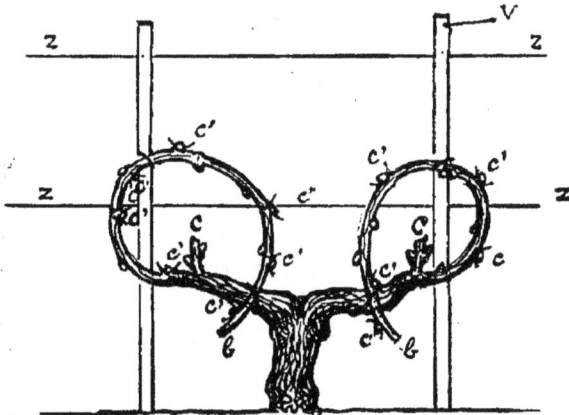

Fig. 11. — *c' c' c'* = bourgeons à supprimer en plus ou moins grand nombre suivant la vigueur à la taille ou aux *effeuilles,* épamprages, *v* piquet, *z* fil de fer.

---

[1] Cette opération n'a pas la même importance si on a supprimé déjà les yeux à la taille, et devient même inutile.

TAILLES EN CHAINTRES

Les vignes *en chaintres* sont des espaliers horizontaux pourvus de longues verges et portés à l'extrémite d'une longue tige flexible qui permet de les déplacer dans une certaine mesure d'un côté ou de l'autre lors des travaux de culture par exemple. Ces espaliers peuvent être formés par deux bras symétriques, mais vu la difficulté de maintenir l'équilibre entre ces deux arbres, il vaut mieux ne garder qu'un axe unique duquel partent des ramifications.

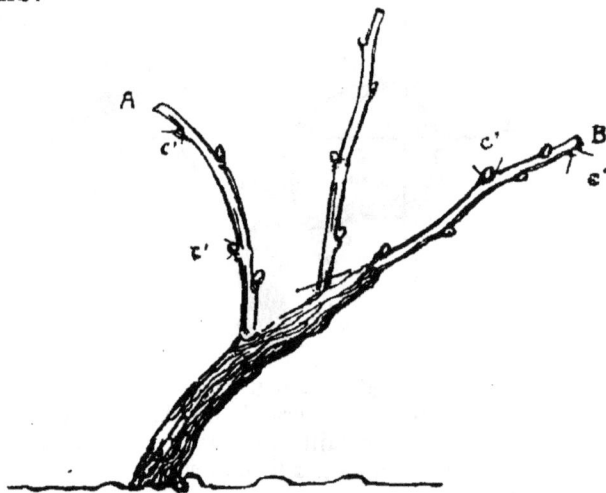

Fig. 12. — c' c' c' bourgeons à supprimer en plus ou moins grand nombre au moment de la taille ou des *effeuilles*, épamprages.

Après la plantation, on supprime tous les sarments, sauf un seul que l'on choisit parmi les plus vigoureux et les plus près du sol, que l'on rabat au-dessus d'un ou deux yeux. On continue à procéder

15

de même à la 2me et à la 3me année, jusqu'à ce que
la souche soit assez forte pour émettre des sarments
de plus d'un mètre. Pendant cette période on les
relève verticalement avec des échalas et on enlève
soigneusement les bourgeons qui, par suite de la
taille courte naissent à la base du cep.

A la 4me année, on conserve à la taille le sarment
le plus fort et le plus près de terre que l'on rabat à
un mètre environ de son origine. On ne lui conserve
que les trois yeux supérieurs qui formeront les verges de l'année suivante, et on enlève pendant l'été
les bourgeons qui reparaissent dans la partie
dénudée.

A la 5me année, on commence la formation des
bras sur trois rameaux provenant des yeux conser-
vés à la dernière taille, on en réserve deux *B* et *A*
(*fig. 12*) qui formeront, l'un le prolongement (*B*),
l'autre un bras portant une première verge latérale.
Cette taille donne une végétation analogue à celle
représentée par la figure *13*. A la 6me année, on

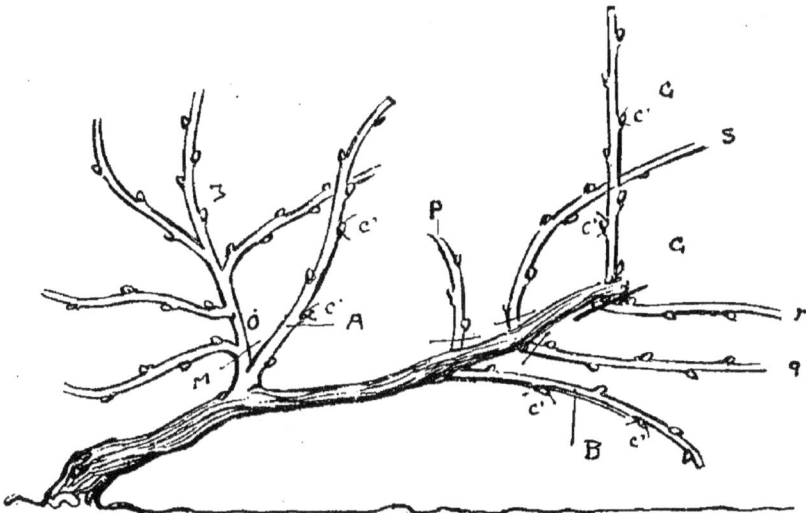

Fig. 13.

coupe la branche *M M* en *o*, de manière à conserver le sarment *A* le plus rapproché de l'axe, qui formera une verge; on supprime ensuite *p q r s* et on réserve *B* et *C C* qui fournissent l'un une *nouvelle branche latérale* l'autre une *verge de prolongement.*

On continue ainsi à allonger, d'année en année, la souche en garnissant de bras latéraux alternes jusqu'à ce qu'elle occupe toute la longueur qui lui est réservée dans la ligne. On se borne à l'entretenir en cet état en renouvelant chaque année les verges en coupant les rameaux de l'année précédente au-dessus du point d'insertion du sarment de leur base. Le long bois est ainsi toujours pris aussi près que possible de l'axe.

Indépendamment de la taille sèche, les vignes en chaintres sont soumises à une série d'épamprages successifs portant sur les rameaux naissants dans la partie dénudée de la tige et particulièrement vers le pied.

On effeuille enfin aux approches de la maturation de manière à permettre aux raisins de recevoir l'action des rayons solaires.

SYSTÈME CAZENAVE

Consiste en un cordon horizontal portant une série de longs bois (*B*) et de coursons (*C*) assemblés deux à deux et également distancés. On établit un treillage au fil de fer à 3 rangs: le premier à 0^m50

du sol, le deuxième à 0^m35 du premier et le troisième à 0^m40 du deuxième.

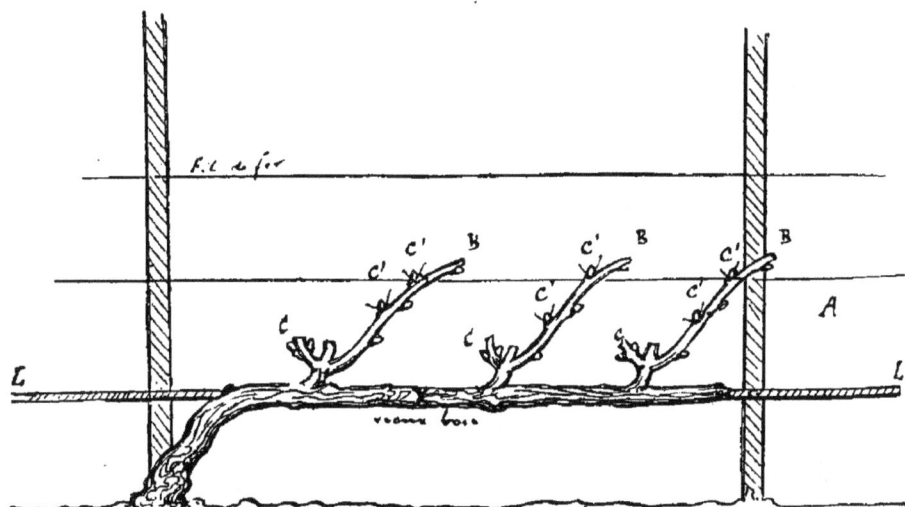

FIG. 14. — *L L* Latte ou fil de fer solide *c' c'* bourgeons à supprimer en plus ou moins grand nombre à la taille ou aux *effeuilles* épamprages.

On forme la souche en laissant à la première taille un rameau de deux yeux. La deuxième année, on lui donne une longueur suffisante pour qu'il atteigne le premier fil de fer. A la troisième taille on conserve à cette hauteur un rameau de 30 à 40 centimètres que l'on recourbe sur le fil de fer. Pour former les bras, on réserve aux points voulus, c'est-à-dire tous les 0^m30 ou 0^m35, un courson de deux yeux qui donne l'année suivante deux rameaux dont l'un taillé à deux yeux assure le remplacement et l'autre à 0^m40 constitue la branche à fruit qui est inclinée et attachée au fil du milieu.

Une fois le cordon établi à chaque taille on laisse sur chacun des bras un courson de remplacement et une branche à fruit qui est renouvelée chaque année. Les rameaux qu'émettent les bourgeons du long bois sont accolés au troisième fil de fer et rognés deux feuilles plus haut.

Les rangées de souches sont à 2 m. ou 2 m. 50 et les pieds de 1 m. 75 à 2 m.

SYSTÈME SYLVOZ

Donne d'excellents résultats dans le Dauphiné et la Savoie.

Les rangées sont à 2 m. d'écartement et les pieds à 3 m. au minimum dans la ligne. Le treillage consiste en trois fils de fer dont celui du milieu plus fort que les autres est à 1 m. 20, le deuxième est placé à 0^m50 au-dessus et le troisième 0^m40 au-

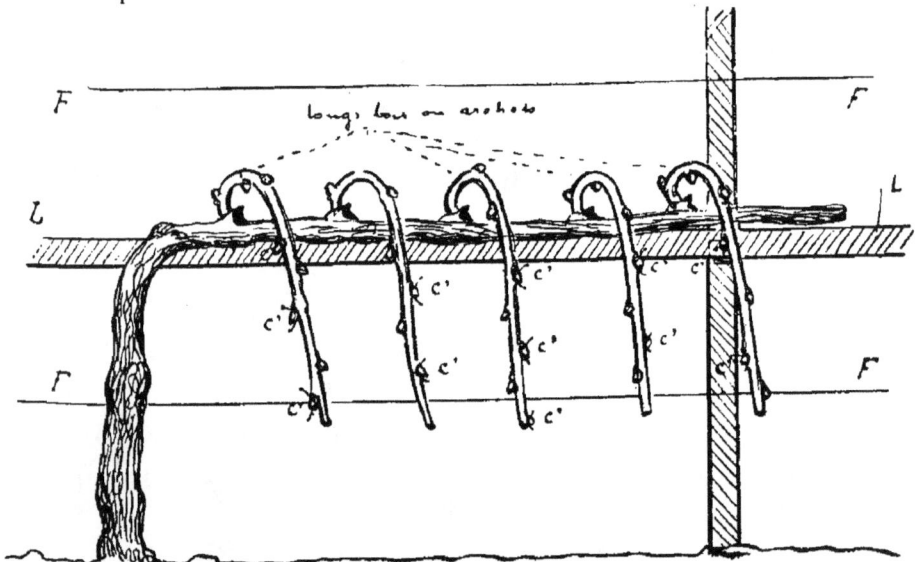

FIG. 15. — c' c' c' bourgeons qui seront enlevés à la taille ou au moment des épamprages (*effeuilles* en vaudois) en nombre plus ou moins grand suivant la vigueur du cep. F F fil de fer. L L latte en bois soutenant le cordon.

dessous. Le fil de fer du milieu qui doit supporter la souche est quelquefois remplacé par une traverse en bois.

La souche est établie comme dans le cordon Cazenave. Chaque année on ne conserve à la taille sur chaque bras qu'un rameau 0ᵐ40 à 0ᵐ50 de long que l'on recourbe et dont l'extrémité est attachée au fil de fer inférieur. On ne laisse pas de courson de retour car on trouve toujours sur la courbure un sarment vigoureux qui formera la branche à fruit l'année suivante.

Les rameaux nés sur la partie supérieure de l'archet et qui doivent servir au remplacement sont liés verticalement au fil de fer supérieur afin d'en favoriser le développement, les ramifications latérales de la partie descendante, qui ne sont destinée qu'à la production du fruit, sont au contraire pincées.

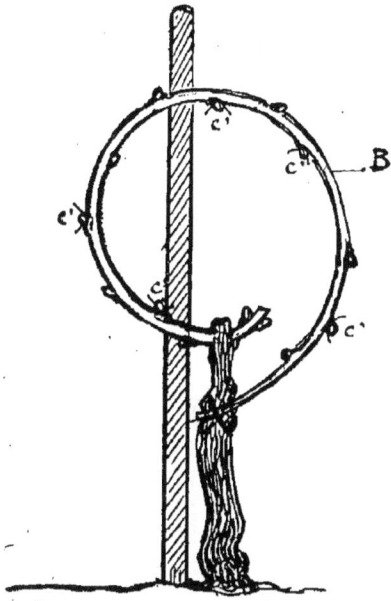

Fig. 16. — c' c' c' bourgeons qui sont enlevés à la taille ou aux épamprages en plus ou moins grand nombre suivant la vigueur du cep.
B, Sarment d'un an.

TAILLE DU PORTUGAL

(Figures 16 et 17.)

Consiste à conserver sur la souche un courson (*c*) destiné à donner les rameaux de remplacement et un long bois (*b*) auquel on donne une courbure en cerceau. Quelquefois le long bois est enlacé sur une sorte d'arc boutant attaché à un piquet vertical par sa partie supérieure et fichée en terre par son extrémité inférieure, c'est ce que l'on nomme la disposition en queue de lapin.

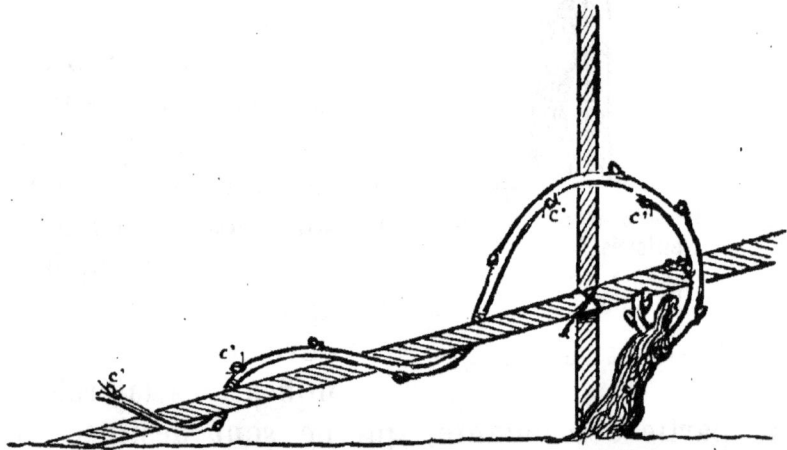

Fig. 17. — *c' c' c'* bourgeons qui sont enlevés à la taille ou aux épamprages en plus ou moins grand nombre suivant la vigueur du cep.

APPENDICE

Rapports analytiques faits par **MM. Lagatu et Sicard,**
de trois échantillons de terre contenant des indications
pour les pratiques culturales, les fumures et l'adaptation
des porte-greffes.

Lorsque nous l'avons reçu, l'original de chacun de ces rapports était accompagné de graphiques coloriés indiquant d'un
simple coup d'œil si la terre en question était au point de vue
de ses éléments plus pauvre ou plus riche qu'une terre type
qui le serait d'une façon satisfaisante.

A regret, nous avons renoncé à faire figurer ici ces très
intéressant documents pour ne pas augmenter le prix de cet
ouvrage que nous avons déjà dû élever plus que nous n'aurions voulu. Tous les chiffres contenus dans ces graphiques
figurent, du reste, dans le texte de l'étude mais nous avons
tenu à dire que MM. Lagatu et Sicard accompagnent toujours
leurs rapports de pareils graphiques.

Nous avons malheureusement égaré les feuilles d'analyses
calcimétriques faites avec l'appareil Houdaille par MM. Lagatu
et Sicard, les feuilles avec courbes indiquant la vitesse d'attaque du calcaire qui accompagnent ces trois rapports proviennent d'échantillons prélevés à peu près aux mêmes endroits,
ramassés par nous tout dernièrement, alors que les échantillons analysés par MM. Lagatu et Sicard l'ont été il y a plusieurs
années.

Si donc nos lecteurs ne trouvent pas dans le texte absolument les mêmes chiffres concernant le pourcentage il n'y a
pas lieu de s'en étonner, car lorsqu'on analyse plusieurs
échantillons surtout à plusieurs années d'intervalle quoique
pris à la même place, on ne trouve jamais ou bien rarement
le même résultat, d'abord parce qu'il ne s'agit pas de la même
terre et ensuite parce que d'une année à l'autre la teneur en
calcaire et la forme sous laquelle il est peuvent varier jusqu'à
un certain point.

RAPPORT N° I

SUR LES

Résultats de l'Analyse d'une terre de la Pépinière d'Étrembières H^te^-Savoie (Les "Hutins")

FAIT PAR

M. LAGATU
Professeur de Chimie à l'École d'Agriculture de Montpellier et

L. SICARD
Chimiste-Chef à la même École

Pour la Pépinière de Veyrier

RENSEIGNEMENTS FOURNIS

L'échantillon du sol a été prélevé de 0 à 0 m. 30; celui du sous-sol de 0 m. 30 à 0 m. 70.

La pièce, dite les Hutins, dans la pépinière, commune d'Etrembières, est en plaine, située à environ 600 mètres du pied du mont Salève qui la domine au Sud. Le soleil, en hiver, n'arrive guère que vers 11 h. ½ du matin. En été, il y fait très chaud à cause de la réverbération de la paroi du rocher. La pièce est protégée au Midi par le Salève et fait face au Nord. Les gelées printanières sont toujours à craindre, quoique l'ombre de la montagne atténue un peu l'action du dégel[1].

L'eau se trouve à environ 7 mètres de profondeur. La terre se maintient toujours humide, mais craint parfois un peu la sécheresse. La pièce n'est pas drainée artificiellement, mais naturellement, car à 1 mètre de profondeur il y a une couche de gravier mêlé de sable, constituée probablement par des dépôts d'anciens cours d'eau, qui laisse filtrer l'eau très rapi-

[1] Maintenant que nous disposons de quelques années d'expérience de plus, nous pouvons dire que nous avons, grâce au Salève formant écran, peu souffert du gel et dégel. (nobis 1910).

dement et permet un égouttage satisfaisant de la terre. A côté de la pièce et la longeant sur une de ses faces, il existait autrefois une carrière de gravier, aujourd'hui abandonnée. La pièce n'est pas arrosable.

Il y a trois ans que l'on y a planté des pieds-mères de 3309, d'Aramon Rupestris Ganzin N° 1 et 2 et des Rupestris du Lot. L'an dernier, on a eu une petite récolte ; ce n'est guère que cette année qu'on aura un rendement. La végétation est luxuriante, trop belle même, car l'aoûtement s'en est ressenti.

Anciennement, la pièce était cultivée partie en prairie, partie en blé et pommes de terre.

Il y a trois ans, la terre a reçu par hectare :

125 m. cubes de fumier de cheval, consommé.
300 kil. de nitrate de soude.
400 kil. de superphosphate.

L'année suivante on n'a rien mis.
L'année dernière on a mis 1000 kil. de scories à l'hectare.
Ces fumures paraissent avoir trop développé la végétation.

QUESTIONS POSÉES

On demande l'analyse agricole complète du sol et du sous-sol.

A titre d'interprétation, on désire savoir quels sont les engrais qui conviennent le mieux à ce terrain, en vue de la production de bois américains. Il serait peut-être possible de favoriser l'aoûtement, qui est lent. Il faut dire aussi que les gelées d'automne se sont fait sentir cette année de très bonne heure et il en est malheureusement de même presque tous les ans.

CAILLOUX ET GRAVIERS

Pour mille	Cailloux	Graviers	Total
Hutins sol.	91	152	243
» sous-sol . . .	293	232	525

Dans le sol, la quantité d'éléments grossiers est peu importante, elle est sans action sur les propriétés mécaniques de la terre.

Il en est pas de même dans le sous-sol, dont la moitié de la masse est à l'état de cailloux et graviers ; ceux-ci sont trop nombreux pour que la terre fine en remplisse solidement tous les intervalles ; ils augmentent donc la division de la terre, sa perméabilité, son aération.

Dans ce qui va suivre, nous examinerons les chiffres relatifs à la terre fine, aussi bien pour le sous-sol que pour le sol ; mais avant de conclure définitivement, nous reviendrons sur cette importante collaboration mécanique de cailloux et graviers dans le sous-sol.

Au sujet de la nature minéralogique des cailloux et graviers, ce qu'on peut dire de plus sûr, c'est qu'elle est variée.

On observe beaucoup de fragments très roulés d'un calcaire bleu ou gris, très compact, lentement attaquable par les acides. Ces fragments se trouvent dans la terre en question après de nombreuses vicissitudes, ayant été d'abord charriés, ayant formé un poudingue d'un autre âge géologique, poudingue cohérent, à ciment calcaire ; puis disjoints, et peut-être transportés à nouveau.

On trouve aussi des fragments très nets de schistes, paraissant les uns purement séricileux, les autres à micas divers.

On trouve enfin des galets de roches cristallisées, très dures, desquelles on peut déduire, mais avec doute, la collaboration de la granulité.

D'ailleurs, quand des roches ont été ainsi travaillées par les eaux d'une manière aussi violente et aussi prolongée, on ne peut pas prévoir grand chose de la nature des éléments fins, lesquels peuvent avoir une origine toute différente.

CONSTITUTION MÉCANIQUE

DE LA TERRE FINE

Pour mille	Sable grossier	Sable fin	Argile	Humus
Terre franche type	600-700	200-300	60-100	10
Hutins sol	520,2	332,9	121,3	25,6
» sous-sol .	551,5	241,1	201,1	6,3

Les chiffres doivent être appréciés par rapport à ceux de la terre franche type et en accordant à chaque constitution son rôle spécial à savoir :

Le sable grossier est l'organe de division, de perméabilité, d'aération.

Le sable fin est l'organe de tassement et d'asphyxie.

L'argile est l'organe de plasticité pour la terre humide, de cohésion pour la terre sèche.

L'humus est un améliorant mécanique pour tous les sols.

Le sol des hutains présente des constituants mécaniques à peu près dans la proportion indiquée par la terre franche type : un peu moins de sable grossier, un peu plus d'argile et surtout plus d'humus. Le sol est donc fait d'une terre un peu plus forte que la terre franche mais guère, à cause de l'influence améliorante de l'humus. En définitive, le sol présente d'excellentes conditions mécaniques, perméabilité et aération suffisantes et sans excès : il retient bien les effets du labour.

La terre fine du sous-sol présente, d'une part une répartition des sables en grossier et fin qui lui donnerait plus de légèreté : mais d'autre part, plus d'argile et moins d'humus ; ce qui en fait une terre fine plus plastique. Mais cette terre fine est mélangée à une telle quantité de graviers et petits cailloux que, en définitive, le sous-sol est perméable et certainement aéré, grâce au drainage naturel par les graviers du fond.

Dans ces conditions, il n'est pas étonnant que, suivant les conditions météorologiques, on puisse constater des résultats en apparence contradictoires, ceux qui sont signalés au début du rapport, en ces termes : « La terre se maintient toujours un peu humide, mais craint parfois un peu la sécheresse ». En effet d'après ce que nous venons de voir, elle obéit assez facilement aux variations de l'eau atmosphérique. A cause de ses graviers et de ses cailloux, le sous-sol ne retient pas, par adhérence capillaire, un stock d'eau important qui puisse faire volant, pour le réglage de l'humidité du sol.

CONSTITUTION MINÉRALOGIQUE

DE LA TERRE FINE

Lot siliceux

Pour mille	Sable grossier	Sable fin	Argile	Total
Terre type. . . .	600	200	70	870
Hutins sol . . .	507,7	280,4	124,3	902,4
» sous-sol .	461,1	199,5	201,1	861,7

Ces chiffres ne suggèrent aucune réflexion qui n'ait déjà trouvé place dans le paragraphe précédent.

Lot ferrugineux

Le dosage du fer total donne les résultats suivants :

Pour mille	Fer total
Hutins sol	24,64
» sous-sol	25,65

Le dosage du fer dans le lot argile brute conduit au tableau suivant :

Pour mille de terre fine	Fer dans argile brute	Oxyde ferrique correspondant	Argile brute	Argile véritable
Hutins sol	10,64	15,2	121,3	106,1
» sous-sol. .	13,66	19,5	201,1	181,6

On voit par les chiffres de l'argile véritable, que c'est bien à cette substance que la terre doit sa cohésion.

Lot calcaire

Pour mille	Sable grossier	Sable fin	Total
Terre type. . .	50	50	100
Hutins sol . .	1,0	14,0	15,0
Hutins sous-sol	60,0	38,7	98,7

Le sol est un peu calcaire, le sous-sol suffisamment calcaire.

Cette différence s'explique assez bien par l'examen des cailloux. Dans le sol, les cailloux calcaires ont tous une surface nette, indiquant l'absence ou la disparition de tout ciment calcaire. Dans le sous-sol, au contraire, la plupart des cailloux calcaires également roulés, portant sur une partie de leur surface un résidu très adhérent de calcaire jaune rougeâtre, qui faisait ciment dans le poudingue ou un transport antérieur les avait accumulés. C'est ce ciment calcaire, plus friable, qui a vraisemblablement constitué le calcaire de la terre fine.

La petite quantité de calcaire qui est dans le sol ne subit l'action de l'acide chlorhydrique qu'avec une excessive lenteur, le graphique du calcimètre enregistreur ne fournit que des traits qui se recouvrent partiellement.

Dans le sous-sol, le calcaire est plus attaquable, mais la vitesse d'attaque, sans être, comme dans le sol presque nulle, est très lente. Ce sous-sol ne paraît pas avoir besoin d'amendements calcaires.

Pour savoir si le sol en a besoin, il y a lieu d'examiner auparavant sa teneur en matières organiques.

Lot organique

Pour mille	Débris	Humus	Total
Terre type. . . .	10	10	20
Hutins sol . . .	9,3	25,6	35,4
» sous-sol .	14,3	6,3	20,6

La dose totale de matières organiques est très élevée. L'échantillon provient probablement de la partie cultivée autrefois, sinon d'une partie qui a reçu du fumier en quantité considérable.

Quoi qu'il en soit, la terre peut être qualifiée d'humifère.

RÉACTION DE LA TERRE

Pour le sous-sol, il n'y a pas de doute, la terre est alcaline. Pour le sol, la très faible quantité de calcaire et la dose élevée d'humus nous mettent en doute sur l'alcalinité.

J'ai dosé l'alcalinité du sol et du sous-sol, par la méthode Pagnoul, et j'ai trouvé les résultats suivants :

Pour mille de terre fine	Alcalinité en AzH^3
Hutins sol	1,50
» sous-sol. . . .	0,87

Ces résultats sont singuliers, il se trouve que le sol qui motivait des soupçons d'acidité, est plus alcalin que le sous-sol. Il est vrai de dire que la méthode Pagnoul, que je crois bonne au point de vue qualitatif, est très contestable au point de vue quantitatif, surtout pour l'alcalinité (voir Lagatu & Sicard. Analyse des terres, p. 203).

Il suffit d'ailleurs, pour expliquer cette singularité, d'admettre que l'humus du sol est constitué par de l'humate de chaux, ce qui est bien vraisemblable après l'apport de 1000 kil. de scories par hectare. Il subsiste peut-être même de la chaux des scories, épandues l'an dernier, à un état beaucoup plus actif, comme alcalin, que le calcaire plutôt inerte de la terre.

En définitive, la terre fine n'est pas acide, pas plus dans le sol que dans le sous-sol.

RÉSUMÉ DE LA CONSTITUTION MÉCANIQUE

ET MINÉRALOGIQUE

DE LA TERRE COMPLÈTE

Le sol est constitué par une terre franche, de perméabilité satisfaisante : facile à aérer et à maintenir en bon état par les labours : siliceuse, un peu calcaire, à calcaire très peu actif, très riche en humus, pas acide.

Le sous-sol est constitué par une terre graveleuse, possédant quelque cohésion ; perméable, aéré grâce à la circulation d'eau du fond de gravier, silico-calcaire, à calcaire peu actif, riche en débris organiques, pas acide.

VALEUR ALIMENTAIRE

Pour mille	Azote	Ac. Ph.	Potasse	Magnésie	Chaux
Richesse satisf.	1	1	2	1	50
Hutins sol . .	1,15	2,85	0,90	2,60	6,36
» sous-sol	0,52	1,71	0,50	1,09	26,25

En admettant que les quantités ainsi déterminées par l'analyse représentent des substances réellement assimilables, nous sommes amenés aux conclusions suivantes :

Hutins	Sol	Sous-sol
En azote	riche	pauvre
En acide phosphorique	extr. riche	très riche
En potasse	pauvre	très pauvre
En magnésie.	riche	suffisamment pourvu

Pour la chaux, la terre se trouve dans des conditions qui paraissent permettre une alimentation suffisante : mais dans le sol, il n'y a pas assez de chaux pour assurer définitivement les réactions dont un bon sol arable doit être le siège.

L'azote, existe dans le sol, en quantité fort importante : ce qui concorde avec la proportion très élevée d'humus. Il est probable que nous avons là un résidu des cultures et fumures antérieures, qui a persisté par suite d'une nitrification insuffisante, due au manque de calcaire. Pour le moment, la terre ne réclame pas les grandes quantités de fumier qu'on a apportées il y a trois ans, il faut se limiter également à des doses plus modérées de nitrate. Les scories qui ont suivi, ont eu pour effet de mettre en activité cette grande réserve azotée.

L'acide phosphorique se trouve, dans cette terre, en proportion très élevée. S'il est naturel d'admettre que dans le sol l'acide phosphorique a été accumulé et économisé en même temps que l'azote, on ne peut méconnaître aussi l'existence d'une richesse foncière en phosphate, puisque le sous sol, lui même, malgré ses graviers, est très riche en acide phosphorique. Peut-être la roche calcaire, dont les fragments roulés se sont amassés dans la gravière, est-elle riche en phosphate : je ne l'ai pas cherché. Aussi bien, comme je l'ai déjà dit, on ne peut faire que des hypothèses hasardées sur l'origine des substances de ce sol, venu de loin, à travers de longues vicissitudes.

La potasse se trouve en quantité faible. Comme, d'autre part, le sol, et encore moins le sous-sol, ne sont pas constitués par des éléments très fins, la potasse qu'ils contiennent est vraisembement peu assimilable. Nous pourrons donc dire que la terre est pauvre en potasse.

D'après ces observations, nous sommes portés à penser que l'alimentation fournie actuellement à la vigne est très abondante en azote et acide phosphorique et trop mesurée en potasse : en définitive, mal équilibrée.

On peut trouver dans ces conclusions une explication plausible du mauvais aoûtement des sarments, abstraction faite des gelées d'automne, qui arrètent l'assimilation des feuilles d'arrière-saison et par suite les phénomènes de réserve qui accompagnent toujours un bon aoûtement. Pour vous placer dans l'état d'esprit qui inspire les lignes suivantes, veuillez relire, dans le Progrès agricole, les résumés des travaux de M. Kovessi sur l'aoûtement des sarments (1901, 1, p. 624, 715, 716, 11 p. 224). L'auteur s'est particulièrement occupé de l'aoûtement du rupestris.

Les racines de la vigne se développent sans doute très abondamment dans le sous-sol, graveleux et aéré par le mouvement lent de l'eau qui le traverse. Chaque pied doit avoir un développement radiculaire supérieur à la normale : d'où arrivée d'un excès d'eau aux feuilles et rameaux, qui continuent à se développer parce que, de plus, ils sont très alimentés en azote et en acide phosphorique. L'alimentation azotée est très prépondérante, surtout par rapport à l'alimentation en potasse. D'après cela, la plante doit continuer à constituer de jeunes tissus à une époque à laquelle une plante moins aqueuse et moins azotée doit faire des réserves et aoûter ses bois : d'autre part, vers la fin de la saison, quand la plante se décide à aoûter, les quantités de lumière qu'elle reçoit deviennent insuffisantes.

Je vous livre ces réflexions pour ce qu'elles valent, c'est à dire comme hypothèses plausibles. Je préfèrerais vous indiquer un moyen sûr d'agir contre cet état de choses. Mais là encore je n'ai que ces indications incertaines. On ne peut pas modifier la constitution du sol : et les recherches analytiques inédites que M. Sicard a faites sur les sarments bien et mal aoûtés n'autorisent pas à admettre l'action spécifique d'un aliment déterminé pour le bon aoûtement.

Il faudrait, je pense, mettre un frein aux fortes fumures azotées : laisser, par l'addition des scories, la nitrification, mettre en action la réserve d'azote du sol ; apporter un important complément de potasse, sous la forme de sulfate ; et plâtrer, pour assurer une bonne alimentation en chaux et laisser la potasse mobilisable.

Voici donc la fumure que je vous conseille pour la prochaine campagne :

	kil.
Sulfate de potasse	200
Scorie de déphosphoration	500
Plâtre	1000

Le prof. de chimie. Directeur de la Station,

H. LAGATU.

Terre Les Hutins (d'Étrembières)

ANALYSE PHYSIQUE

N° 2298 — Sol

		TOTAL		Calcaire⁴		Siliceux		Non calc. non silic.⁵		Débris organ.	
Terre fine[1]	Sable grossier	520	2	1	0	500	7	8	7	9	8
	Sable fin . . .	332	9	14	0	280	1	38	8		
	Argile	121	3								
	Humus	25	6								
		1000	0	15	0	780	8	47	15	9	8
Terre complète	Cailloux[2] . . .	94									
	Gravier[3]	152									
	Sable grossier	393	8	1	7	379	1	6	6	7	4
	Sable fin . . .	252	0	10	6	212	1	29	3		
	Argile	94	8								
	Humus	19	4								
		1000	0	11	3	591	2	35	9	7	4

N° 2299 — Sous-sol

		TOTAL		Calcaire⁴		Siliceux		Non calc. non silic.⁵		Débris organ.	
Terre fine[1]	Sable grossier	551	5	60	0	461	1	16	1	14	3
	Sable fin . . .	241	1	38	7	199	5	2	9		
	Argile	201	1								
	Humus	6	3								
		1000	0	98	7	660	6	19	0	14	3
Terre complète	Cailloux[2] . . .	293									
	Gravier[3]	232									
	Sable grossier	262		28	5	219	1	76		6	8
	Sable fin . . .	114	5	18	4	94	8	13			
	Argile	95	5								
	Humus		3.0								
		1000	0	46	9	313	9	89	8	6	8

[1] Partie de la terre passant à travers un tamis ayant 10 fils par cm.

[2] Partie de la terre ne passant pas à travers un tamis à mailles carrées de ½ cm. de côté.

[3] Partie de la terre passant à travers un tamis à mailles carrées de ½ cm. de côté, mais ne passant pas à travers un tamis ayant 10 fils par cm.

[4] Dosé d'après la chaux soluble à froid dans l'acide nitrique.

[5] Partie non calcaire soluble à froid dans l'acide nitrique (carbonate de magnésie, une partie des oxydes et des hydrates de chaux, etc.).

Graphique de l'attaque au Calcimètre Houdaille. — Température 20 degrés

Terre des *Hutains sur la commune d'Etrembières H^{te}-Savoie.*

Nature du calcaire :

Sol.

Acide carbonique Co² pour cent de terre fine

Carbonate de chaux correspondant
(en admettant l'existence de ce seul carbonate)

× 2.27 =

Dans 100 de terre fine sèche   Dans 100 de terre complète sèche

Cailloux et gravier

Calcaire

Carbonate de chaux pur.

Teneur en carbonate de chaux pur.
(Graduation exacte à la température de 15°.)

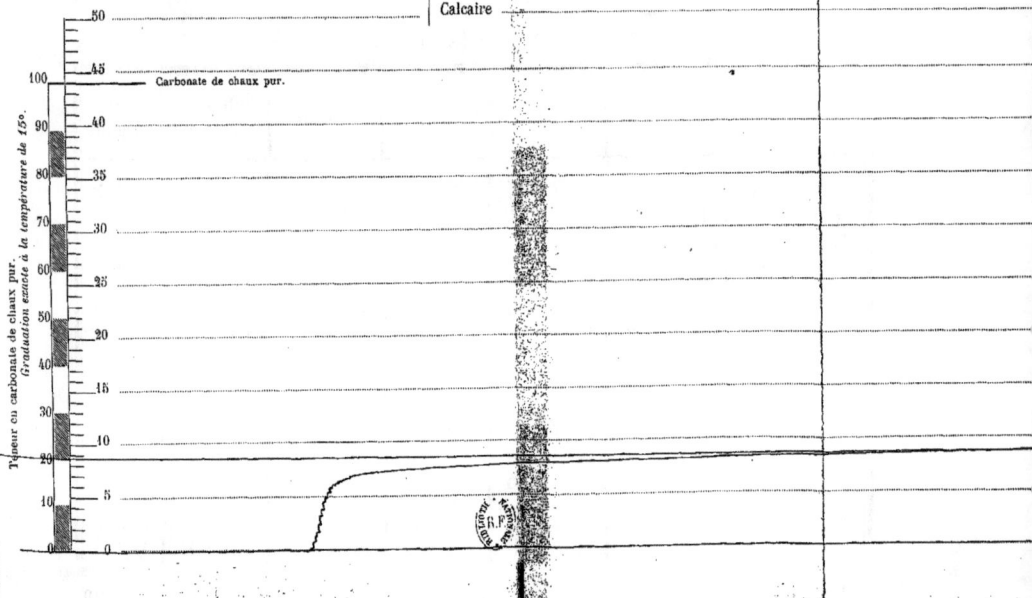

Graphique de l'attaque au Calcimètre Houdaille. — Température 20 degrés

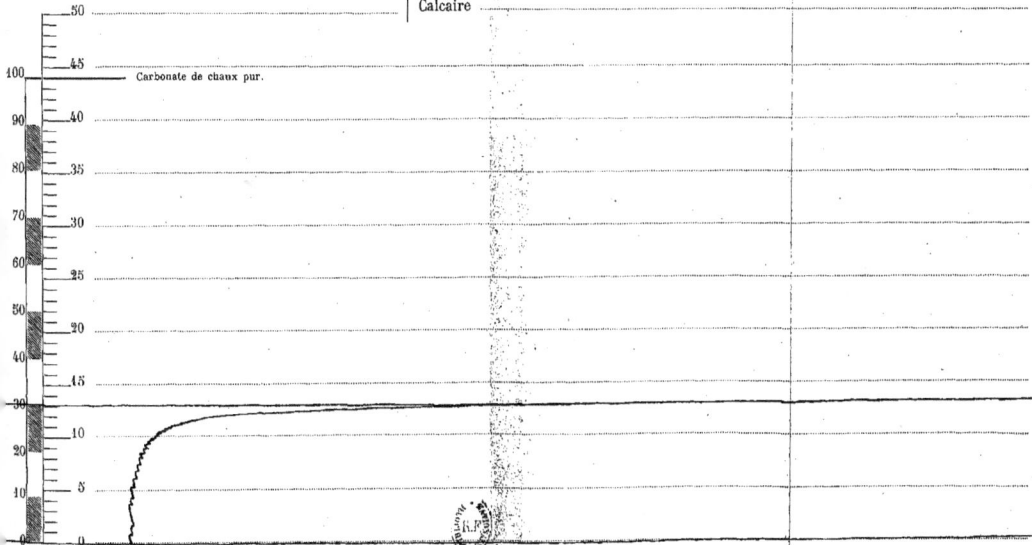

des *Hutains sur la commune d'Etrembières H^{te}-Savoie.*
re du calcaire :

Sous-sol.

Acide carbonique Co² pour cent de terre fine

Carbonate de chaux correspondant
(en admettant l'existence de ce seul carbonate)   × 2.27 =

Dans 100 de terre fine sèche   Dans 100 de terre complète sèche

Cailloux et gravier

Calcaire

Carbonate de chaux pur.

Terre Les Hutins (d'Étrembières)

ANALYSE CHIMIQUE

Nº 2298. — Sol

Substances dosées	Terre fine		Terre complète	
Azote.	1	50	1	13
Acide phosphorique.	3	76	2	85
Potasse	1	19	0	90
Chaux du calcaire.	8	40	6	32
Magnésie	3	44	2	60
Fer.	24	64	18	65

ANALYSE CHIMIQUE

Nº 2299. — Sous-sol

Substances dosées	Terre fine		Terre complète	
Azote.	1	09	0	52
Acide phosphorique.	3	61	1	71
Potasse	1	05	0	50
Chaux du calcaire.	55	27	26	26
Magnésie	2	29	1	09
Fer.	25	65	12	18

N. B. — Tous les résultats inscrits sous le titre de « terre complète » expriment les proportions pour mille dans la terre telle qu'elle se trouve dans l'échantillon, mais absolument sèche. On a donné sous le titre de « terre fine » les résultats exprimant les proportions pour mille dans la terre sèche débarrassée des cailloux et du gravier.

Le Directeur du Laboratoire,

H. LAGATU.

RAPPORT N° II

SUR LES

Résultats de l'analyse d'une terre de Nant-sur-Vevey
(Canton de Vaud)

FAIT PAR

M. LAGATU
Professeur de Chimie à l'École d'Agriculture de Montpellier et

L. SICARD
Chimiste-Chef à la même École

Pour la Pépinière de Veyrier

RENSEIGNEMENTS FOURNIS

1° *Relativement au sol.* — L'échantillon du sol a été prélevé de 0 à 0 m. 30 ; celui du sous-sol de 0 m. 30 à 0 m. 60.

La pièce (n° 17 du plan général de Nant, quartier dit « En Chatillon »), est en coteau, à environ 450 m. d'altitude ; la pente n'est pas des plus accentuées ; il y a cependant par de très fortes pluies un entraînement de terres. La pièce est en plein midi, faisant face au lac de Genève.

La terre est plutôt humide que sèche, conservant longtemps l'humidité et s'échauffant lentement ; à la moindre pluie, la terre adhère fortement aux chaussures. La pièce a été drainée ; depuis, on a constaté un peu moins d'humidité. Elle n'est pas arrosable.

2° *Relativement aux cultures.* — Les vignes occupent le terrain depuis de très longues années. Malheureusement, elles sont situées près de la lisière d'un bois, ce qui nuit beaucoup à leur rendement. Depuis l'an dernier, on a arraché la vigne sur la partie qui nous intéresse, et on a mis des pépinières de plants greffés à la place. En défonçant, on a ramené pas mal du sous-sol à la surface, car on a dû extraire du rocher, le défoncement n'ayant jamais été fait dans de bonnes conditions.

On fume les vignes tous les trois ans en mettant par hectare environ 125 mètres cubes de fumier, de bovidés de préférence. On a fumé l'an dernier en défonçant, et on a mis des engrais chimiques dosés par hectare :

Nitrate de soude . . . . 550 kil.
Sulfate de potasse . . . . . . 200 »
Superphosphate . . . . 600 »
Sulfate de fer . . . . 1000 »
Plâtre cru . . . . 1000 »

Malgré cela, le chevelu ne se développe pas vigoureusement, et les pousses sont plutôt faibles ; la végétation est excessivement lente au début ; par contre, on obtient d'excellentes soudures.

QUESTIONS POSÉES

On demande l'analyse agricole complète du sol et du sous-sol.

A titre d'interprétation, on désire savoir la fumure qui convient le mieux à ce terrain, et surtout celle qui favoriserait le plus le développement des jeunes plants greffés et leur donnerait de belles racines et de belles pousses.

CAILLOUX ET GRAVIERS

Pour mille	Cailloux	Graviers	Total
Nant, 17, sol	104	66	170
» sous-sol . . .	156	77	233

Par leur quantité, les fragments grossiers ne sont pas susceptibles d'influencer les propriétés mécaniques du sol.

Leur examen minéralogique nous fournit des renseignements intéressants sur la nature des roches qui ont formé la terre.

On voit tout d'abord que les fragments, tous très durs,

sont fortement roulés, ce qui signale une terre de transport. Les roches mères sont loin.

Dans le sol on rencontre :

1° Des cailloux et graviers calcaires, formés par un calcaire ancien, très compact, très dur, à cassure brillante, attaqué lentement par l'acide chlorhydrique et présentant tous les caractères des calcaires dolomitiques (magnésiens).

2° Des cailloux et graviers siliceux, formés les uns par un quartzite léger, les autres par de la silice plus compacte et plus lourde, encore du quartzite probablement, mais à grain très serré.

Dans le sous-sol, on ne voit guère de fragments calcaires, ni parmi les cailloux, ni parmi les graviers ; le quartzite est tout à fait prépondérant.

CONSTITUTION MÉCANIQUE

Pour mille	S. grossier	Sable fin	Argile	Humus
Terre franche type . .	600-700	200-300	60-100	10
Nant, 17, sol	298,5	494,7	198,5	8,5
» sous-sol . .	324,7	496,1	169,1	10,1

Le sable grossier est l'organe de division, d'aération et de perméabilité.

Le sable fin est l'organe de tassement et d'asphyxie.

L'argile est l'organe de plasticité pour la terre humide, de cohésion pour la terre sèche.

L'humus est un agent améliorant, au point de vue mécanique, pour tous les sols.

La terre en question manque de sable grossier, possède un grand excès de sable fin, deux fois plus d'argile que la terre franche et une quantité d'humus très élevée.

Cette terre est donc naturellement mal aérée et imperméable, très plastique quand elle est humide, dure et fendillée quand elle est sèche. Sol silico-argilo calcaire ; sous-sol argilo-siliceux.

Les qualités d'un sol de cette nature dépendent essentiellement des labours, qui doivent être effectués bien à temps, quand la terre n'est ni trop humide, ni trop sèche. Je crois aussi qu'ils doivent être profonds, bien que M. Ravaz ait énoncé une opinion diamétralement opposée (voir la dernière

page de ma brochure, l'« Étude des terres et les cartes agro-
nomiques », que je joins à mon rapport. Il y a sur ce point, à
l'École, un champ d'expériences qui mérite une visite).

Les drainages doivent avoir aussi une influence aérante très
utile dans ce sol.

Quant à l'intervention des matières organiques, elle a déjà
donné tout l'effet mécanique qu'on peut lui demander, ainsi
que le prouve la teneur élevée en humus. Il s'agit simplement de l'entretenir.

CONSTITUTION MINÉRALOGIQUE

Lot siliceux

Pour mille	S. grossier	Sable fin	Argile	Total
Terre type . . .	600	200	70	870
Nant, 17, sol . .	222,0	402,2	198,5	822,7
» sous-sol	265,0	405,8	169,1	842,9

La quantité totale du lot siliceux n'est pas anormale, c'est
sa constitution, où les éléments fins dominent d'une manière
exagérée, qui donne à la terre ses propriétés plastiques.

Lot ferrugineux

Le fer total, dans la terre fine, existe dans la proportion de
31,92 dans le sol et 23,44 dans le sous-sol.

Il ne faudrait pas chercher une explication de cette différence dans l'apport de sulfate de fer. La différence de 1 pour
cent représente, en effet, sur les 4,000,000 de kilog. que pèse
le sol d'un hectare jusqu'à 0 m. 30, un poids de fer égal à
40,000 kilog., et les 1000 kilog. de sulfate de fer n'ont apporté
au maximum que 200 kilog. de fer.

Le dosage du fer ayant été fait dans le lot argile brute, on
en peut déduire, par le calcul suivant, la quantité d'argile
véritable.

Pour mille de terre fine	Fer dans argile	Oxyde ferrique correspondant	Argile brute	Argile véritable
Nant, 17, sol . . .	11,09	15,8	198,5	182,7
» sous-sol .	9,07	13,0	159,1	146,1

Le fer n'entrant qu'en faible proportion dans le lot argile brute, ce que nous avons déduit pour les propriétés mécaniques de la terre subsiste sans modification.

On peut remarquer que l'argile du sol est plus riche en fer (elle en contient 0,56 pour cent) que celle du sous-sol (qui en contient 0,46 pour cent).

Même la différence du fer dans l'argile (2,02 pour mille de terre fine) ne saurait être expliquée par les 200 kilog. de fer apportés à l'état de sulfate de fer, car cette différence, dans le sol, représente un supplément de 8080 kilog. de fer.

L'explication la plus naturelle de cette différence réside dans ce fait que le sol admet comme roche mère une plus grande quantité du calcaire bleu foncé, dont la couleur est due au fer, ce qui concorde avec la quantité plus élevée de calcaire et d'argile (le quartzite ne pouvant donner que du sable).

Lot calcaire

Si on attaque la terre par l'acide nitrique à froid et si on exprime en calcaire la chaux ainsi dissoute, on obtient les résultats suivants :

Pour mille	S. grossier	Sable fin	Total
Terre type	50	50	100
Nant, 17, sol . . .	65,0	65,5	150,5
» sous-sol .	5,0	47,5	97,5

On voit que le sol est plus calcaire que le sous-sol.

La quantité totale du calcaire est de celles qui font les terres suffisamment calcaires. La répartition du calcaire en grossier et fin est également celle de la terre type.

Pour savoir si ce calcaire est actif, il faut s'adresser au calcimètre enregistreur, qui donne les graphiques joints à mon rapport.

Ces graphiques nous montrent que le calcaire de la terre fine ne se laisse attaquer par l'acide chlorhydrique qu'avec beaucoup de lenteur.

Cette forme des graphiques indique un calcaire très peu actif. Elle se retrouve pour la plupart des calcaires magnésiens. (On remarquera que le sol contient une quantité importante de magnésie, 9,14 pour mille.)

En définitive, non seulement nous devons laisser de côté toute crainte de chlorose, mais il est même permis d'avoir des doutes sur la collaboration suffisante de ce calcaire, sinon à l'alimentation des plantes, tout au moins à la chimie du sol (nitification) et à l'influence mécanique qu'on demande au calcaire (coagulation de l'argile).

Lot organique

Pour mille	Débris	Humus	Total
Terre type	10	10	20
Nant, 17, sol	6,2	8,5	14,7
» sous-sol . .	6,5	10,1	15,6

Ces quantités de matières organiques, pour une terre de grande culture, sont élevées.

La dose d'humus, dans le sous-sol surtout, atteint une valeur qui serait très satisfaisante, si nous savions que la terre est aérée et qu'on a apporté en peu de temps de très grandes quantités de matières organiques, comme on le fait dans un jardin. Mais une terre de grande culture ne doit pas, si son activité chimique est bonne, conserver une telle proportion d'humus.

Il est probable, puisque le défoncement a été imparfait, que cet humus du sous-sol est là depuis un temps très ancien, apporté par la forêt ou la prairie qu'on a défrichée.

RÉACTION DE LA TERRE

Il était même permis de se demander, en présence de cet humus et en dépit du calcaire qui subsiste, si, à cause de la passivité de ce calcaire, la réaction de la terre a bien l'alcalinité voulue.

En mesurant cette alcalinité par la méthode Pagnoul, et en l'exprimant en ammoniaque AzH³, on trouve :

Pour mille de terre fine	Alcalinité en AzH³
Nant, 17, sol	1,57
» sous-sol . . .	1,54

Donc, la terre n'est pas acide. Plus exactement, quand elle est mise en ébullition avec du sulfate d'ammoniaque, elle déplace l'ammoniaque. Cette opération, qui mesure la résultante des actions du calcaire et de l'humus, permet-elle d'affirmer que ce calcaire et cet humus étaient combinés auparavant ? Je l'ignore. A part ce scrupule, je crois qu'on peut accepter comme constatée l'alcalinité de la terre.

RÉSUMÉ DE LA CONSTITUTION MÉCANIQUE
ET MINÉRALOGIQUE

Terre forte argileuse, plastique, imperméable, mal aérée ; suffisamment calcaire, à calcaire magnésien peu actif ; assez riche en matières organiques. Terre froide, nitrifiant mal.

VALEUR ALIMENTAIRE

Les chiffres, relatifs à la terre complète, inscrits en regard des richesses admises comme satisfaisantes, donnent le tableau suivant :

Pour mille	Azote	Ac. ph.	Potasse	Magnésie	Chaux
Richesse satisf.	1	1	2	1	50
Nant, 17, sol	1,58	1,54	1,47	7,58	60,65
» sous-sol . . .	1,26	1,01	0,95	2,10	41,87

Les conclusions sont :

Terre très riche en azote.
» très riche en acide phosphorique.
» moins riche en potasse.
» très riche en magnésie.
» moyennement riche en chaux.

Remarquons que les différences constatées entre le sol et le sous-sol corroborent l'observation qui a été énoncée à propos des cailloux et graviers, savoir que le sol admet davantage comme roche mère le calcaire magnésien, auquel on doit rapporter le carbonate de chaux, la magnésie et aussi l'acide phosphorique et la potasse, car le quartzite n'apporte que de la silice.
La teneur très élevée en *azote* et en *humus* nous montre

que les microorganismes, dont le rôle consiste à brûler la matière organique, ne trouvent pas, dans ce sol, des conditions d'activité suffisantes. Puisque la terre n'est pas acide, il est permis de penser que ce n'est pas la passivité du calcaire qui joue le rôle principal dans ce mauvais état de choses. A mon sens, c'est le manque d'aération : labourer cette terre, c'est la fumer en azote assimilable, bien mieux qu'en apportant de nouveau fumier.

Les engrais azotés que nous apporterons devront être assimilables, puisque la terre contient déjà beaucoup de réserve azotée peu active ; la forme nitrate convient bien, également la forme sang desséché si on y adjoint un adjuvant pour la nitrification (scorie, ou plâtre, ou carbonate de potasse).

Pour l'*acide phosphorique,* nous n'avons besoin que d'une fumure d'entretien. Faut-il donner la préférence au superphosphate ou aux scories? Je pense que ces deux formes seront utiles. S'il y a une terre calcaire où les scories peuvent être avantageuses, c'est assurément celle-là. D'autre part, les superphosphates sont également indiqués puisque la terre n'est pas acide et qu'il y a une notable quantité de calcaire. Pour prendre parti, je formulerai la conclusion suivante : Quand on mettra du fumier dans cette terre (et cela ne presse pas), on devra le saupoudrer de scories en même temps que de plâtre. Quand on fumera avec des engrais salins seulement, on mettra du superphosphate.

La *potasse* se présente en proportion (1,47) inférieure à celle qui est inscrite comme satisfaisante (2). Mais je ne suis pas d'avis d'accorder grande importance à cette différence, parce que la potasse de la terre, en raison de l'état de division des particules terreuses, doit être assimilable. Nous admettons donc l'apport d'un engrais potassique moyen. Cet engrais ne sera pas un chlorure, chlorure de potassium, kaïnite, etc., substance qui arrête la nitrification, il pourra sans inconvénient être le sulfate. Mais la préférence, au moins dans les premières années, pour la réussite cherchée des plants greffés, doit être accordée au carbonate de potasse. Ce sol est un de ceux qui auraient fait le meilleur succès (provisoire, bien entendu), à la fameuse formule n° 6K de Georges Ville, engrais sans azote à base de superphosphate et de carbonate de potasse, mettant en activité la réserve azotée paresseuse du sol. Les cendres non lessivées peuvent agir en raison de leur carbonate de potasse et de chaux et leur acide phosphorique.

Enfin, pour la *chaux,* faut-il songer à des amendements? Malgré la réaction alcaline du sol, malgré l'existence d'une dose notable de calcaire, je suis persuadé que la chaux produirait là première année un excellent effet. Ce serait un amendement à ne pas renouveler souvent ; j'aimerais mieux, dans ce cas, les scories.

Quant au *plâtre,* son appropriation à ce sol est très manifeste. Il ne faut jamais apporter du fumier sans plâtre, et il est très avantageux de plâtrer également avec les engrais chimiques. Dans la formule que vous m'avez communiquée, vous avez employé le sulfate de fer. J'ai eu beau me creuser l'imagination pour justifier cette opération, je n'ai trouvé que des raisons qui devaient faire proscrire le sulfate de fer[1]. Votre sol contient beaucoup de fer actif ; loin de calmer le calcaire, nous devons l'inciter à contribuer davantage à la chimie du sol ; s'il y a par places des souches jaunâtres, et si la couleur générale des feuilles est claire, le calcaire n'y est pour rien : c'est le manque d'air de racines qui en est cause. Le sulfate de fer ne peut pallier à aucun de ces défauts ; il les accentue plutôt. De plus, c'est une grosse erreur que d'épandre à la fois du superphosphate avec du sulfate de fer qui insolubilise et fait rétrograder tout l'acide phosphorique à l'état du phosphate de fer très peu assimilable ; en effet, si, par rapport à la masse du sol, la masse de fer apportée par le sulfate est insignifiante, elle ne l'est pas par rapport à la masse d'acide phosphorique du superphosphate, et elle se trouve, en raison de la solubilité des deux substances, dans ces conditions qui l'ont amenée certainement à effacer l'assimilabilité du superphosphate.

La formule d'engrais chimique qui peut être déduite de ces considérations, pour le but qu'on se propose, est la suivante :

Tous les ans, ou tous les deux ans, suivant l'intensité qu'on veut donner à la culture.

Azote 43 k. . . . . { 30 k. Nitr. de soude 15% 200 k.
{ 15 k. Nitr. de potasse { 15 % } 100 k.
{ 44 k. { 44 % }

Potasse 104 k. . . } { 60 k. Carb. de potasse 60 % 100 k.
Acide phosph. 60 k. 60 k. Superph. min. 15 % 400 k.
Plâtre cru (finement pulvérisé) . . . 1000 k.

[1] Si nous avons introduit du fer, c'était absolument à titre d'essai empirique, parce qu'un contre-maître greffeur du Beaujolais nous avait affirmé que l'introduction du fer favorisait les soudures. Nous n'avons introduit du fer, soit à Veyrier, soit à Nant, que deux ans de suite et y avons renoncé sitôt le rapport de M. Lagatu reçu. (nobis 1910).

Tous ces engrais doivent être épandus au même moment, aux mêmes places, fin d'hiver ; on fera le mélange du tout, sauf le superphosphate qui agirait sur le nitrate et le carbonate. Dans le sol, ces réactions n'auront pas d'inconvénient, à condition de recouvrir assez vite après l'épandage.

Si l'on tenait à n'avoir qu'une seule poudre, on remplacerait le superphosphate par un poids équivalent de scorie ; nous avons vu qu'en effet les scories de déphosphoration ont ici leur place.

Si l'on trouve des cendres non lessivées à bon compte, il faudra les substituer, à équivalence de potasse, au carbonate de potasse, qui est un engrais relativement coûteux, mais ici merveilleusement approprié.

Je rappelle que, les labours aérant profondément le sol, les drainages, qui réalisent également l'aération du sous-sol, amélioreront certainement beaucoup la chimie de cette terre froide.

Le prof. de chimie, directeur de la Station :

H. LAGATU.

Terre n° 17. — Domaine de Nant

ANALYSE PHYSIQUE

N° 2294. — Sol

		TOTAL		Calcaire[4]		Siliceux		Non calc. non silic.[5]		Débris organ.	
Terre fine[1]	Sable grossier	298	3	65		222		5	1	6	2
	Sable fin . . .	494	7	65	5	402	2	27			
	Argile	198	5								
	Humus	8	5								
0,830		1000	0	130	5	624	2	32	1	6	2
Terre com-plète	Cailloux[2] . .	104									
	Gravier[3] . . .	66									
	Sable grossier	247	6	53	9	184	3	4	2	5	2
	Sable fin . . .	410	6	54	4	333	8	22	4		
	Argile	164	7								
	Humus	7	10								
		1000	0	108	3	518	1	26	6	5	2

N° 2295. — Sous-sol

		TOTAL		Calcaire[4]		Siliceux		Non calc. non silic.[5]		Débris organ.	
Terre fine[1]	Sable grossier	324	7	50		265		3	2	6	5
	Sable fin . . .	496	1	47	5	408	8	39	8		
	Argile	169	1								
	Humus	10	1								
0,767		1000	0	97	5	673	8	43	0	6	5
Terre com-plète	Cailloux[2] . .	156									
	Gravier[3] . .	77									
	Sable grossier	249		38	3	203	3	2	4	5	0
	Sable fin . . .	380	5	36	4	313	6	30	5		
	Argile	129	7								
	Humus . . .	7	8								
		1000	0	74	7	516	9	32	9	5	0

[1] Partie de la terre passant à travers un tamis ayant 10 fils par cm.
[2] Partie de la terre ne passant pas à travers un tamis à mailles carrées de ½ cm. de côté.
[3] Partie de la terre passant à travers un tamis à mailles carrées de

Terre n° 17. — Domaine de Nant

ANALYSE CHIMIQUE

N° 2294. — Sol

Substances dosées	Terre fine		Terre complète	
Azote	1	90	1	58
Acide phosphorique.	1	81	1	51
Potasse	1	77	1	47
Chaux du calcaire	73	08	60	65
Magnésie	9	14	7	58
Fer	31	92	26	49

N° 2295. — Sous-sol

Substances dosées	Terre fine		Terre complète	
Azote.	1	65	1	26
Acide phosphorique	1	32	1	01
Potasse	1	24	0	95
Chaux du calcaire	54	60	41	87
Magnésie	2	74	2	10
Fer	23	41	17	95

N B. — Tous les résultats inscrits sous le titre de « terre complète » expriment les proportions pour mille dans la terre telle qu'elle se trouve dans l'échantillon, mais absolument sèche. On a donné sous le titre de « terre fine » les résultats exprimant les proportions pour mille dans la terre sèche débarrassée des cailloux et du gravier.

Le Directeur du Laboratoire,

H. LAGATU.

1/2 cm. de côté, mais ne passant pas à travers un tamis ayant 10 fils par cm.

4 Dosé d'après la chaux soluble à froid dans l'acide nitrique.

5 Partie non calcaire soluble à froid dans l'acide nitrique (carbonate de magnésie, une partie des oxydes et des hydrates de chaux, etc.).

RAPPORT N° III

SUR LES

Résultats de l'analyse d'une terre située en Paluds, Vevey (Vaud)

FAIT PAR

M. LAGATU

Professeur de Chimie à l'École d'Agriculture de Montpellier et

L. SICARD

Chimiste-Chef à la même École

RENSEIGNEMENTS FOURNIS

L'échantillon du sol a été prélevé de 0 à 0 m. 30 ; celui du sous-sol de 0 m. 30 à 0 m. 60.

La pièce dite « En Palud », dans le quartier du même nom, est en coteau, à environ 80 mètres d'altitude au-dessus du lac de Genève. La pente est plutôt faible ; exposition ouest, chaude, très chaude en été.

L'eau doit se trouver à une faible profondeur, car au bas de la propriété il y a un petit canal qui donne toujours de l'eau. La terre est peu humide, mais s'égoutte mal, et après une pluie devient très collante. La pièce n'est pas drainée ; elle n'est pas arrosable.

Les vignes occupent le terrain depuis de très longues années, et les rendements ont toujours été bons.

On fume les vignes tous les trois ans en mettant 125 mètres cubes de fumier — de bovidés de préférence — à l'hectare. Tous les ans, on met des engrais chimiques :

Nitrate de soude	. . . . .	300 kil.
Sulfate de potasse	. . . . .	150 »
Superphosphate	. . . . .	400 »

Graphique de l'attaque au Calcimètre Houdaille. — Température _____ degrés

Terre de *la Pépinière de Nant pièce N° 17*.
Nature du calcaire :

       Sol et sous-sol.

Acide carbonique CO^2 pour cent de terre fine _____

Carbonate de chaux correspondant
(en admettant l'existence de ce seul carbonate) $\}$ _____ $\times 2.27 =$ _____

       Dans 100 de terre fine sèche   Dans 100 de terre complète sèche

Cailloux et gravier _____
Calcaire _____

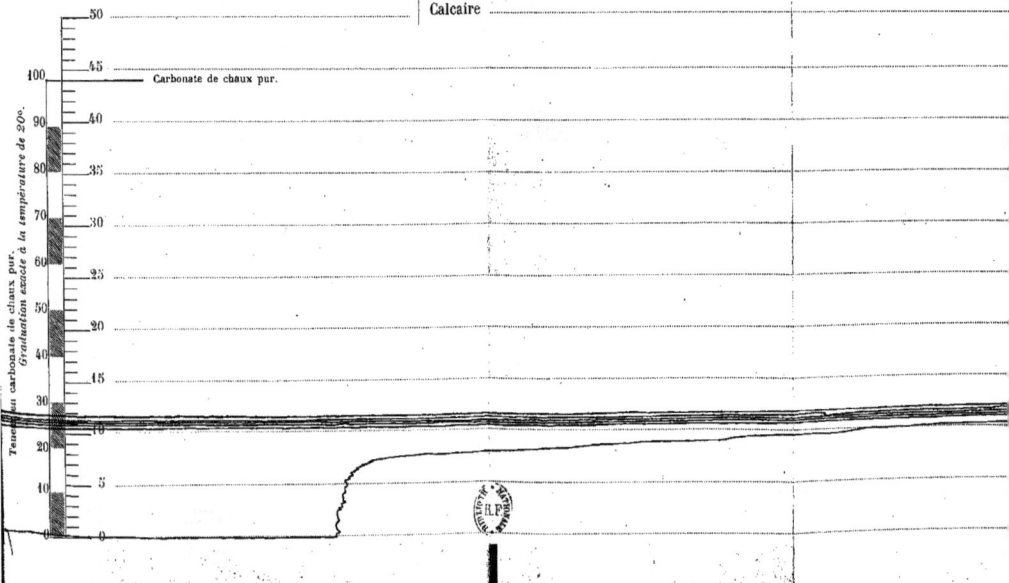

L'an dernier, on a également mis :

Sulfate de fer . . . . . . 1000 kil.
Plâtre cru . . . . 1000 »

La vigne s'est toujours bien maintenue.

QUESTIONS POSÉES

On demande l'analyse agricole complète du sol et du sous-sol.

A titre d'interprétation, on désire connaître la fumure qui convient le mieux et surtout celle qui favoriserait le plus le développement des jeunes vignes, qui ne prennent que très lentement de la vigueur.

CAILLOUX ET GRAVIERS

Pour mille	Cailloux	Graviers	Total
Paluds sol	127	67	194
» sous-sol . .	45	63	108

Ces quantités d'éléments grossiers laissent à la terre fine toutes ses propriétés mécaniques ; par suite, ce que nous aurons à dire de la terre fine à ce point de vue pourra s'appliquer sans rectification à la terre complète, avec ses cailloux et ses graviers.

Dans le sol, les cailloux et les graviers, très roulés, sont à peu près exclusivement calcaires. Ce calcaire est dur, compact, lentement attaquable aux acides.

Dans le sous-sol, les fragments calcaires sont très rares. Les cailloux et graviers roulés appartiennent à des roches diverses, difficilement déterminables, grès ou schistes, peut-être même des roches analogues au granite.

Nous voyons par là qu'une différence notable doit exister dans cette terre entre le sol et le sous-sol, qui reconnaissent des origines différentes.

17

CONSTITUTION MÉCANIQUE

Pour mille	Sable grossier	Sable fin	Argile	Humus
Terre franche type .	600-700	200-300	60-100	10
Paluds sol.	282,1	491,2	218,8	7,9
» sous-sol . . .	271,7	434,6	291,5	2,2

Interprétons ces chiffres par comparaison avec ceux de la terre franche type et en accordant à chaque constituant mécanique son rôle spécial, à savoir :

Le sable grossier est l'organe de division, aération, perméabilité.

Le sable fin est l'organe de tassement et d'asphyxie.

L'argile est l'organe de plasticité pour la terre humide, de cohésion pour la terre sèche.

L'humus est un améliorant mécanique pour tous les sols.

Nous voyons que, dans le sol comme dans le sous-sol, il y a grande insuffisance de sable grossier, grand excès de sable fin, énorme excès d'argile (surtout dans le sous-sol). L'humus, en quantité notable dans le sol, est en quantité insignifiante dans le sous-sol.

Nous sommes donc en présence de terres très fortes, plastiques, argileuses. La plasticité ou la cohésion qui résultent de l'argile sont particulièrement accentuées dans le sous-sol, qui est bien plus argileux, moins humifère et, ainsi que nous le verrons plus loin, moins calcaire que le sol.

Le sol, imperméable naturellement, peut être rendu perméable par les labours profonds, effectués avec un bon état d'humidité ; mais le sous-sol est absolument imperméable.

D'après l'analyse, cette terre réclame impérieusement le drainage, et un drainage très bien conditionné au point de vue de la régularité des pentes des tuyaux ; sans quoi ces tuyaux se boucheront.

Ce drainage mettrait en activité le stock alimentaire du sous-sol, qui est loin d'être négligeable.

CONSTITUTION MINÉRALOGIQUE

Lot siliceux

Pour mille	Sable grossier	Sable fin	Argile	Total
Terre type . . .	600	200	70	870
Paluds sol . . .	219,7	408,7	218,8	847,2
» sous-sol .	257,6	409,0	291,5	958,1

Comme on le voit, le sous-sol est plus complètement siliceux que le sol.

Lot ferrugineux

Le fer total, dans le sol, est dans la proportion de 27,75 ;
dans le sous-sol, dans la proportion de 34,61 pour mille. Le
sous-sol est donc plus ferrugineux.

Le dosage spécial du fer dans l'argile a donné les résultats
suivants pour le calcul de l'argile véritable.

Pour mille de terre fine	Fer dans argile brute	Oxyde ferrique correspondant	Argile brute ,	Argile véritable
Paluds sol. . .	11,20	16,0	218,8	202,8
» sous-sol	15,12	21,6	291,5	269,9

La correction laisse, en argile véritable, des quantités telles
que les conclusions formulées précédemment ne doivent subir
aucune modification.

Lot calcaire

Pour mille	Sable grossier	Sable fin	Total
Terre type . . .	50	50	100
Paluds sol . . .	9,5	77,5	86,5
» sous-sol .	4,5	17,0	21,5

Le sol est un peu calcaire ; le sous-sol très peu calcaire. Le
calcaire du sol, quoique fin, s'attaque très lentement par
l'acide chlorhydrique (type d'attaque des calcaires magnésiens) : il est donc peu actif et pas du tout chlorosant.

Dans le sous-sol, en raison de sa faible quantité et de sa
nature, le calcaire est insuffisant.

Lot organique

Pour mille	Débris	Humus	Total
Terre type . . .	10	10	20
Paluds sol . . .	6,0	7,9	13,9
» sous-sol .	6,5	2,2	8,7

Dans le sol, l'humus est assez abondant ; l'excès n'en est pas à craindre, car il y a des quantités de calcaire suffisantes.

Dans le sous-sol, il y a très peu d'humus ; mais comme il y a également très peu de calcaire, que de plus ce calcaire est très peu actif, il était intéressant de faire le dosage de l'alcalinité. Ce dosage a donné le résulat suivant :

Pour mille de terre fine	Alcalinité en AzH^3
Paluds sous-sol. . .	0,71

Le sous-sol a donc de l'alcalinité, faible, il est vrai.

RÉSUMÉ DE LA CONSTITUTION MÉCANIQUE ET MINÉRALOGIQUE

Terre très forte, argileuse, très plastique, imperméable, surtout au sous-sol ; mal aérée, surtout en sous-sol ; tenant bien le labour quand cette opération a été bien effectuée ; à sol un peu calcaire, à sous-sol très peu calcaire mais cependant alcalin ; terre assez riche en humus.

VALEUR ALIMENTAIRE

Pour mille	Azote	Ac. Ph.	Potasse	Magnésie	Chaux
Richesse satisf. . . .	1	1	2	1	50
Paluds sol	0,95	0,10	0,62	2,68	39,04
Paluds sous-sol . . .	0,78	0,68	1,13	5,74	10,74

Le tableau de ces résultats corrobore l'observation émise à propos des cailloux et des graviers, à savoir que le sol et le sous-sol ont pour origine des roches différentes ; le sol étant formé presque exclusivement par un calcaire dur, le sous-sol dans lequel le calcaire n'intervient presque pas, devant sa potasse et sa magnésie à des minéraux cristallisés (mica, peut-être feldspath).

Ces observations tendent à faire admettre pour l'acide phosphorique du sous-sol une origine également cristalline, l'apatite, dont l'assimilabilité est faible.

En définitive, il y a dans le sous-sol plus de richesse naturelle ; mais cette richesse n'est guère disponible, parce que le sous-sol est trop imperméable. Par suite, tout en escomptant comme plus value ce que les racines pourraient prendre au sous-sol, nous devons baser les fumures uniquement sur la composition du sol ; c'est-à-dire sur les données suivantes :

Sol moyennement riche en azote ;
   » extrêmement pauvre en acide phosphorique ;
   » très pauvre en potasse ;
   » suffisamment riche en magnésie ;
   » à peu près assez riche en chaux.

La fumure sera donc moyenne en azote, à dominante d'acide phosphorique, abondante en potasse ; les amendements calcaires, sans être indispensables, sont assez indiqués.

Quant aux formes et aux quantités, on peut admettre les suivantes :

Azote 52 k. . .	26 k.	Sang desséché . . .	13 %	200 k.
	26 k.	Nitrate de potasse .	13 %	200 k.
Potasse. . . . . 88 k.			44 %	
Acide phosph. . 120 k.		Scories de déphosph. 15 %		800 k.
		Plâtre cru		1000 k.

Remplacer cette formule tous les trois ans, par du fumier additionné de 1000 kilos de scories et 1000 kilos de plâtre.

Il ne serait pas irrationnel d'employer dans la formule d'engrais chimique le superphosphate en place de scories ; mais autant que j'en puis juger, les scories paraissent mieux appropriées.

Dans cette terre, le carbonate de potasse ferait probablement un excellent effet sur le développement des jeunes vignes ; je ne l'ai pas indiqué à cause de son prix.

Le sulfate de fer est contre-indiqué [1].

Le profess. de chimie, directeur de la station :

H. LAGATU.

Terre Paluds

ANALYSE PHYSIQUE

N° 2296. — Sol

		TOTAL		Calcaire		Siliceux		Non calc. non silic.		Débris organ.	
Terre fine [2]	Sable grossier	282	1	9	5	219	7	46	9	6	
	Sable fin . .	491	2	77		408	7	5	5		
	Argile	218	8								
	Humus . . .	7	9								
0.806		1000	0	86	5	628	4	58	4	6	
Terre com-plète	Cailloux [3] . .	127									
	Gravier [4] . . .	67									
	Sable grossier	227	4	7	6	177	2	37	8	4	8
	Sable fin . .	395	9	62	1	329	4	4	4		
	Argile	176	3								
	Humus . . .	6	4								
		1000	0	69	7	506	6	42	2	4	8

[1] Si nous avions introduit du sulfate de fer dans une formule d'engrais, c'est uniquement à titre d'essai empirique, parce qu'un contre-maître greffeur du Beaujolais nous avait dit que cela favorisait les soudures. Nous y avons renoncé sitôt le rapport de M. Lagatu reçu (n° bis 1910).

[2] Partie de la terre passant à travers un tamis ayant 10 fils par cm.

[3] Partie de la terre ne passant pas à travers un tamis à mailles carrées de 1/2 cm. de côté.

[4] Partie de la terre passant à travers un tamis à mailles carrées de 1/2 cm. de côté, mais ne passant pas à travers un tamis ayant 10 fils par cm.

Graphique de l'attaque au Calcimètre Houdaille. — Température 22 degrés

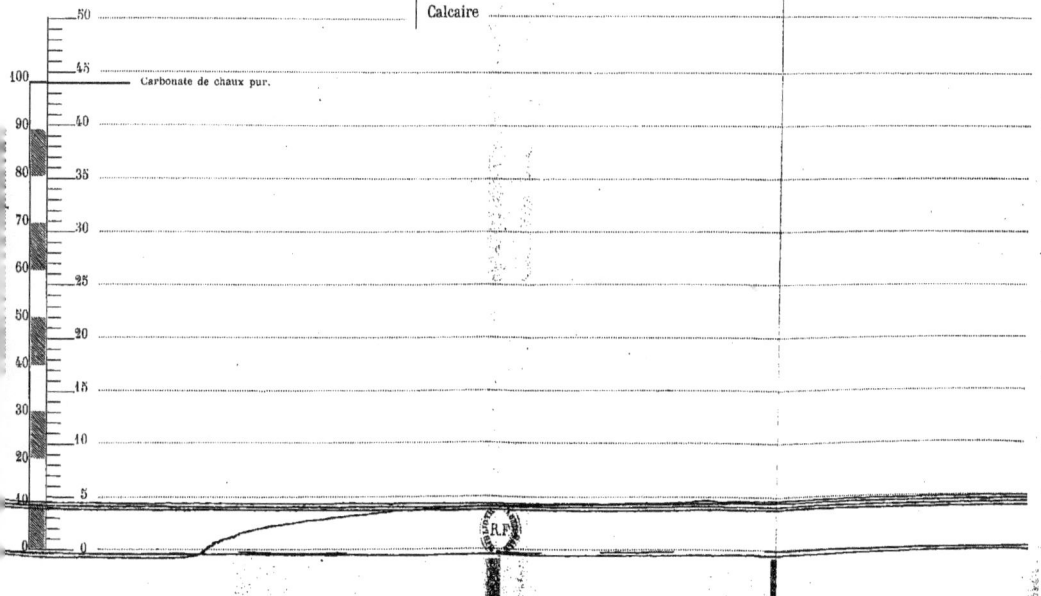

re de *Paluds pièce d'en bas expériences.*
re du calcaire :

       Sol et sous-sol.

Acide carbonique Co² pour cent de terre fine

Carbonate de chaux correspondant
  (en admettant l'existence de ce seul carbonate)   × 2.27 =

           Dans 100 de terre fine sèche   Dans 100 de terre complète sèche

Cailloux et gravier

Calcaire

Carbonate de chaux pur.

N° 2297. — Sous-sol

		TOTAL		Calcaire[1]		Siliceux		Non calc. non silic.[2]		Débris organ.	
Terre fine[1]	Sable grossier	271	7	4	5	257	6	3	1	6	5
	Sable fin . .	434	6	17		409		8	6		
	Argile	291	5								
	Humus . . .	2	2								
0.892		1000	0	21	5	666	6	11	7	6	5
Terre complète	Cailloux . . .	45									
	Gravier . . .	63									
	Sable grossier	242	3	4		229	7	2	8	5	8
	Sable fin . . .	387	7	15	2	364	8	7	7		
	Argile	260									
	Humus . . .	2									
		1000	0	19	2	594	5	10	5	5	8

Terre Paluds

ANALYSE CHIMIQUE

N° 2296. — Sol

Substances dosées	Terre fine		Terre complète	
Azote	1	19	0	95
Azote phosphorique	0	12	0	10
Potasse	0	77	0	62
Chaux du calcaire	48	44	39	04
Magnésie	3	33	2	68
Fer	27	75	22	36

1 Dosé d'après la chaux soluble à froid dans l'acide nitrique.
2 Partie non calcaire soluble à froid dans l'acide nitrique (carbonate de magnésie, une partie des oxydes et des hydrates de chaux, etc.).

N° 2297. — Sous-sol

Substances dosées	Terre fine		Terre complète	
Azote	0	87	0	78
Acide phosphorique . . . . . . , . . .	0	76	0	68
Potasse	1	27	1	13
Chaux du calcaire	12	04	10	74
Magnésie	6	44	5	74
Fer	34	61	30	87
Alcalinité (en ammoniaque)	0	71	0	63

N. B. — Tous les résultats inscrits sous le titre de « terre complète » expriment les proportions pour mille dans la terre telle qu'elle se trouve dans l'échantillon, mais absolument sèche. On a donné sous le titre de « terre fine » les résultats exprimant les proportions pour mille dans la terre sèche débarrassée de cailloux et du gravier.

Le Directeur du Laboratoire,

H. LAGATU.

Note concernant la chlorose des châtaigniers.

Lorsque nous avons écrit la note 4 qui est au bas de la page 2 du présent volume, note où nous parlons de la présence du châtaignier dans les terrains du canton de Vaud, une communication faite par M. Th. Bieler - Chatelan à la Société Vaudoises des Sciences naturelles n'avait pas encore paru (séance du 5 juillet 1911).

MM. Fliche et Grandeau, dit-il, affirment que le châtaignier craignait les sols contenant plus de 2 à 3 % de calcaire et cependant, cette essence se trouve, constate-t-il, dans les terrains appartenant à l'urgonien sur les bords du lac d'Annecy et autour des fours à chaux de Monthey (Valais); de ces fours on déverse de fortes quantités de chaux autour des dits châtaigniers, lesquels n'en ont jusqu'à présent pas été incommodés.

M. Baltzinger a bien voulu visiter les châtaigniers qui sont en-dessous des fours à chaux de cette localité et y prélever à différentes profondeurs (de 0 à 4 m.) plusieurs échantillons de terre, car nous désirions nous rendre compte jusqu'à quelle profondeur la chaux déversée au pied de ces arbres avait modifié les pourcentages de calcaire du terrain.

Nous y avons relevé les pourcentages suivants :

No 1, à 4 m. de profondeur	9 1/2 %		9 %	
2, à 3 m.	»	17 %	16 %	
3, sol		0 %	0 %	
3, sous-sol		0 %	0 %	
4, pris à 1 m. 30	»	7 %	7 %	
5, » 2 m.	»	2 1/2 %	2 %	
6, » 1 m.	»	30 % dans le résidu de la	22 %	
		chaux pure.		

Les courbes faites à l'appareil Houdaille indiquent un carbonate de chaux lentement attaquable par l'acide chlorhydrique. Somme toute il nous semble qu'il suffit de savoir à quel point de vue on se place.

Le châtaignier semble évidemment supporter (et là les pourcentages trouvés par M. Baltzinger corroborent ce que dit M. Bieler à ce sujet) des doses plus fortes que celles indiquées par MM. Fliche et Grandeau, mais cette affirmation qui semble exacte en elle-même ne détruit pour le moment en aucune façon l'affirmation de M. Foëx et autres, lesquels ont simplement dit que lorsqu'il y avait des châtaigniers dans une contrée on avait beaucoup de chances pour que le calcaire n'y entraînât pas de difficulté de reconstitution. Le but de MM. Engler et Bieler n'est du reste pas de détruire cette affirmation. Si, en effet, les botanistes ont l'habitude (beaucoup d'entre eux du moins) de considérer comme calcifuge une plante ne pouvant supporter plus de quelques pourcents (4-5 par exemple), il n'en est pas de même des viticulteurs. Le riparia gloire peut résister à 10-15 % de calcaire très rapidement attaquable et à 30 % et plus de calcaire lentement attaquable et cependant, malgré cela, il passe auprès des cultivateurs pour l'un des porte-greffes résistant le moins au calcaire. Pour que les vignerons trouvent qu'il y a beaucoup de calcaire dans un sol il faut déjà qu'il en ait plus de 35 %.

Si nous comparons les pourcentages trouvés à Monthey à ceux que nous avons trouvés dans un de nos champs d'expériences de Clapiers, près Montpellier (Hérault), qui s'élèvent jusqu'à 83 % nous trouvons que ceux de Monthey sont faibles. Ces questions de résistance sont, du reste, plus complexes qu'elles ne le paraissent à première vue, étant donné le rôle que joue la décalcarisation et d'autres facteurs.

BIBLIOGRAPHIE

Auteurs et Viticulteurs consultés ou cités

Anken, I, ingénieur-agronome, Anières, canton de Genève. Rapports sur des terrains, examens phylloxériques.

Baltzinger, Gustave, ancien élève de l'Ecole de viticulture de Colmar (Alsace), directeur de la pépinière de Veyrier. Lettres, rapports, observations, renseignements.

Bieler-Chatelan, Th. Procès-verbal de la Société Vaudoise des Sciences Naturelles, 5 juillet 1911. Rouge, éditeur, Lausanne.

Bouisset, Ferdinand, viticulteur à Montagnac (Hérault). Lettres personnelles, renseignements, catalogues.

de Candolle, Lucien, ancien directeur de la pépinière d'Etat de Ruth, près Genève, propriétaire-viticulteur à Evorde par Troinex, près Genève. Lettres personnelles.

Caussel, L., maire de Clapiers (Hérault). Lettres personnelles, observations, renseignements.

Chappaz, Georges, professeur d'agriculture départemental. Lettres personnelles et divers articles sur porte-greffes, in « Progrès agricole et viticole », dirigé par L. Degrully, prof. à l'Ecole nationale d'agriculture de Montpellier, rue Albisson, 1, Montpellier.

Charmeux, Frs. L'art de conserver les raisins de table. Paris, librairie horticole, 84 bis, rue de Grenelle.

Charmont père et Charmont fils, ing. agr. E.N.A.M., propriétaires viticulteurs et pépiniéristes à St-Clément-les-Mâcons (Saône et Loire). Nombreux renseignements.

Chronique agricole du canton de Vaud, organe officiel de la station agronomique et viticole du Champ de l'Air, Lausanne, transformé en **La terre vaudoise,** Champ de l'Air, Lausanne.

Couderc, Georges, propriétaire viticulteur-hybrideur, Aubenas (Ardèche). Lettres personnelles et divers.

Delage, prof. de géologie à la Faculté des Sciences de Montpellier. Rapport sur deux terrains de champ d'expériences. Voir **Lagatu et Delage.**

Desmoulins, A., prof. d'agriculture de l'arrondissement de Valence sur Rhône (Drôme). Lettres personnelles. — **A. Desmoulins et Villars,** propriétaire viticulteur à St-Vallier (Drôme). Divers articles sur des champs d'expérience de producteurs directs dans le journal « Le Progrès agricole, 1, rue Albisson, Montpellier. Entre autres articles : **Nouvelles observations sur les hybrides producteurs directs dans les Côtes du**

Rhônes, 10ᵐᵉ année d'observations, publié en 1910, page
412, 437 et 474, et fin année 1910 et commencement 1911.

† **Dufour, Jean,** ancien directeur de la Station viticole du champ
de l'air, Lausanne (Suisse), Dʳ ès sciences. Lettres personnelles
et articles divers, in « Chronique agricole du canton de
Vaud », édité par la Station du Champ de l'Air.

Dusserre, C., directeur de l'Etablissement fédéral de chimie agricole
de Mont-Calme, à Lausanne. Analyses et rapports.

Engler, Arnold. Berichte der Schweiz. bot. Gesellschaft XI, 1901.

Fabre, Paul, chef de culture, Clapiers (Hérault). Nombreux renseignements.

Faës, H., Dʳ ès sciences, Directeur de la Station viticole du Champ
de l'Air, à Lausanne (Vaud). Nombreux renseignements,
Lettres personnelles, divers articles in **La terre vaudoise,**
organe officiel du Champ de l'Air **Brochure sur les Vignes
américaines,** parue en 1910. — Faës et Peneveyre,
Guide pratique pour la reconstitution du vignoble vaudois
(Duvoisin, éditeur, Lausanne, 1906).

Foëx, Gustave, ancien directeur de l'Ecole nationale d'agriculture
de Montpellier, inspecteur général de la viticulture. Nombreux
renseignements, lettres personnelles : **Cours complet de viticulture,** 1895, C. Coulet et fils, éditeurs, Grand'rue, Montpellier, Masson, libraire-éditeur, 120, Boul. St-Germain. Paris ;
**Manuel pratique de viticulture pour la reconstitution des
vignobles méridionaux,** 1891, C. Coulet, édit., Montpellier.

Gagnaire, J., présid. de la Société d'agriculture de Thonon (Haute-
Savoie, ing. agric. E.N.A.M. Lettres personnelles, nombreux renseignements, observations faites dans nos champs d'expériences.

Gervais, Prosper, propriétaire-viticulteur à Lattes près Montpellier,
présid. de la Section de viticulture de la Société des agriculteurs
de France, vice-présid. de la Société des viticulteurs de France.
Etudes pratiques sur la reconstitution du vignoble, 1900,
Coulet et fils, Grand'rue, Montpellier. Lettres personnelles.

Grec, J., publiciste, directeur de la « Petite Revue », organe horticole et viticole, prof. de l'Ecole d'agriculture d'Antibes (Alpes-
Maritimes). Divers articles et nombreux renseignements.

Guilhermet, prof. d'agriculture, maire de St-Julien-en-Genevois
(Haute-Savoie), nombreux renseignements.

Guillon, J.-M., directeur de la Station viticole de Cognac, inspecteur général d'agriculture attaché au Ministère de l'Agriculture,
propriétaire viticulteur. Divers articles, in « Revue de Viticulture », dirigée par P. Viala, Dʳ es sciences, 35, Boulev.
St-Michel, Paris. Lettres personnelles.

† **Guyot, J.,** Dʳ. Etude des vignobles en France (G. Masson, édit.,
Paris, 1876).

† **Hénon,** doct.-méd., ancien directeur de la pépinière d'Etat de Ruth
(Genève), propriétaire viticulteur à Annemasse (Haute-Savoie).
Renseignements personnels.

Houdaille, autrefois prof. de physique à l'Ecole de Montpellier, et
Houdaille et L. Semichon, autrefois répétiteur à l'Ecole
de physique de Montpellier, actuellement directeur de la Sta-

tion oenologique de Narbonne (Aube). **Articles sur la chlorose, l'assimilabilité, la vitesse d'attaque du calcaire**, et sur les calcimètres; in. « Revue de viticulture », 1894 et 1895.
— **Houdaille et Mazade, M. Le Rupestris du Lot en terrains calcaires**, pages 129, 161, Année 1895, tome I.

Lagatu, prof. de chimie agricole à l'Ecole de Montpellier, et **L. Sicard**, chimiste chef à la même _cole. Etudes analytiques d'échantillons de terre.

Lugeon, M., prof. de géologie à l'Université de Lausanne. Lettres personnelles.

Mazade, M., autrefois répétiteur de physique à l'Ecole d'agriculture de Montpellier, viticulteur à Epernay. Voir **Houdaille et Mazade**.

† **Micheli, Marc**, propriétaire viticulteur à Jussy près Genève, autrefois directeur de la pépinière d'Etat du Ruth. près Genève. Rapports sur les porte-greffes essayés à Ruth près Genève, in « Revue de viticulture », 35, boulev. St-Michel, Paris, année 1898.

Millardet, prof. à la Faculté des Sciences de Bordeaux. Articles divers, lettres personnelles, article 1902 cité dans le catalogue Bonisset.

Müller-Thurgau, Dr ès sciences, directeur de l'Institut fédéral viticole de Wädenswyl. Tableau de rendement des greffages sur divers porte-greffes essayés à Wädenswyl, exposé à Lausanne en septembre 1910. Lettre personnelle.

Paschoud, Albert, propriétaire viticulteur-pépiniériste à Corsy sur Lutry (Vaud). Renseignements nombreux.

Peneveyre, chef des cultures de la Station viticole de Lausanne. Voir **Faës et Peneveyre**.

Le **Progrès agricole et viticole**, dirigé par L. Degrulli, profes. d'agriculture à l'Ecole de Montpellier, rue Albisson, 1. Divers articles.

Ravaz, L., prof. de viticulture à l'Ecole de Montpellier, ancien directeur de la Station viticole de Cognac. Porte-greffes et producteurs directs. 1902, Montpellier. Coulet et Cie, éditeurs, Grand'rue, 5; Masson et Cie, Paris, boulev. St-Germain, 120.

La Revue de viticulture, dirigée par P. Viala, Dr ès sciences, inspecteur général de la viticulture, Paris, 35, boulev.St-Michel. Nombreux articles.

La Revue des hybrides, dirigée par P. Gouy, à Vals-les-Bains, Ardèche, transformée en **La Revue du Vignoble**, dirigée par A. Perbos, à Saint-Etienne-de-Fougères par Monclar, Lot-et-Garonne.

Richter, F., pépiniériste-viticulteur et propriétaire viticulteur à Montpellier (Hérault). Nombreux renseignements, articles.

Roy-Chevrier, propriétaire viticulteur en Saône-et-Loire. Articles divers, articles sur les producteurs direct en Bourgogne, in « Revue de viticulture », fin 1910 et commencement 1911.

Salomon, père et fils, viticulteurs à Thomery (Seine et Marne). Renseignements sur les raisins de table.

Schellenberg, H., chef de culture des Collections viticoles à l'Ecole de viticulture de Wädenswyl. Renseignements personnels.

Semichon, L., directeur de la Station oenologique de Narbonne (Aube). Autrefois répétiteur de physique à l'Ecole d'agriculture de Montpellier. Voir **Houdaille.**

Seybel, propriétaire viticulteur-hybrideur à Aubenas (Ardèche). Lettres personnelles.

Sicard, L., chimiste chef à l'Ecole d'agriculture de Montpellier. Voir **Lagatu.**

Souvayran, propriétaire à Creuse près Annemasse. Nombreux renseignements.

La Terre vaudoise, organe hebdomadaire du Champ de l'Air, Station agricole et viticole, Lausanne (Vaud).

Vermorel, industriel, propriétaire viticulteur à Villefranche (Rhône). Voir **Viala et Vermorel.**

Viala, P., Dʳ ès sciences. Inspecteur général de la viticulture. Lettres personnelles.

Viala et Vermorel. Ampélographie. Masson et Cⁱᵉ, Paris, éditeurs, 1909.

Villard, propriétaire-viticulteur à St-Vallier (Drôme). Voir **Desmoulins et Villard.**

TABLE DES MATIÈRES DES EXPÉRIENCES D'APRÈS LES GREFFONS EMPLOYÉS

Voir à la page suivante la liste des greffons par ordre alphabétique.

TABLE ALPHABÉTIQUE DES CÉPAGES EUROPÉENS

AYANT ÉTÉ EMPLOYÉS AUX EXPÉRIENCES

(Dans cette liste nous n'indiquons que le numéro de la page du tableau
de pesée sur lequel se trouve le cépage. Le résultat obtenu avec
celui-ci étant commenté dans le texte qui suit chaque tableau, il
sera facile au lecteur de le retrouver.)

BLANCS

ROUGES ET ROSES

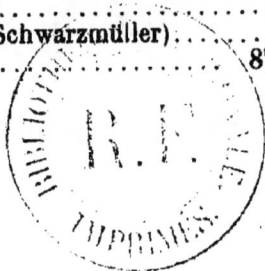

TABLE

ALPHABÉTIQUE PAR PORTE-GREFFES

PRODUCTEURS DIRECTS

BLANCS

PRODUCTEURS DIRECTS ROUGES

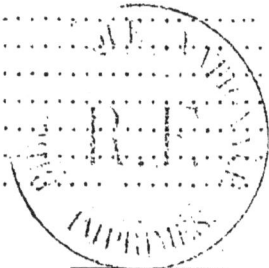

TABLE DES MATIÈRES

CHAPITRE I.

CHAPITRE II.

EXPÉRIENCE No 1.

EXPÉRIENCE No II.

Expérience N° IX.

Expérience N° X.

Expérience N° XI.

Expérience No XII.

Expérience No XIII

Expérience No XIV.

APPENDICE

RAPPORT N° I.

RAPPORT N° II.

RAPPORT N° III.

RÉPERTOIRE DE LA TABLE DES MATIÈRES

www.ingramcontent.com/pod-product-compliance
Lightning Source LLC
Chambersburg PA
CBHW060413200326
41518CB00009B/1341